彩图1　联合国灾害防御奖水晶奖杯，刻有"中华人民共和国中国科学院王昂生教授"

539. 联合国授予中国车吉才让、王昂生的"联合国灾害防御奖"奖杯

340. 中共中央、国务院、中央军委授予钱相威的"两弹一星"功勋奖章和证书

彩图2　在中国革命博物馆（现国家博物馆）《藏品选》里，联合国灾害防御奖奖杯（图左）与我国"两弹一星"功勋奖章、证书（图右）在一起

彩图3　1998年，王昂生教授（中）、多吉才让部长（右）与前爱尔兰总统玛丽·罗宾逊夫人（左）在大会主席台上

彩图 4　1998 年 10 月 14 日，联合国秘书长安南委托德梅罗副秘书长在万国宫向王昂生教授颁发联合国灾害防御奖（1）

彩图 5　1998 年 10 月 14 日，联合国秘书长安南委托德梅罗副秘书长在万国宫向王昂生教授颁发联合国灾害防御奖（2）

彩图6 1982年，王昂生教授与美国气象学会主席阿塔拉斯教授（右）合影

彩图7 1985年，王昂生教授与第三世界科学院院长、诺贝尔奖获得者萨纳姆教授（右）合影

彩图8 1987年，王昂生教授与欧盟委员会主席、意大利总理罗马诺·普罗迪先生（左二）在一起

彩图9　1986年，中国科学院院长卢嘉锡教授（左）与王昂生教授在意大利

彩图10　1987年，王昂生、梁碧俊教授在法国讲学，与国际云物理委员会主席苏拉格教授夫妇合影留念

彩图11　1987年，王昂生、梁碧俊教授在意大利与福兰科·普罗迪教授（中）开展合作研究

彩图12　1992年，出席国际云物理大会的全体中国代表合影（加拿大蒙特利尔）

彩图13　1988年，中国科学院院长周光召教授（右四）与王昂生教授（左一）等合影

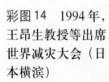彩图14　1994年，王昂生教授等出席世界减灾大会（日本横滨）

彩图15 1995年，中国科学院院长路甬祥教授（左）参观中国科学院减灾中心

彩图16 1996年，联合国减灾委员会主任艾罗先生（左一）参观中国科学院减灾中心

彩图17 1998年，联合国减灾委员会主任布雷先生（中）参观中国科学院减灾中心

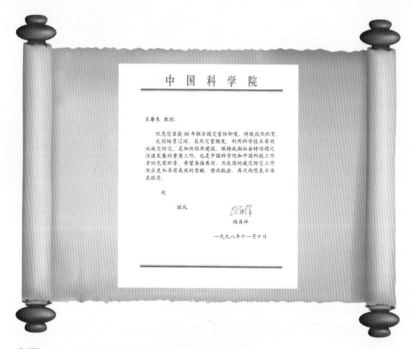

彩图18　中国科学院院长路甬祥教授的贺信

彩图19　王昂生教授与梁碧俊教授在家中庆祝荣获世界防灾减灾最高奖

攀登顶峰的崎岖之路

献给攀峰的年青一代

王昂生　著

中国科学技术大学出版社

图书在版编目(CIP)数据

攀登顶峰的崎岖之路:献给攀峰的年青一代/王昂生著. —合肥:
中国科学技术大学出版社,2011.3(2013.6 重印)
ISBN 978-7-312-02752-9

Ⅰ. 攀⋯ Ⅱ. 王⋯ Ⅲ. 灾害防治—创造发明—青少年读物
Ⅳ. X4-49

中国版本图书馆 CIP 数据核字(2011)第 005490 号

出版发行　中国科学技术大学出版社
　　　　　　地址:安徽省合肥市金寨路 96 号,邮编:230026
　　　　　　网址:http://press.ustc.edu.cn
印　刷　中国科学技术大学印刷厂
经　销　全国新华书店
开　本　880mm×1230mm　1/32
印　张　9.625
插　页　4
字　数　250 千
版　次　2011 年 3 月第 1 版
印　次　2013 年 6 月第 4 次印刷
印　数　9001—13000 册
定　价　18.00 元

序　言

"望子成龙"是千百万父母的心愿，谁不希望自己的孩子早日成才呢？"桃李满天下"是每位教师的愿望，谁不希望自己的学生成为国家的栋梁呢？亿万青少年经过祖国人民十多年的培养，谁不希望通过自己的努力，成为报效祖国的有识之士呢？

在中国，长期以来，亿万父母和千百万教师都在不断努力地探索着一条使青年成才的路。世界上，哪一个国家不在这方面下工夫呢？"立志成才"也许是人类永恒的课题。本书就试图与大家共同探讨这个与每个人都相关的话题，更希望有抱负的中华骄子们"立大志，成大才"。中国需要一大批有智有谋、百折不挠的勇士，去为中华民族的腾飞做贡献。

世界上有很多人，一生都会为他的事业努力奋斗。在广阔的地球空间和漫长的人类岁月里，许多人都在大大小小的事业山峰上努力向上攀登，也就是说，很多人的一生都在攀峰。多数人攀上了低峰、中峰，部分人到达高峰，极少数人攀上了顶峰，正如马克思所说："只有不畏艰险沿着陡峭山路攀登的人，才有希望达到光辉的顶点。"新中国经历了 60 多年的奋斗，特别是 30 多年的改革开放，中华民族早已屹立在世界的东方。强大的祖国已给华夏子孙们为祖国、为世界攀登各项事业的高峰、顶峰提供了极好的条件。今天是中华亿万青少年、中

i

青年努力奋斗、大显身手的最好时机。努力吧,奋斗吧,中华骄子们!

在祖国首都北京的天安门东侧,中国国家博物馆矗立在这里,与雄伟的人民大会堂相对。中国国家博物馆里保存的 65 万件近现代文物,记载了从 1840 年鸦片战争到今天 170 年的近现代历史。这里既有中国人民饱受帝国主义侵略的血泪史;也有中华先烈奋起反抗推翻清朝、打败日寇、消灭蒋家军并建立新中国的辉煌历史;还有新中国成立 60 多年的奋斗史,特别记载了 30 多年改革开放的伟大成就。在 65 万件近现代文物中,有 2 220 件被鉴定为一级历史文物,其中 374 件被选为国宝级珍品,并用精美彩色纸将其照片印刷成书。《中国革命博物馆(现中国国家博物馆)藏品选》包含了鸦片战争、太平天国、中华民国、五四运动、中国共产党成立、南昌起义、中华苏维埃共和国、抗日战争、解放战争、新中国成立、抗美援朝、社会主义建设、文化大革命、改革开放等时期重大历史事件的文物;也包括了孙中山、毛泽东、邓小平等伟大历史人物的文物。我国科技界、文体界等部分珍贵文物也选入其中。这里,除了有陈景润研究哥德巴赫猜想的手稿,还有王淦昌、袁隆平、王选等人的文物;除了有中国首次登上珠峰奖杯、许海峰获得的中国第一枚奥运金牌,还有中国女排的三连冠、李宁的世纪运动员奖牌等文物。这里还珍藏着两尊现代国家瑰宝——联合国灾害防御奖(世界防灾减灾最高奖,通俗称为"防灾减灾诺贝尔奖")的水晶奖杯。她们列于《藏品选》的 274 页,编号为 339 号,国家博物馆编号是GB56077(彩图 1、彩图 2)。《藏品选》的第 275 页,是编号为 340 号的"两弹一星"功勋奖章及证书(彩图 2)。

本书将通过作者亲历的数以百计与荣获世界防灾减灾最高奖有关的小故事,向亿万大中小学生读者们讲述如何准备攀登世界高峰;向辛勤培养他们的父母、老师、亲友们提供如何培养孩子攀峰的方法;向无数正向高峰攀登的中青年朋友们介绍攀峰的决心、毅力和智慧;对老年读者而言,我们可以共同回顾激情的人生。本书的每章每节,在讲完几个小故事后,都有一个提问,让青少年、中青年读者与作者、老师、父母或亲人们一起讨论和研究,并受到启发,循序渐进地帮助他们走上攀峰之路。愿不久的将来,有更多的中华英才达到光辉的顶点。

　　著者撰写本书时,正值中华人民共和国成立 60 周年之际。本书记述的是我与祖国母亲同行 60 年的风雨历程。我在祖国波澜壮阔的巨涛中起起伏伏,发愤图强,并随祖国的繁荣兴盛而茁壮成长。我的一生具有传奇性:20 世纪 40 年代是我懵懂的童年时期;50 年代到 60 年代中期是我奋发向上的学生时代,其后迎来"三喜临门";紧接下来的 15 年,是"艰难时期的坚持与守望"和"大寨十年苦与乐"相互交叠的时期;80 年代是飞驰美欧并升华的时光;90 年代是我为"国际减灾十年"努力奋斗且攀抵世界防灾减灾事业顶峰的时刻;21 世纪里我将继续为中国和世界减灾应急事业而奋斗! 所以,这本书也从这一角度来映射伟大祖国的历史变迁和辉煌成就。愿以此书与大家共庆伟大祖国——中华人民共和国成立 60 多年来的辉煌业绩。

　　本书写作过程中,梁碧俊教授提供了大量资料,并进行了全书的校对和修改;中国科学院减灾中心多位同志提供了历史资料和文献;王泽燕、夏德刚对本书写作提出了有益的建议。在此,著者对他们表示深切的谢意!

王昂生

2010 年 10 月

目 录

contents

序　言——本书告诉您什么？　　　/i

第一章　攀抵顶峰的胜利　　　/1

第二章　暴风骤雨的华夏巨变　　　/19

第三章　立定志向的中学时代　　　/27

第四章　奠定基础的大学生活　　　/41

第五章　初入社会的攀峰磨炼　　　/57

第六章　艰难时期的坚持与守望　　　/69

第七章　大寨十年的苦与乐　　　/79

第八章　大洋波岸故乡情　　　/91

第九章　升华在欧洲　　　/111

第十章　"现代减灾"情结　　　/135

第十一章　首试综合减灾系统　　　/165

第十二章　中国减灾中心　　　/181

第十三章　中国减灾卫星　　　/199

第十四章　达到光辉的顶点　　　/215

第十五章　终身伴侣，坚强后盾　　　/233

第十六章　21世纪减灾应急新目标　　　/257

第十七章　中国四川汶川大地震的震撼　　　/275

结　语　　　/299

第一章

攀抵顶峰的胜利

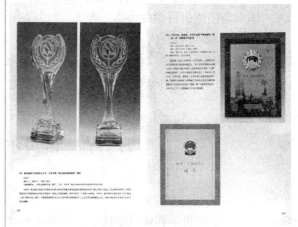

在中国革命博物馆(现国家博物馆)《藏品选》里,联合国灾害防御奖奖杯(图左)与"两弹一星"功勋章、证书(图右)在一起

1998年,王昂生教授(中)、多吉才让部长(右)与前爱尔兰总统玛丽·罗宾逊夫人(左)在大会主席台上

朋友们,攀登顶峰是一件非常艰难的事,可能您要用一生去奋斗,但也不一定能达到光辉的顶点,而您应尽力去攀登,因为这是一件为国家为民族值得做的大事。今天,全世界有 65 亿人口,200 多个国家和地区,要争得任何一个世界第一都是何等地不易。在政治、经济、工业、农业、军事、科技、文化、教育、体育等领域,都有许许多多的世界高峰顶峰,需要人们去攀登。这里,我们先以科学技术界为例谈谈吧!

第一节　诺贝尔奖

一、诺贝尔和诺贝尔奖

诺贝尔奖是以瑞典著名化学家、硝化甘油炸药发明人阿尔弗雷德·贝恩哈德·诺贝尔(1833~1896)的部分遗产作为基金创立的。诺贝尔奖包括金质奖章、证书和奖金支票。诺贝尔生于瑞典的斯德哥尔摩。他一生致力于炸药的研究,在硝化甘油的研究方面取得了重大成就。他不仅从事理论研究,而且进行工业实践。他一生共获得技术发明专利 255 项,并在欧美等 20 个国家开设了约 100 家公司和工厂,积累了巨额财富。1895 年他将部分遗产作为基金,以其利息分设物理学、化学、生理学或医学、文学及和平五种奖金,授予世界各国在这些领域对人类做出重大贡献的学者。1901 年 12 月 10 日(诺贝尔逝世日)举行了第一届诺贝尔奖颁奖典礼。1968 年增设诺贝尔经济学奖。除了两次世界大战期间停止颁奖外,从 1901 年到 2006 年,诺贝尔奖的六个奖项共颁发给了 768 人和 19 个组织。由于历史及其他的原因,美国、英国、德国和法国在全球诺贝尔物理学奖、化学奖和文学奖的 426 个获奖人中占了 64.3%,其中美国就高达全部获奖人数的 31.2%,也就是说,美国囊括了全球这三个奖项的近三分之一。

反观我们中国,自 1840 年以来,一百多年的半殖民地半封建社会的屈辱历史,使我们在这样的科学殿堂上没有立足之地。1949 年新中国诞生,中国人民从此站起来了,中华民族开始奋起。经过 60 年的奋斗,我们拥有了原子弹、氢弹、各种卫星、载人飞船,中国科学技术有了令世人瞩目的进步。但是,到今天为止,我们还没有荣获一项诺贝尔奖,据美籍华人、诺贝尔奖得主杨振宁博士和中国科学院路甬祥院长预计,我国有望在 20 年内赢得这一世界最高奖。这是一条漫长而艰辛的道路! 年轻的中华骄子们,你们肩负着艰巨的历史使命!

不过,海外华人的成功也给了我们巨大的鼓舞。现列举如下:

1957 年,杨振宁、李政道(美籍华人)共同荣获诺贝尔物理学奖;

1976 年,丁肇中(美籍华人)荣获诺贝尔物理学奖;

1986 年,李远哲(美籍华人)荣获诺贝尔化学奖;

1997 年,朱棣文(美籍华人)荣获诺贝尔物理学奖;

1998 年,崔琦(美籍华人)荣获诺贝尔物理学奖;

2000 年,高行健(法籍华人)荣获诺贝尔文学奖;

2008 年,钱永健(美籍华人)荣获诺贝尔化学奖;

2009 年,高锟(英籍华人)荣获诺贝尔物理学奖。

以上华人荣获诺贝尔奖的成就说明中国人是聪明智慧的,在合适条件下,是可以做出世界最高水平成果的。但是,到今天为止,我们中国(包括港澳台地区)还没有一项成就荣获诺贝尔奖,这是令人遗憾的。

二、世界最高奖

众所周知,诺贝尔奖在科技领域只包含了物理、化学、生理/医学等几个方面,很多领域不能涵盖,所以若干有权威的机构设立了类似的大奖,全世界一年评一次,一次一人(一组)获此大奖,故此奖被称为"×××诺贝尔奖"。令人高兴的是,中国人已荣获了其中若干世界最

高奖,现列举如下:

1. 世界农业最高奖——世界粮食奖(农业诺贝尔奖)。世界粮食基金会于 1986 年设立。中国原农业部部长何康于 1993 年荣获此奖,中国袁隆平院士于 2000 年荣获此奖。

2. 世界防灾减灾最高奖——联合国灾害防御奖(防灾减灾诺贝尔奖)。联合国于 1986 年设立。中国王昂生教授和民政部多吉才让部长于 1998 年 10 月 14 日在瑞士日内瓦联合国总部共同荣获此奖(彩图 1)。

3. 世界环境保护最高奖——爱丁堡公爵环保奖(环境保护诺贝尔奖)。世界自然基金会于 1961 年设立。中国曲格平教授(原环保总局局长)于 2001 年荣获此奖。

4. 世界环境科学最高奖——泰勒环境科学成果奖(环境科学诺贝尔奖)。美国于 1973 年设立。中国刘东生院士于 2002 年荣获此奖。

5. 世界气象最高奖——国际气象组织奖(气象诺贝尔奖)。联合国世界气象组织于 1956 年设立。中国叶笃正院士于 2004 年、中国秦大河院士(原国家气象局局长)于 2008 年荣获此奖。

等等。

三、世界大奖和国家奖

此外,联合国下属近二十个机构(如开发署、人口署、环境署、世界卫生组织、世界气象组织、国际电联等),全球各大组织、各大协会,各大洲的组织也有不少奖项。

当然,世界上还有很多相当有影响的不同大奖。比如,国际数学联合会 1936 年设立的菲尔兹奖就被称为“青年数学诺贝尔奖”,虽然奖金仅有 1500 美元,但 4 年评一次,每次 2~4 人,所以在全球影响很大。此奖仅颁发给 40 岁以下的青年数学家。美籍华人丘成桐教授(1982 年)和澳籍华人陶哲轩教授(2000 年)分别获奖。沃尔夫数学奖在全球影响也很大,美籍华人陈省身教授于 1983 年获奖;1978 年,美籍华人吴健雄教授荣获沃尔夫物理奖;1991 年,中国台湾杨祥发教授荣获沃尔夫农业奖;2004 年,中国袁隆平院士荣获沃尔夫农业奖;2004

年,美籍华人钱永健教授荣获沃尔夫医学奖。而2001年挪威设立的阿贝尔数学奖,9年来尚无中国人(含华人)问津。美国计算机协会1966年设立的图灵计算机奖,2000年美籍华人姚期智教授获奖。英国伦敦地质协会1831年设立的沃拉斯顿地质奖,多年来尚无中国人(含华人)获奖。1980年瑞典皇家科学院又增设了格拉夫奖,含数学、天文学、地质学和生物科学等,美籍华人丘成桐教授在1994年获得格拉夫数学奖,等等。遗憾的是,由于种种原因,除了华人、华裔科学家外,中国(包括港澳台地区)的科学家竟很少有人获得这些奖项。

世界上200多个国家和地区,有不少设有科技奖。比如,中国设立了国家最高科学技术奖、国家自然科学奖、国家技术发明奖、国家科学技术进步奖、中华人民共和国国际科学技术合作奖五项国家科学技术奖。一般年份,有300～400个奖,加上各部门、各省的奖就更多了。除国家奖外,民间奖还有何梁何利奖(每年奖励60名左右)、邵逸夫奖等。美国有拉斯克医学研究奖、普利策新闻奖,日本有京都奖,等等。

以上我们初步列举了全球一批重要的国际和国家的科学技术奖项,应当说明,由于种种原因,上述资料并不完整,难免有所遗漏,但可供参考。类似地,在政治、经济、军事、文化、工业、农业、教育、体育等领域也有大量的奖项,它们都在鼓励人们奋发向上,为国家、为民族、为世界、为人类做出贡献。毕竟全球有65亿人口、200多个国家和地区,加之发达与落后的巨大差异,所以这些世界最高奖、世界大奖都集中在世界经济发达、科技先进、文化繁荣的少数国家。新中国成立60多年以来,特别是经历改革开放30多年的巨大飞跃,中国在世界上已经树立了一个负责任的大国形象。今天,中国正由一个世界大国向着世界强国的目标奋进。正是祖国的繁荣富强和欣欣向荣,才迎来了中国各项事业的大发展,也才有了上述20世纪90年代以来中国人荣获的一系列世界最高奖。当然,这还是刚刚起步,拥有13亿人口的中华人民共和国必将在广阔领域里取得更加辉煌的成就。中华的崛起、祖国的腾飞,需要孙中山、毛泽东、邓小平那样的政治家,需要朱德总司令那样的军事家,需要一批诺贝尔奖和世界最高奖的荣获者,也需要一批中国的比尔·盖茨。年轻的朋友们,祖国人民期待着你们攀峰的胜利!

讨论题 1.1

您愿意为祖国人民去攀登各项事业的高峰和顶峰吗?

第二节　世界防灾减灾最高奖

在上述世界科学技术奖的介绍中,我们已经知道:到目前为止,中国的科学家还未赢得过诺贝尔奖。但令人高兴的是,从 20 世纪 90 年代起,随着祖国的发展和强大,中国人已开始赢得世界最高奖。虽然我们得到的世界最高奖还不是很多,但这毕竟是一个良好的开端。这里,我们首先介绍与本书著者相关的"世界防灾减灾最高奖——联合国灾害防御奖"。

一、联合国灾害防御奖

联合国灾害防御奖(现也称联合国减灾奖)是当今世界上最高的防灾减灾奖。此奖于 1986 年由日本笹川基金会设立、联合国颁布的世界大奖,每年评选一次。该奖先由世界各国提名数以百计的高水平候选人,然后由联合国主管人道主义事务的副秘书长领导各大洲及各大组织的评选委员组成评选委员会,经多轮筛选,最后确定一名获奖人(或单位)。

1998 年共有 56 个国家推选了上百名候选人,经过多轮选举,在最后的六名候选人中,两名中国人联合入选。他们就是中国国际减灾十年委员会副主任、中国民政部多吉才让部长和中国国际减灾十年委员会专家组组长、中国科学院减灾中心主任王昂生教授。

二、填表

1998 年初,我领到了一份申报联合国灾害防御奖的表格。中国政府自 1990 年以来,每年都交由各部门专家填写这种表格,但至当时还没有一个申报成功。当我填写表格的时候,就感觉很有希望。申报表要求填写在基层的减灾工作,对部门减灾的贡献、对国家减灾的贡献,以及对洲际和全球减灾的贡献,同时将已获得的各种奖项、发表的论文等都上报。我填的时候很有信心,因为中国在发展中国家中很有代表性,我长期在国家减灾委工作,积累了很多经验,例如制订国家减灾大纲、中华人民共和国减轻自然灾害报告、国家减灾规划等。在科学方面,从我给中央领导多次写信建议加强国家减灾工作,到实际进行的各种防灾减灾研究都有很多成功的例子。如我带领 200 多人进行了中国减灾科学系统的示范研究,获得了中国科学院科技进步一等奖;获得了国家"八五"攻关重大成果奖;还获得了国家科技进步二等奖。我还曾完成了很多防灾减灾的研究、工作、论文和著述,得到了不少的奖励。在很多地方具体实现了我们的工作,如湖北、四川、上海、广东等地实现了防灾减灾的目的,减轻灾害损失约 16 亿元。在国际与全球方面,我代表中国参加了很多国际活动,如世界减灾大会、亚太地区减灾会议等,使中国的减灾成就对亚太国家有明显帮助。当表交出去的时候,我有强烈的预感,我们中国应该获奖了。当时有一点担心,因表是由我手填的,怕显得比较随意,但荣幸的是我最终获得此项大奖,这让我真切体会到实实在在的工作是胜利的法宝。

三、预感

1998 年 3 月,我应美国华裔专家胡瑞珍教授(Prof. Jennifer Hwu,两次美国"青年科学家总统奖"的获得者)的邀请,赴美参与减灾的合作研究工作。当时,正值我在美国工作的女儿为我新添小外孙,我去看望他们。我跟女儿提起可能会获得这个大奖,当时还没有足够的把握,但内心有种强烈的预感。女儿觉得很惊讶,但也非常自豪,为中国人能得这样的大奖而自豪。

四、王昂生"院士"之误

1998 年 9 月中旬,我代表中国科学院减灾中心和大气物理研究所出席了母校——中国科学技术大学的 40 周年校庆。我与外交部一位朋友聊天时,听说联合国在要多吉才让部长的材料,我觉得能获奖的预感越发明显了,心情非常激动。但当时还是不确定有没有我。一天,我正在办公室工作,国家减灾委的一位同志打来电话说:外交部通知,我与多吉才让部长已经获奖,让我准备一些材料,做大会获奖发言。10 月 2 日中央电视台晚间新闻正式播报了联合国将这个奖项颁发给我们的消息。10 月 3 日的《人民日报》登出了这样的消息:"新华社日内瓦 10 月 1 日电,记者 1 日从联合国获悉,中国民政部部长多吉才让和中国科学院院士王昂生教授获得了 1998 年度联合国灾害防御奖。这是联合国对中国政府在今夏特大洪水中为减少洪涝灾害损失作出努力的肯定。"其后我便接到了国内外很多亲戚、朋友的祝贺,除了获奖,还祝贺我成了为"院士"。而实际上这是报道失误,后来新华社的同志跟我解释,这么大的奖,我又是中国科学院的著名科学家,便把我推断成"院士"了。

五、差点误了飞机

确定获奖以后,联合国邀请我们去日内瓦领奖。才让部长、我、两个司长和翻译,我们五人一同前往。工作人员通知我在首都机场第六贵宾室等候,我和夫人梁碧俊教授去得比较早,等到离登机还有一个多小时的时候,其他人还没有出现,我们非常着急,机场服务员让我耐心等候。突然,民政部外事司的处长急急忙忙找到我们,说已改在第三贵宾室等候,因为当时我没有手机,一直无法通知我,差点儿没办法把奖杯抱回来。这次有惊无险的经历,促使我一回国便买了手机,有了移动通讯设备,到哪儿都能联系上。

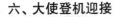

六、大使登机迎接

飞机刚着陆,大使馆的同志就上飞机来迎接,走在第一个的就是中国驻联合国大使吴建民同志。他向我们表示了衷心的祝贺,并握着我们的手说:"殊荣属于你们,殊荣属于中国。"当时场面非常热烈,因为中国人在联合国获奖非常不容易。后来使馆的同志说,上飞机迎接是"副总理的待遇",可见对这次获奖的重视程度。非常凑巧,我和才让部长、吴健民大使和一位司长都是 1939 年出生的,所以我们聊起来更感到亲切。

讨论题 1.2

对于中国人荣获世界防灾减灾最高奖,您有何感想?

第三节 世界防灾减灾最高奖的颁奖典礼

世界防灾减灾最高奖的颁奖典礼十分盛大,非常隆重。颁奖典礼于 1998 年 10 月 14 日在瑞士日内瓦联合国万国宫举行,从上午到晚上,内容包括:联合国新闻发布会、世界各国减灾摄影比赛的优秀作品展览、世界减灾影片放映、联合国世界灾减论坛、世界防灾减灾最高奖的颁奖典礼和颁奖晚宴等。

一、新闻发布会

联合国将每年 10 月的第二个星期三定为"世界减灾日",并在这一天颁发本年度联合国灾害防御奖。1998 年的 10 月 14 日上午,在联合国万国宫召开了新闻发布会。上午 11 点,各国记者云集联合国万国宫新闻厅参加新闻发布会。

首先由联合国国际减灾十年委员会菲利普·布雷主任向全球宣布了 1998 年联合国灾害防御奖的评选结果——中国的多吉才让部长和王昂生教授共同获得本届世界防灾减灾最高奖。多吉才让在中国防御自然灾害国家计划中发挥了重要作用,他参与领导了中国国际减灾十年委员会和全国范围内的自然灾害预报和评估系统的建立;王昂生教授是中国科学院大气物理研究所的科学家,因长期致力于加强防御自然灾害的研究和工作,在中国和世界上都享有崇高声誉。

多吉才让部长和我分别发表了讲话。多吉才让部长主要讲述了 1998 年中国战胜洪水的成就。我主要讲述了中国科学家与政府配合在防止灾害方面发挥的作用。才让部长回答了记者们关于洪灾的提问,死亡人数是当时最大的焦点,很多记者质疑我国死亡人数只有三千人的上报数据。才让部长曾陪同江泽民主席勘查灾情,指出当时死亡的主要是负责堵堤的解放军同志。在 20 世纪,中国长江历经了三次世纪大洪水:1931 年军阀混战,各处决堤,尸陈遍野,十四万人死亡。1954 年第二次大洪水,那时我国刚刚解放,经济实力很差,中央政府很重视水灾,但由于水利系统不完善,死亡三万多人。1998 年第三次大洪水我们严防死守,将近三个月的时间里,八百万老百姓和解放军共同保卫长江大堤。除了江西九江局部决堤外,其他地方都保住了,所以伤亡人数较少。在联合国陈列的材料里,专门将中国政府这一减少重大水灾死亡人数的成就列入了其中。

二、摄影比赛和减灾影片放映

下午,各国嘉宾陆续来到联合国万国宫。厅内展览了世界各国减灾摄影比赛的优秀作品,既展示了灾害对人类社会的危害(水灾、旱灾、火灾、火山爆发、地震……),又展示了人类与灾害斗争的巨大成就。一等奖是孟加拉国的水灾照片,两个女孩顶着碗在齐脖深的水中行走,让人震撼。

为了此次会议,联合国专门拍摄了火山爆发和其他灾害对全球造成影响的影片,在颁奖典礼前放映,演示了各地的灾害和带来的危害,引起了人们的高度重视。

三、联合国世界减灾论坛

颁奖之前,专门举行了联合国世界减灾论坛。

1998 年共有 56 个国家推选了上百名候选人参与世界防灾减灾最高奖竞争,经过多轮选举,在最后一轮剩下六个人。除了两名中国人外,其他四位是:澳大利亚国家减灾十年委员会主席、埃及科学院院长、拉丁美洲减灾中心主任、格鲁吉亚内政部部长。最终,我和才让部长为中国赢得了世界防灾减灾最高奖——联合国灾害防御奖,其他四位获得联合国灾害防御奖的"提名奖"。

这次论坛由联合国副秘书长德梅罗主持,我们六个人分别论述国家和地区减灾工作。会议主席让我第一个发言:主要讲中国科学家如何与中国政府密切配合,建设中国减灾中心和国家减灾系统,从战略上达到高层次的现代减灾(现代减灾是指应用各种高新技术,掌握灾害发生发展的演变信息,防患于未然,减轻灾害于早期阶段),充分发挥卫星、信息、计算机系统网络,交换各种灾害信息,提前发出灾害出现的预警预报,帮助政府主动掌握灾害发生的预兆,做好防灾准备工作。这十多年来,我们建立了中国的减灾科学系统,以暴雨、洪涝、台风这样的大灾作为实际的例子,科学运营系统,提前 1～3 天预报灾害的出现,包括时间、地点和强度,为防灾做准备。另外,我们加快速度建设中国减灾中心,帮助把各个部委已有的系统连接起来,同时把地方政府的减灾信息和中央连接起来。应用各种卫星和遥感的手段,帮助监测灾情的发展演变。这个中心帮助政府监测、预警灾害,同时提出辅助决策的意见,使政府防灾减灾的手段更加现代化,而且更符合实际。这些工作对于发展中国家都有借鉴意义。救灾的成本远远高于减灾,这就是我们着力抓的"以防为主"战略性转变。

才让部长主要介绍了中国减灾规划的制订和抗击 1998 年大水灾的情况。其他四位获奖者分别介绍了四个不同地区的减灾情况和他们各自的工作成果。

四、颁奖典礼

下午五点,世界顶级的颁奖典礼开始。联合国主管人道主义事务的副秘书长德梅罗,联合国主管经济的副秘书长里库·佩罗,人道主义事务高级专员、爱尔兰前总统罗宾逊夫人,联合国减灾委员会菲利普·布雷主任等在颁奖典礼主席台就座。我和才让部长也在颁奖典礼主席台中央就座(彩图3)。

同时,其他四位联合国灾害防御奖的"提名奖"获奖者就座于前排的两旁。各国驻日内瓦的联合国大使出席了颁奖典礼,吴建民大使代表中国出席了颁奖典礼。联合国驻日内瓦各大机构的主要官员参加了颁奖典礼,联合国和各国各大媒体的新闻记者出席典礼并进行了采访报道。

布雷主任主持颁奖典礼,联合国德梅罗副秘书长首先全面介绍了本次评选和获奖情况,向获奖者表达了最衷心的祝贺。在典礼上,首先颁发了摄影奖,其后,颁发了联合国灾害防御奖的"提名奖"。最后,由联合国德梅罗副秘书长代表联合国安南秘书长为我们颁发联合国灾害防御奖。才让部长先上台领奖,他从德梅罗副秘书长手中接过联合国灾害防御奖的水晶奖杯和奖金支票。中国大使馆的工作人员和国内来的同事都上前拍照留念,联合国和各国记者纷纷前来拍照和录像,闪光灯闪成一片,气氛非常热烈。

最后,我上台领奖。我佩带着中国科学技术大学建校40周年纪念章从主席台中央走向大厅中心时,心潮澎湃,五十多年的奋斗史一下涌入脑海,13岁在成都七中得奖的小本本在我眼前闪烁;看到全场世界各国的贵宾们,我更为我们伟大的祖国而骄傲;看到世界各国的记者们,我更为中华民族而自豪。我深知,我今天是代表13亿中国人民来领奖的,所以,我挺胸稳步、不卑不亢地走向德梅罗副秘书长,并从他手中接过联合国灾害防御奖的水晶奖杯和奖金支票(彩图4)。此时,联合国和各国记者、使馆和国内同事纷纷前来拍照和录像,闪光灯再次闪成一片,气氛又一次推向高潮(彩图5)。我站在大厅中央,高高地举起联合国灾害防御奖的水晶奖杯,向全世界宣告:中国人又一次赢得了世界最高奖！我的眼睛模糊了。

五、颁奖宴会

这天晚上，联合国万国宫旁的宴会厅里举行了盛大的颁奖宴会。除了下午的各界人士外，他们的夫人们也应邀出席。宴会厅里，人山人海，一派热烈欢乐的气氛。我和才让部长被采访的记者们和对中国减灾事业感兴趣的人们所包围。

与上午新闻发布会不同，晚上的问题主要集中到中国的减灾体系和减灾先进科技的应用方面。中国现代减灾示范系统、中国减灾中心建设、卫星遥感在减灾中的应用等是我回答的主要问题。一些发展中国家的记者向我们表达了最衷心的祝贺，希望能从中国学到他们国家能用的科学技术，以减轻灾害对他们国家的危害，他们对中国减灾的成就表示了由衷的敬意。

宴会最后，才让部长、我和吴建民大使在一起，向联合国德梅罗副秘书长、联合国国际减灾十年委员会菲利普·布雷主任等表达了深切的谢意，感谢他们对中国人民防灾抗洪的支持和对中国减灾事业的帮助。

吴建民大使对我们说道："这是仅次于诺贝尔奖的世界大奖之一。"我们深切地知道：这是来之不易的奖励，是中国人民的光荣。

六、中国人获世界防灾减灾最高奖传遍全球

1998 年 10 月 14 日联合国灾害防御奖在瑞士日内瓦颁发的新闻，当天就通过各国的记者发向世界各地，中国人获世界防灾减灾最高奖的消息立即传遍全球。中国的各大报纸、电视台迅速报道了这条新闻。

比如，《人民日报》以"安南呼吁各国加强防御自然灾害，多吉才让王昂生获联合国防灾奖"为题，《光明日报》以"联合国庆祝国际防御自然灾害日，多吉才让王昂生获笹川防御自然灾害奖"为题，《科技日报》以"我国减灾工作得到国际肯定，多吉才让王昂生获联合国防灾奖"为题，《北京青年报》以"中国首获联合国防灾奖"为题等报道了这条荣获

世界防灾减灾最高奖的新闻。随后,各地大报小报纷纷转载。

同时,从联合国电视台向各国发送世界防灾减灾最高奖电视录像起,各国电视台迅速转播了这条新闻。我国中央电视台先后有中央一台、二台、四台和七台等通过《东方之子》、《中国报道》、《走近科学——人物》、《中国财经报道》、《科技之光——新闻》等栏目,经过加工、编排,做了更为详尽而全面的报道。

在那段时间里,我收到了国内外很多的电话、电报、信件的祝贺,谢谢大家的祝愿。希望祖国取得更大的成就!

讨论题 1.3

如果您在这个隆重盛大的颁奖典礼上,会有什么感想?

第四节　获奖的重大意义

1998 年 10 月 14 日在日内瓦联合国万国宫,中国的多吉才让部长和王昂生教授联合获得 1998 年度"世界防灾减灾最高奖——联合国灾害防御奖"。在世界顶级的颁奖典礼上,由联合国德梅罗副秘书长代表联合国安南秘书长给获奖者颁发了联合国灾害防御奖,此事有重大的意义。

一、中国人的光荣

众所周知,到今天为止,我们中国(包括港、澳、台)还没有荣获一项诺贝尔奖,这是十分遗憾的事。但是,近 20 年来,我们已经荣获了 8 项世界最高奖,即世界农业最高奖——世界粮食奖(农业诺贝尔奖),由世界粮食基金会于 1986 年设立,中国何康部长(原农业部部长)、袁隆平院士分别于 1993 年和 2000 年荣获;世界防灾减灾最高奖——联

合国灾害防御奖(防灾减灾诺贝尔奖),由联合国于 1986 年设立,中国
王昂生教授、多吉才让部长(原民政部部长)于 1998 年 10 月 14 日在
瑞士日内瓦联合国总部共同荣获;世界环境保护最高奖——爱丁堡公
爵环保奖(环境保护诺贝尔奖),由世界自然基金会于 1961 年设立,中
国曲格平教授(原国家环保总局局长)于 2001 年荣获;世界环境科学
最高奖——泰勒环境科学成果奖(环境科学诺贝尔奖),由美国于 1973
年设立,中国刘东生院士于 2002 年荣获;世界气象最高奖——国际气
象组织奖(气象诺贝尔奖),由联合国世界气象组织于 1956 年设立,中
国叶笃正院士、秦大河院士(原中国气象局局长)分别于 2004 年和
2008 年荣获。其中,四位科学家袁隆平院士、王昂生教授、刘东生院士
和叶笃正院士是因其在水稻杂交科学、防灾减灾科学、环境地质科学
和气象科学领域的全球性贡献而荣获世界最高奖的。何康部长、多吉
才让部长、曲格平局长和秦大河局长则因中华人民共和国在粮食、减
灾、环保和气象方面的巨大成就而代表中国政府荣获世界最高奖。袁
隆平院士、刘东生院士和叶笃正院士都是中国最高科学技术奖的荣获
者。这些世界最高奖的荣获是中国在世界崛起的象征之一,是中国人
的光荣。

二、载入中国现代近代史册

中国国家博物馆里保存的 65 万件近现代文物,记载了从 1840 年
鸦片战争到今天 170 年的近现代历史。在这批文物中,有 2 220 件被
鉴定为一级历史文物,其中 374 件被选为国宝级的文物,其照片用精
美彩色纸印刷成《中国革命博物馆(现中国国家博物馆)藏品选》。其
中我国科技界部分珍贵文物也被选入。如陈景润研究哥德巴赫猜想
的手稿,还有王淦昌、袁隆平、王选等院士的文物;也有"两弹一星(原
子弹、氢弹、人造地球卫星)"功勋奖章和人造胰岛素等重大成就的文
物;这里还珍藏着两尊现代国家瑰宝——联合国灾害防御奖(世界防
灾减灾最高奖,通俗称为"防灾减灾诺贝尔奖")的水晶奖杯。她们列
于总计 304 页《藏品选》的 274 页,编号为 339 号,国家博物馆编号是
GB56077(彩图 1、彩图 2)。

三、四川人民的骄傲

在《中国革命博物馆(现中国国家博物馆)藏品选》中,也有部分有名有姓的个人文物,四川作为中国人口大省,共有十余件个人文物入选。如中国改革开放总设计师邓小平同志、朱德总司令、刘伯承元帅、陈毅元帅、聂荣臻元帅、张澜国家副主席、郭沫若国务院副总理等的文物。四川人王昂生教授在瑞士日内瓦联合国万国宫荣获的"世界防灾减灾最高奖——联合国灾害防御奖"也在其中。这些都是四川人民的骄傲。

四、与"两弹一星"功勋奖章在一起

在《中国革命博物馆(现中国国家博物馆)藏品选》274页的339项是王昂生和多吉才让荣获的"世界防灾减灾最高奖——联合国灾害防御奖"的两座水晶奖杯。其右侧的275页340项是中共中央、国务院、中央军委授予的"两弹一星(原子弹、氢弹、人造地球卫星)"功勋奖章及证书(彩图2)。她的荣获者是中国著名科学家钱学森、钱三强、赵九章、王淦昌、王大珩、陈芳允、杨嘉墀、邓稼先、姚桐斌、彭桓武、周光召、朱光亚、孙家栋院士等23名科学家。其中王淦昌、王大珩、陈芳允、杨嘉墀四位院士1986年提出的"863计划",对我国赶超世界先进科学技术发挥了重大作用。在《中国革命博物馆(现中国国家博物馆)藏品选》里,"世界防灾减灾最高奖"奖杯与"两弹一星"功勋奖章在一起。

讨论题 1.4

荣获世界防灾减灾最高奖意义重大吗?

第五节　我的简介

　　1939 年 6 月 16 日,我出生于中国四川省。1963 年毕业于中国科学技术大学,毕业后从事防灾减灾科学和大气科学研究。曾连任 3 届中国国际减灾委员会专家组组长,共 15 年(1990~2005 年),历任中国科学院减灾中心主任(1995 年至今)、中国科学院减灾研究委员会副主任(1990 年至今)、国家减灾委员会专家委员会委员(2005 年至今)、世界银行减灾项目"中国防灾减灾分析与对策"首席科学家(2000~2006年)、国际科学院"全球自然灾害与减灾"项目首席科学家(2005~2008年)、博士生和硕士生导师。曾任国际云和降水委员会执委(ICCP,EC;1988~1996 年),第三世界科学院——国际理论物理中心(ICTP)Associate Member(1987~2005 年),2000 年起任亚洲灾害防御中心顾问委员会国际顾问至今。为中国和世界减灾事业做出了重大贡献。

　　我先后参加过 60 多次国际会议,访问过 20 多个国家,发表了 190篇科学论文,报告了 152 篇会议论文,撰写了 9 本专著。先后获得了六次国家和部级科技成果奖,其中一次为国家科技进步二等奖;是国务院"政府特殊津贴"获得者。1988 年初,我和夫人梁碧俊教授从欧洲回国,在母校成都七中建立了"王昂生奖学金",以鼓励年青一代成长,至 2005 年,有五位奖学金获奖学生荣获了国际奥林匹克金奖。

　　几十年来,我一直致力于防灾减灾、突发事件应急、大气科学和人工影响天气等事业。1975 年在给中央领导的信中,我首先提出中国减灾战略并倡导"现代减灾"理念,为此目标奋斗了 30 多年。我 1990 年起任中国国际减灾委员会专家组组长,建议建立中国减灾中心并用了十几年时间亲自建设她;1991~1995 年主持"国家八五科技攻关"课题"台风暴雨灾害预报警报系统及减灾研究",领导建立了第一个中国综合减灾科学系统;1990 年起与航天部门一道致力于减灾卫星建设,促成我国减灾环境小卫星群的立项与实施;1996~2000 年任中国科学院重大项目"大气—水圈重大灾害的规律、减灾机理、预测和减灾典型研究"负责人,倡导并推进国家现代防灾减灾体系建设;近年来为建立国家减灾应急体系,于2003年任北京市应急指挥系统专家组组长,为建成首都北京应急指挥系统尽力;2004年任国务院应急预案工作组专家,努力促建全国突发公共事件应急体系。近20年来,我多次组织或参与国家减灾重要文献的编写。20世纪末,我代表中国在促成联合国21世纪继续开展"国际减灾战略"活动中发挥了重要作用。

基于上述杰出的科学思想和卓越成就,1993年8月,我被国际自然灾害学会授予了"科学贡献奖";1998年10月14日联合国秘书长安南在日内瓦联合国总部万国宫委托德梅罗副秘书长向我和多吉才让部长颁发了世界防灾减灾最高奖——联合国灾害防御奖。在《中国革命博物馆藏品选》第274页的第339项为我和多吉才让部长的世界防灾减灾最高奖——"联合国灾害防御奖"的水晶奖杯。这表明,我们的成就已被载入中国近现代史册(彩图1、彩图2)。

讨论题 1.5

人生一世能被载入国家史册是光荣的吗?

第二章

暴风骤雨的华夏巨变

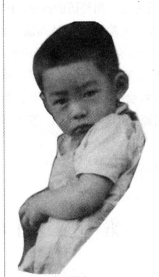

1943 年,幼年王昂生

1952 年,少年王昂生

本书将以作者——世界防灾减灾最高奖荣获者王昂生教授,60多年随着祖国巨大变迁而经历的故事,来和大家共同探讨攀登顶峰的崎岖之路和战胜艰难险阻的各种办法。也许,当您读完、讨论完本书的三百个小故事后,会感到自己的经历和周围发生的事与故事中内容非常类似,但正是在这些平凡之中却隐藏着很多神奇的力量,当您踏上攀峰征程以后,会发现这里的故事会助您一臂之力,帮您战胜许多困难,让攀峰之路上的您更有信心、更有勇气,总有一天您会达到高峰或顶峰!

故事还是从头说起吧。

第一节　总工程师之家

小时候的事,很多都记不清了。但是,有些事情总在我的脑海里留下长久的印记。

一、"寸金难买寸光阴"

我的家庭属于旧社会的书香门第。我的祖爷爷是举人。我家世代家教严格,要求子女都读书。祖父和四川有权势的人颇有些关系,和邓锡侯也是同乡。后来我父亲在同济大学读书的时候,经常受到邓锡侯的接济。我的祖父爱好书画,我小时候最喜欢祖父画的丹顶鹤,青松和丹顶鹤构成一幅幅美丽的意境,让人想去天穹遨游。我父亲从同济大学毕业后回到四川成都,在西南五区公路局成都办事处工作,后任总工程师兼处长、西南五区公路局副局长等职。父亲那时接触的知识界人士比较多,与张大千、张善子、徐悲鸿、何海霞等画家都很熟识,我们家还曾接受过他们赠送的画,后来在"文革"中被抄家时丢失,非常遗憾。那时家庭条件好,良好的环境和文化的熏陶对我的影响很深。我一辈子都记得爷爷告诉我的一句话:"一寸光阴一寸金,寸金难买寸光阴。"这句话在我一生中不时告诫我,要珍惜时间,力求分秒必争。

二、牢记日本飞机轰炸

很多事记不住了,但很小的时候逃日本飞机轰炸的警报却使我终生难忘。我记得那时候,成都一响起日本飞机轰炸的警报,全城人都从城里向城外逃跑,因为有一年日本飞机轰炸成都市中心的盐市口和少城公园(现人民公园),死伤了许多人,场面惨不忍睹。我家当时住在西城,所以一响警报,全家就拖儿带女地向西门茶店子的农田跑去。我幼小的心灵留下了对日本小鬼子的无比仇恨,立志长大了要把日本飞机打下来!记得有一次,我们逃到了茶店子的田里,天已黑了,日本飞机还没来,于是有的人满不在乎地抽起烟来,天黑时烟头的红点会成为日本人的目标,十分危险,此时我听见父亲严厉的批评声,一瞬间烟头熄灭了,大地一片沉寂。

三、"好日子"是"坏事情"

富裕的家庭对小孩来说不是都有好处的。总工程师的家是在成都市灯笼街140号附1号的王家公馆。家里有大小20几间房子,有的很豪华。偌大的花园,种有柠檬、柚子、梨、枇杷等果树,还种有很多花草。父亲每天坐着司机颜师傅开的雪佛兰去上班,弟妹们有专门的保姆带养,一日三餐有厨房吴师傅安排,我过着"饭来张口,衣来伸手"的日子。我养过鸽子、喂过鸟,佣人们口里左一个"大少爷",右一个"大少爷",在旧社会,一个小孩成了"公子、哥儿",长大也难以成器。这种舒适的优越生活,是我幼小时候的真实情况,如果那样下去,我可

能一生无所作为,难以成才。

讨论题 2.1

舒适优越的生活能帮您攀登高峰、顶峰吗?

第二节 华夏剧变

1949 年中国发生了暴风骤雨般的剧变。中国共产党领导的中国人民解放军经过几年的奋战,最终打垮了 800 万蒋家军。10 月 1 日毛泽东主席在天安门城楼上庄严地向全世界宣布:"中华人民共和国中央人民政府今天成立了!"

一、成都解放

1949 年毛泽东主席亲自点将,命令刘伯承和贺龙挥师入川,由两路大军南北两线迂回包围四川。1949 年 12 月 27 日,成都宣告解放。成都的解放,标志着国民党残余匪帮已失去大陆上的最后一个核心地盘。史册上把这一天定为"成都解放日"。

29 日,成都市各界各单位组成四川省会各界庆祝解放大会,欢迎解放大军胜利进入成都。30 日,中国人民解放军第一野战军司令员贺龙率解放大军胜利进入成都城,举行了隆重盛大的入城仪式,受到成都全市人民的热烈欢迎。《新华日报》发表社论《祝成都解放》,以欢庆成都光荣解放。31 日,刘伯承司令员,邓小平政治委员命令成都市实行军事管制,成立"中国人民解放军成都军事管制委员会",李井泉为主任,周士第等人为副主任。

至此,祖国大陆除西藏外已全部解放。

二、解放军进城

作为十岁的我，那时还不懂什么国家大事，但我能清楚地记得：成都解放前夕，我在顺城街、骡马市一带，看到了大量的国民党伤兵，一个个垂头丧气、没精打采的，有的打着绷带，有的拄着拐棍，有的相互搀扶。很多兵，一看就是抓壮丁抓来的，小的不过十五六岁，这些兵的穿着更是不敢恭维，七长八短、邋里邋遢，真是一派败兵之相，用四川话来说，就是一群"滥丘八"。谁都看得明白，这样的兵怎么能打仗呢？

对比之下，中国人民解放军第一野战军贺龙司令员率解放大军胜利进入成都市时是多么威武雄壮。30 号那天，我们跑到了成都市中心的西玉龙街东南的顺城街一带，等候解放军进城。这里早已人山人海，大家都在等待解放军的入城仪式。我们小孩个个欢天喜地地在人群中跑来跑去，总问大人："怎么还不来？怎么还不来？"不久，从远处传来雄壮的军乐声，人头攒动，"解放军来了！""解放军来了！"人们向北边望去，不一会儿我们看到走在最前边的仪仗队。解放军仪仗队全由北方大个子组成，个个高大威武，一人手执一面巨大的红旗，迈着整齐的步伐，组成一片红色的海洋，让人们感到气势宏伟、振奋人心，后边是解放军军乐队，新颖的进行曲让人感受到了欢快向荣的气氛。"马队来了！""马队来了！"大家兴奋不已地向后看去，一批四川少见的高头大马和骑马的勇士们，一排排地在人们面前走过，让成都人大开眼界，众人不停地指指划划，啧啧称赞。再后面是炮兵方队、步兵方队，等等。人们亲眼目睹了那举世闻名、威武雄壮、让人震撼的正义之师，谁能不对中国人民解放军佩服得五体投地呢？

三、家庭剧变

当我们这些孩子们还在欢天喜地的唱着："解放区的天是晴朗的天，解放区的人民好喜欢……"的时候，暴风骤雨的华夏剧变就在中国 960 万平方公里土地上迅猛地展开了。许多意想不到的剧变降临到我的头上。

作为一个阶级对另一个阶级的革命，中国共产党领导中国人民推翻了三座大山,打垮了800万蒋匪军,经历了28年奋斗才赢得了新中国的建立。新中国必将改变旧中国的一切,向着人民民主和社会主义目标前进。所以,一切旧社会的根基必将被推翻、一切阻挡历史发展潮流的绊脚石都会被踢开。

如上所述,我的家庭必然会被冲击,只不过来得这样快、这样猛烈是意想不到的。解放后不久,作为国民党的党员、官员,与国民党上层有诸多联系的人——父亲受到了关押。很快全家就从灯笼街140号附1号的王公馆搬了出来,除了少数几件常用衣物,几乎是扫地出门,我们一家六口就在对面的灯笼街131号楼下的一间不足10平方米的破房里栖身。家庭的剧变,使我们从天上一下就掉到地底下,这是社会大变动的一个具体体现。

母亲在没有任何收入的情况下,要养活几个孩子,不得不开始变卖被扫地出门后那微乎其微的家当。我和母亲一起曾去青龙街摆过地摊,卖一些收入极少的瓷盘瓷碗,也帮人卖过香烟。我开始帮助家里挣钱糊口,在劳动中感到自己养活自己的光荣。我家从曾经的"无所不有"到那时的"一无所有",我开始在磨炼中学习生存。母亲积极参加了扫盲运动,也给人家洗衣服,自力更生养活我们一家六口。当时房子很破、漏雨,我们不得不用父亲朋友送的画挡雨,今天这些名画价格不菲,不过那时也只能愧对它们了。贫困的日子里,全家吃稀饭,只能买一分钱的大头菜,大家分着吃。我的小弟现在还记得,当时我作为大哥管家管得非常严,多吃一根大头菜都要被筷子敲脑袋。生活的剧变迫使我们接受现实,接受改造,接受自食其力的新观念。在那最困难的日子里,我的几位舅舅和堂姐不时的接济与帮助,成了全家生活的重要来源之一,对此,我们永远感谢他们。我在磨炼中开始自我奋斗。

讨论题 2.2

华夏剧变给作者带来了什么变化?应当如何正确应对?

第三节 人生转折

中华人民共和国的成立和华夏的剧变,使广大的工人、农民和受压迫的人们欢欣鼓舞,积极地建设新中国,中华大地一派欣欣向荣的景象。年幼的我们也在不断地受到新中国、新人生、新命运、新前途的教育,这是我们人生的重大转折。

一、戴上红领巾

我小时候在成都实验幼儿园(原在成都西门茶店子)就读,小学一直在成都实验小学(成都后子门)学习,而且兄妹几个都在那儿读书,它们是当时成都最好的幼儿园和小学。解放后,学校有了重大变化,校长、老师十分注重学生人生目标、学习方式和体质的培养。在这里我接受了人生最重要的教育,年幼的我在这翻天覆地的变化中逐步找到了人生的目标和意义,这让我终生受益匪浅。所以,至今我都难以忘怀我的人生启蒙地。

虽然家庭发生了重大变动,共产党对我们的正面教育还是非常易于接受的。"有成分论,不唯成分论,重在政治表现。"这种教育给了我很深的影响。在家庭经历巨大变动的日子里,我终于找到了一条可以让自己重新站起来,并和小伙伴们一起勇往直前的道路。

我当时是比较积极进步的,希望加入少先队。很幸运的是,我成为成都市第一批加入少先队的小学生。当我成为成都市第一批少先队员时,我的心情是无比兴奋和激动的。因为中国发生暴风骤雨般的剧变以来,我第一次找到了自己的人生之路。对于拥有这样家庭背景的我来说,正确认识旧家庭,积极支持新社会的发展,从加入少年先锋队,到逐步参加共青团、共产党,争取进步,是我在解放后的巨大变化中寻找到的人生坐标。

二、人生座右铭

我记得解放后我的小学班主任是张碧群老师,她是刚毕业不久分配来实验小学任教的。她为人亲切和蔼,对学生们很友善,教给我们很多积极向上的东西,同学们都很喜欢她。她曾经送给我一本《钢铁是怎样炼成的》的厚书(对小学生来说确是一本很厚的书),我连读几天,一口气把它读完。保尔·柯察金(本书的主人公)对我的一生影响极大,这也许是我们这辈人共同的体验。所以,在本书的名言警句中,我特地选了奥斯特洛夫斯基名言:

"人生最宝贵的是生命,生命属于人只有一次。一个人的生命应当这样度过:当他回忆往事的时候,他不致因虚度年华而悔恨,也不致因碌碌无为而羞愧;在临死的时候,他能够说:'我的整个生命和全部精力,都已献给世界上最壮丽的事业:为人类的解放而斗争。'"

这句一百字左右的"座右铭"影响了新中国建国后的几代人。人总要有个目标,有个志向,这样,您才会有强劲的动力,去支持您为达到这一目标而奋斗终生,这是我切身的体会。

讨论题 2.3

让我们每个人都来回忆一下人生的转折点。

第三章

立定志向的中学时代

1953 年，成都七中少先队两个大队的六位大队长
（后排右一为王昂生）

成都七中 58 级高三班全体同学毕业合影（后排左六是王昂生）

永远难忘故乡恩、母校情。我的攀登之路就是从四川成都开始的。

从 1939 年我来到这个世界，到 1958 年赴北京上大学，故乡四川的山山水水培育了我。在蓉十九年，从成都实验幼儿园、成都实验小学(六年)到成都七中(六年)，祖国、故乡、母校给了我美好的人生目标、坚强的意志、优异的学业和健康的身体。1956 年祖国吹响了"向科学进军"的号角，让我们那一代青年几十年为之努力奋斗、勇往直前。记得当年作为成都七中学生会主席的我，有幸代表全市学生在成都市政协大会上发言，这促使我走上了这条艰辛的攀登之路。

第一节 激 励

人生都有很多小事情给人以激励，让人难以忘怀。特别是小时候的事情，更让人几十年后记忆犹新。

一、考"成县中"去!

1952 年春天，我从成都实验小学毕业后，面临考试升初中的问题。不过我们实验小学的一帮小伙伴都早有商议：第一，要考个好学校；第二，要离家近一点。

我们这帮住在西门的小孩都想考"成县中"(后为"成都七中")，因为"成县中"是当时成都最好的中学之一。而且我们读成都实验小学时，每天都要从"成县中"大门口过。由于好奇，我们总是伸头向大门里面看看,有个别胆大的还大模大样地走进去瞧瞧,不过看门大爷也经常毫不客气地把他们给"请"了出来。

考"成县中"去! 成了我们这帮实验小学孩子的共识。

考完之后,发榜之时,青龙街的"成县中"门口人山人海,大家都争相查看榜上有没有自己的名字,所以一时秩序很混乱。我们小孩就拼命往里挤,从人缝中伸头去看名单。"有我了! 有我了!"当我看到自己名字出现在红底黑字的榜上时,那个高兴劲儿就别提了。

考上成都名校,这对我们小孩来说是一个很大的激励,它鼓励我们努力向上。

二、获奖小本本

成都七中历来有奖励优秀学生的传统,她鼓励着所有学生积极向上。1952 年,我初一的时候,有幸得到了一次奖励。在成都青龙街七中(当时还叫"成县中")大礼堂,刘文范校长把一个小本本奖给了我,高兴得我一夜没睡好,因为全校一千多人,能获这个奖励的也只有二十来个。这个小本本是一个粗面硬皮小本,约 12 厘米长,8 厘米宽,0.8 厘米厚,纸张比较粗糙。但这个荣誉,这个小本本鼓舞了我一生。

46 年后的 1998 年 10 月 14 日,当我在瑞士日内瓦的联合国万国宫里,作为中国人民的代表,高高举起"防灾减灾诺贝尔奖"水晶奖杯时,那个小本本总不时地闪现在我脑海中。年轻时的微小成绩也会激励人一生。

三、名人效应

一个学校、一个单位、一个城镇、一个地方有几个名人,对那些努力奋发的青少年来说,是有很大的模范作用的。

刚进成县中,我就知道了"孙朗(孙高个子)和汪二(姓汪,排行老二)",他们排球打得很好,先是西南排球队队员,后来当了"国手"(就是国家排球队的队员),还专门来成县中做过精彩表演。

当年的两位"国手"大哥哥,在我们小字辈里可了不起了,因为一个国家才十几个国家排球队员,我们成县中就有两个。虽然至今我也不知两位大名,但他们为母校争光的精神,却在我心中烙下了永恒的印记。

四、丙等助学金的激励

1952年我刚上成县中初一时,家庭的剧变让我经济极为窘迫,每月几元的伙食费都无法交付。没钱交费怎么上学呢? 正当我焦头烂额、考虑是否退学时,班主任主动找我了解家庭情况,并让我填了一个表。不久,可以管我吃饭的丙等助学金发放给了我,这是我这一生唯一一次领取的人民助学金。

在那困难的日子里,得到了国家如此慷慨的帮助,我心中充满了无限的感激和谢意,决心加倍努力学习,长大后努力工作来报答祖国人民。刚刚解放,国家要用钱的地方很多,而学生中的贫穷之家也不少,所以,我能获得助学金是很不容易的。我一生都不会忘记国家在最困难时给我的帮助。一年后,我父亲工作了,我马上主动退了助学金。但丙等助学金却激励了我一辈子。

五、"未来的科学家们,工程师们!"

青少年时,一句振奋人心的话,可以影响你一辈子。相信吗? 至少我是确有体验的。毛学江老师是我的高中化学老师,他上课总是身着笔挺的西服,头发也梳得很亮。每堂课一上来,他总是用洪亮的普通话说道:"未来的科学家们,工程师们!"然后再开始上课。这铿锵有力的呼声,几十年来总不时地在我耳边响起,如今老师们的愿望早已成为现实。

讨论题 3.1

回忆一下,一生里什么事情曾激励您奋发向上?

第二节　中学趣事

中学是人生中十分美好的时代,许许多多的趣事让你一辈子都忘不了。下边我就讲几个趣事给你们听听。

一、"小班主任"

成县中(后成都七中)初 72 班是考进来的,同学们多来自成都各个学校,还有一些外地同学,其中多数是成都小学名校——成都实验小学的同学。在成都实验小学,我被同学喊为"王头(儿)",所以他们就让我当班长,后来又当少先队大队长,这是个"荣誉"。当时是男、女分班,72 班是男生班,小学生们"费(调皮)"得很,经常惹得老师生气,我也没办法。好在我和大家关系不错,足球队十几个人都能听我的,加之实验小学的伙伴们帮忙,慢慢地班上秩序好了,我也有点威信了。于是班主任张家椿老师总对其他老师说我是"小班主任"。

二、"大小周明福"

成县中 72 班趣事之一是一个班有两个"周明福",老师上课一点名,两位"周明福"同时答"到",并同时站起,于是引来一片哄堂大笑。这样"大周明福"和"小周明福"就成了班上的两位"新人"。今天,单名单姓的独生子女已是成都七中和所有学校的优势学员了,重名重姓(包括音同)的同学会不时出现,这个办法倒也可以借用一下,以免造成误会。

三、"二呀二郎山"

成县中除了学习成绩好外,文娱体育各方面都是很活跃的。青龙街大操场上,不时搭一个"舞台",那就是要开晚会了。当时流行"友谊班",也就是高中大哥哥、大姐姐帮助初入学的小弟弟、小妹妹们,72 班是个"费头子(调皮)班",记不得是高二、七合班,还是高四、九合班来帮助我们了。我一辈子难以忘怀的是他们在舞台上高歌的"二呀二郎山,哪怕你高万丈……"那优美雄壮的歌声,好像与今天彭丽媛或宋祖英的歌声相比也不逊色。

四、搬往"磨子桥"

半个世纪前,今天繁华的成都科华路还是一片农田。成都七中有幸被选为学习前苏联的示范学校,一幢幢新校舍在当年南郊的磨子桥落成。那气派的教学楼、图书馆、实验室和宿舍,当年别说四川少见,可能在全国中学中也少有。于是一场从城西青龙街迁往南郊磨子桥的迁校运动展开了。那时候没有"搬家公司",汽车也很少,"架架车"和"板板车"是搬家主力。我们喊着"号子"随搬迁大军穿城走去。当看到磨子桥漂亮的新校舍时,一切疲劳都忘了。

五、"背"出个院士来

王大成是我的小学、中学和大学同学。我们同住成都灯笼街,我家住 131 号,他家住 119 号,相距仅十几米,我们两家关系很好。由于身体原因,大成的脚有残疾,所以走起路来不是很方便。但是,上学总是要走路的,而且路还蛮远的。就以小学为例,我们要走:灯笼街、守经街、八宝街、青龙街、骡马市街和后子门,才能到实验小学。这段路对正常的小孩来说,也是费劲的,更何况一个脚有残疾的孩子呢?

母亲一直告诉我,大成脚不好,你要多帮帮他。所以,每天上学、放学我总是和他一块儿走,不时帮他背背书包,拿拿东西或扶扶他。那时,还没有"学雷锋"的说法,但帮助同学,助人为乐是很自然的事,何况我们是好邻居、好朋友呢。当我和他走在一起,看见他一瘸一拐地向前走时,心里对他总是充满了同情,总会自觉不自觉地会去帮助他。

由于我们是邻居,又小学同学 6 年,初中同班 3 年,高中在成都七中虽不同班,但同年级又3年,所以相互帮助十多年。至今还有同学记得,初中时一次下大雨,我把大成背到学校的避雨处,我们全身都打湿了。几十年后,大成经过努力奋斗成为了中国科学院院士,老同学们还开玩笑地说:"王头儿(我小时的昵称),你真'背'出个院士来了!"

六、图书馆一角

上高中以后,我担任了学生会主席,还兼任了团委副书记。学校工作担子重了,如何保证学习呢?我相信,除了天赋之外,奋发努力是最关键的。除了改进方法,提高效率之外,还必须保证学习时间。我发现成都七中有一座样式别致的办公楼,楼上三层是学校图书馆,开馆前和闭馆后图书馆门前一角是最清静的地方。所以,图书馆一角成为我几年来一早一晚常到的学习园地。日积月累,我学习成绩不断提高。不知今日七中图书馆楼那一角安在乎?

七、"两个第三名"

当年,成都七中的足球在成都中学中还是蛮有名气的,体育教研室关老师是七中足球校队的组织者。我从小就爱踢足球,从实验小学到成都七中,我身体健康,百米也跑得快,所以成为校队的一员。七中足球队的运气不好,1956年和1957年全市比赛中都赢了冠军——十三中,却输给了亚军——九中,积分相同,进球数少,结果保存至今的照片只是两个第三名。但这比在中国科学技术大学强多了,我们科大足球校队在北方大汉夹击中老输球,我觉得这个校队当得挺"窝囊"。而1965年,我当中锋的中国科学院地球物理所足球队,在中科院几十个队中踢了个亚军,真开心。

讨论题3.2

您的中学生活中有些什么趣事?

第三节 我的中学老师们

中学六年是人生重要的时光,中学老师对我们的成长、教育和影响都很大。让我来讲几个中学老师的故事吧。

一、白老师出国

1955 年左右,"白老师出国了!"成为成都七中一大新闻。在改革开放 30 年的今天,出国的人很多,也不稀罕了。但在半个世纪前的中国,的确是件大事。白敦仁先生是七中的名师,刚进成县中的初 72 班时,白老师是我们班主任兼语文老师。我这个毛头小孩当了 72 班班长,有幸受教一个学期。几年以后,白老师到波兰去讲学的事,成为影响我一生的重大事件之一。记得一听到这个消息,我立刻去翻了翻世界地图,专门找到了华沙在哪儿。于是我立志,长大了一定要闯闯世界,让外国人也看得起咱们中国人。

二、"闵 (Min) Teacher"

提起"闵 Teacher(老师)",早年在成县中真可谓无人不知、无人不晓。闵震东,威震东方,哇! 大名就了不得。在学习前苏联时,都上俄语课,成都七中初 72 班竟然还在"闵 Teacher"教育下学了一年英语,真不简单。所谓"闵 Teacher(老师)",实际是个四川英语的爱称,真正的英语中,只有"Teacher Min"之说。

1981 年以来,我用这带着川味的英语,频频出入世界许多地方,闵老师的英语启蒙功不可没。闵老师是成都七中 56 级闵莉的爸爸,我和闵莉都是当年少先队的大队长,所以很熟。早闻闵老师已过百岁大寿,我敬祝他永远健康。

三、"熊三角"

成都七中熊万丰老师以教三角闻名成都,名曰"熊三角"。几十年后,熊老师教我们如何解三角难题的细节都记不住了,但他那独创的画圆方法至今让我记忆犹新。每当教课需要画圆时,他就从兜里掏出手帕,一头作圆心,另一端夹上粉笔,360 度一转,一个圆就出来了。七中老师这些点点滴滴的引人入胜的创造,把我们引入了科学的殿堂。高考时,我的数学 100 分(满分)与他的授课分不开。

四、班主任曹老师

曹庸老师是我所在的成都七中高中五八级三班的一、二年级的班主任,兼语文老师。那时,他刚来七中不久,年轻、干劲儿足,与同学们关系很好。课堂上,他的教学深入浅出、引人入胜;课下,他与同学们打成一片。两年的工作,他让五八级高三班成为成都七中五八级七个班里的优秀班之一。

曹庸老师是我在成都七中高中时,对我帮助很大的老师之一。在我担任七中学生会主席和团委副书记等有繁重的学校工作时,他全力支持我,并让班里干部分担我的部分任务。令人感动的是:我外出开会时,曹老师就布置同学帮我记笔记或给我补课。所以,我在学校的工作是一个班在支持我。五十多年过去了,但这些令人难以忘怀的往事却仍历历在目。

五、鲁老师到北京

鲁济良老师是我们高三的班主任兼几何老师。五八届大学高考对每一所中学都是一个考验,尤其是毕业班老师。值得庆贺的是我们这个年级、这个班升学率和重点大学入学率都比较高。我们年级几十个同学都到北京读大学。入学不久,我们听说鲁老师要到北京开会,于是来自清华、北大、科大等校的 20 来位七中同学在颐和园与鲁老师一聚。一晃三十年后,1988 年我从欧洲归国在母校设立奖学金,同时邀请十位成都七中老师来京参观时,鲁老师才再次到了北京与我们相聚。

讨论题 3.3

请给我们讲讲您对中学老师的几件印象很深的事。

第四节　立定志向

中学是立定志向的重要阶段,很多人都是在年轻时立下志向的。成都七中对我一生成长具有举足轻重的作用。

一、"自学小组"让我奋发

1955 年春天,我们从成都七中初中毕业了,但我们无法升学。因为,这一年全国招生体制实行改革,中学由一年春秋两季招生变为一年一季(秋季)招生。这样,我们成为解放后唯一一届没学可上的中学生。为了让大家这半年不荒废学业,成都市通过街道办事处把学生们组织成"自学小组",让大家集体复习功课。还不时组织大家看看电影,甚至还搞过全市"自学小组"的文艺会演。

但是,对于正值青春年少、求学正旺的我们而言,没有书读、没有学上的日子真是度日如年。那时,特别羡慕每天背着书包上学的学生们。不经历磨难,不会懂得幸福,不失去上学机会,不会懂得读书的宝贵。这半年成为我人生的重要转折点,让我懂得了读书的宝贵,人生要奋斗!

二、成都市政协会

1956 年祖国大地吹响了"向科学进军"的号角。当时任成都七中学生会主席的我,被解子光校长派去出席成都市政协会。会议要求我代表全市"三好学生"做大会发言,表达全市几十万青少年响应党的号召,"向科学进军"的决心。在灯火辉煌的会议大厅里,我第一次面对成都父老和媒体,慷慨激昂地发言:"共产主义就是苏维埃加电气化,所以我要做一名电机工程师,为祖国电气化事业奋斗一生。"还说了些什么我也记不住了,总之,我们要"向科学进军"。最后,引了诗人田间的一首诗作结尾。但这一庄严的誓言,的的确确把我引上了攀登科学高峰的崎岖之路。

三、百米冲刺

100 米短跑是我的体育强项之一,在江士毅老师的指导下,我的成绩有所提高。由于四川人不高,但"脚板翻得快",所以成绩还不错。1956 年四川省运动会上,我也去冲了一下,第一轮就被刷了下来,但"12 秒 5"的成绩还是相当可以的,达到了三级运动员标准。令人兴奋的是这届运动会上的百米第一名是我们四川的陈家全,成绩 10 秒几,打破了全国纪录,后来成为"中国的飞人"。到了北京中国科学技术大学,我还跑了个全校百米第二名,"11 秒 8"的成绩达到了百米二级运动员标准。

人生就像百米冲刺一样,1998 年我们在人生事业的百米冲刺中,终于荣获了世界防灾减灾最高奖。

四、考到"北大"、"清华"去

1958 年高考前夕,我们和历届同学一样积极认真备考。但我们都不知道中国经历 1957 年"反右"斗争后,"讲出身"、"论成分"的极左思潮已弥漫中华大地,这才会真正决定我们的命运。

我以为我虽出身不好,但我的"表现"是很好的。您看:我是全市的"三好学生"、成都七中学生会主席、团委副书记、全校拔尖的全"五分"优秀学生等。所以报考"北大"、"清华"是很自然的事情。

那些年,因为成都是"巴蜀才子"辈出之地,所以也是"北大"、"清华"在全国招生的重点城市之一。成都名校"四、七、九"(即四中,现石室中学;七中,原成都县中;九中,现树德中学)则被"北大"、"清华"锁定为招生重点学校,内定的优秀学生还会被约谈话。

一天,"北大"、"清华"的招生老师分别找我谈了话。1956 年我在成都市政协上的发言:"共产主义就是苏维埃加电气化,所以我要做一名电机工程师,为祖国电气化事业奋斗一生。"于是,报考清华大学电机系成了我的第一志愿。

五、中国科学技术大学吸引了我

年轻时的思绪经常像风一样,说变就变了。

高考填写志愿的前几天,报纸、广播都报道了"中国科学技术大学在北京成立"的消息。中国科学院郭沫若院长任校长;一大批国内外著名科学家任副校长、系主任,并兼任教课,如严济慈、吴有训、华罗庚、钱三强、钱学森、赵九章等名人;同时中国科学院与中国科学技术大学实行所系结合,也就是集中国科学院全院的力量来办好这所大学。

中国科学技术大学的成立像一块巨大的磁石深深地吸引了我。向大科学家们学习,和他们一起为中华崛起而奋斗,成了我无可替代的新的第一选择。

于是,在填报志愿时我全选了中国科学技术大学。第一志愿是"原子能系",让原子能发电来为祖国实现电气化。

六、"解老板"的改动决定了我的一生

人生的悲惨和幸运,往往是由短短的瞬间决定的。

我至今收藏着成都七中 1958 年的八开大小的彩色毕业证书,正面是"毕业证书"字样和我的黑白相片,背面是毕业成绩单。这是一张决定我一生命运的证明。背面成绩单上一共是 11 门功课的成绩,9 门是 5 分,政治和操行两门原来是 4 分,后改为 5 分,并加盖了"解子光"(校长)印。几十年后我才知道,原来政治和操行两门功课的分数才是

主宰学生命运的核心。

在那受极"左"思潮影响的年代,政治和操行两门功课的分数不是按考试成绩打分的。它是依据出身、家庭、再加一点"个人表现"来打分的。根据当时政策,我的出身、家庭最多打3分,加上一点"个人表现",打了4分已是班主任鲁老师的极大恩赐了。但是,那时的内部规定是:不论你考试成绩多好,政治和操行两门功课的分数才是主宰学生升学大权的部分,只有5分才能升入全国最好的大学,4分为较好大学,3分为较差的大学或大专,2分是不能升学的。所以,"解老板"(成都七中解子光校长的绰号)复查时发现了给我打的分,他很生气地说道:"像王昂生这样的'全5分'学生、成都市的'三好学生'、七中学生会主席都得不了5分,还有谁能得?"于是历史才留下了这张值得纪念的毕业证书,四十年后,他为中国赢得了世界防灾减灾最高奖——联合国灾害防御奖。

年轻的同学们,也许你们听了这些天方夜谭似的故事,是无法理解的。但这却是真真切切的事实。那些年,不少十七八岁的高中生就仅仅因为家庭的某个原因而失去了上大学的机会,可家庭是我们无法选择的呀!我们班一个学习很好的女同学,她母亲曾与周总理夫人邓颖超一起在重庆工作,后来说她母亲是叛徒,没能考上大学,当了一辈子工人;另一位,则是因为她父亲和哥哥在1957年被打成"右派",也失去了上大学的机会。这种错误的做法,耽误了许多人的青春。

我只是其中的一个幸运儿。

讨论题 3.4

您是何时立定志向的?志向是什么?

在科学上没有平坦的大道，只有不畏艰险沿着陡峭山路攀登的人，才有希望达到光辉的顶点。

——马克思

第四章

奠定基础的大学生活

1959 年，王昂生在中国科学技术大学

1960 年，中国科学技术大学人工降雨小火箭队在北京八达岭山区试验合影（右三为王昂生）

人生中,大学是奠定现代攀峰基础的重要阶段。虽然近代也有少数名人(如华罗庚先生)是靠自学成才的,但现代教育中,大学已是众多高级人才培养的必由之路。有条件进入大学学习会让您更好地攀峰,大学生活会帮您奠定现代攀峰的重要基础。2009 年全国高考的考生达 1020 万人,计划录取 62%,约 629 万人,这是一个庞大的人群。当然,对于各种各样的攀峰任务而言,大学不是唯一的攀峰渠道,但却是重要的攀峰渠道。

第一节 北京,我们来了!

祖国首都——北京,是我们所有年轻人向往的圣地。没想到,我一来北京就在这里呆了五十多年。

一、上北京,进中国科学技术大学

1958 年夏天,高考后一段时间里,大家都在家等待高考发榜。当年,所谓发榜,不再像小学、中学那样,在学校门口贴上名单,而是由邮递员将录取通知书送到家中。所以,大家每天都在等邮递员的到来。等呀,等呀!终于有人第一个收到了录取通知书,于是他欢天喜地满街跑去告诉同学,让大家分享他的快乐。那时各家各户都没有电话,也没有自行车,全靠两条腿。一个又一个的通知,一个又一个的欢乐,弥漫在成都的千家万户。我在家等呀等,一个同学考上了,又一个同学考上了。一天,两天,三天……一周过去了,我还没收到通知,急得像热锅上的蚂蚁,想了又想,我考得很好呀,是什么原因让我考不上呢？正在吃不下、睡不着的时候，邮递员突然喊道："王昂生，通知书！"我如梦中惊醒一样，迅速跑出了门，急匆匆地从邮递员手中接过信，连连道谢，同时双眼紧盯信封，当"中国科学技术大学"红字映入我眼中时，一颗焦虑的心落了下来。打开信封一看，中国科学技术大学录取通知书告诉我，我被学校的应用地球物理系录取了！我马上告诉了母亲，全家欢腾了；紧接着跑去告诉同学们，又是一片欢呼。好长一段时间，我都沉浸在无比的欢乐中。

"上北京，进中国科学技术大学喽！"当我们第一次坐上火车、第一次离开家乡、第一次离开父母时，心中只想着这件事。

二、"状元来了！"

当我们在北京火车站坐上中国科学技术大学迎接新生的专车，开过天安门时，车上一片欢声笑语，大家争着看窗外的天安门城楼和天安门广场（那时广场还没有扩成今天这样大）。我们都是第一次来到北京，第一次来到天安门广场，年轻人热血沸腾地表达着对祖国母亲的深切热爱。专车继续沿着长安街向西开去，路上经历的一切都深深地吸引着每位第一次来北京的新生。汽车开过"五棵松"，来到"玉泉路"，进入一个大门，停在一个庭院之中，"这就是中国科学技术大学！到家了，下车吧！"接站的老师告诉大家。

这时，先来学校报到的同学都主动来到车前，接自己系的新同学到各系报到。"应用地球物理系的同学，跟我来！"一位说着四川话的同学召集着我们，由于这段时间的火车是从四川来的，所以有十来个人跟着去应用地球物理系报到。报到处设在大礼堂门口，当我们还距报到处十来米时，那边一位高个子女同学就大声喊道："状元来了！状元来了！"我们都莫名其妙地看着她，她又喊道："王昂生，你不认识我啦？我，李沁生，一中的。"我一时反应不过来，只好支支吾吾，她又拿起一个本子，对其他人说："他是成都七中的，王昂生，是我们中国科学技术大学应用地球物理系 200 多人的第一名，我们的状元！"因为全国数十万人报考大学，能上中国科学技术大学的只有 1500 人，而我能在优异者中名列前茅，所以是很不容易的。于是，大家都以羡慕的眼光向我看来,搞得我很不好意思,我只好走到李沁生面前,拿起那个本子看了起来,原来那是全系新生的高考成绩册,我以总分第一列在最前边,数学 100 分(满分),物理 99 分,化学 98 分,原来我是以高分考进大学的。这时,李沁生又伸出手来说:"王昂生,认识一下吧,我叫李沁生,成都一中的。您是名人,您不认识我,我们可认识您,七中学生会主席。"我尴尬地一笑,说:"李同学,很抱歉,我对您不熟,但我还是认得几位成都一中同学的。"过了不久,我了解到,原来一中的李沁生是我们四川省李大章省长的千金。

三、打着光脚板走向天安门

刚刚安顿下来,大家就急忙商量去天安门看看,那是我们中国人心中的圣地。由于学校门口的 38 路(现 338 路)公共汽车玉泉路站可以直达天安门,但票价为二角五分,来回就是五角,这对当时我们这些穷学生来说,还是一个不小的数目。而且,对我们这些打光脚板(打赤脚)走惯了的四川娃娃来说,走一走应当是不成问题的。于是,几位小伙伴就决定,吃过早饭,带上馒头就向天安门出发了。

九月初的北京,天气很好,太阳高照,天空晴朗,万里无云,我们像在成都一样,穿着背心、短裤,打着光脚板,雄赳赳、气昂昂地走在西长安街的大路上。在那十几公里的路上,很多北京人可能没见过这样打扮的一群小伙子,特别是打着光脚板在路上走,感到很惊讶,所以一路上不少人奇怪地看着我们,我们也莫名其妙。怀着对天安门的无比向往,我们走了很长时间,终于到达了目的地,兴奋之情难以言表。我们在天安门东看看、西看看,完全忘记了徒步十几公里的疲倦。记得最清楚的是,我们站在天安门前、金水桥边,大声地对天安门喊道:"北京,我们来了!"

四、"十三系"就是"川系"

来北京上大学一段时间后,我才弄明白一些事情。我们是中国科学技术大学的第一届学生,原来计划开办 12 个系(就是报上登的),但赵九章先生据理力争,增加了"应用地球物理系"(所以后来被称为"十三系")。但招生成了一个问题,于是作为中国科学院地球物理研究所所长的赵九章先生,让这个所的党委书记卫一清想办法。卫一清是老革命家,战友很多,于是他找到老战友——时任四川省教育厅厅长的张秀熟,因为当时四川是中国人口最多的省份,"巴蜀才子"历来就享誉国内外,优秀考生不少,经过研究,决定从四川考生中,从优从先为中国科学技术大学应用地球物理系挑选200名学生。于是就有了上边一系列到处碰到四川老乡的事。所以,当年"十三系(应用地球物理系)"就是"川系",在中国科学技术大学是无人不知、无人不晓的。当然,从第二届开始就全国统一招生了。

1958年秋冬,"川系"编排了具有四川风味的歌舞《欢唱新大学》。全系几十个人出演,利用课外时间排练。有十来人的舞蹈队、二十来人的合唱队、二十多人的乐队。我是舞蹈队主演之一,也是主要的编舞人之一。大家的齐心合力,让节目十分成功。"川系"的《欢唱新大学》成为中国科学技术大学首届文艺比赛的第一名。《欢唱新大学》成为中国科学技术大学优秀文艺节目,在"大跃进"的年代到处演出。于是学校从其他系选了些舞跳得好的同学,调整了舞蹈队;男主演由一位具有专业舞蹈水平的同学担任,但基本班子还是我们"川系"的。不久,我们代表中国科学技术大学参加了在北京"天桥剧场"举行的"北京市大学生文艺汇演",受到了观众的热烈欢迎。

五、"大炼钢铁"的1958年

1958年我们刚入学不久,全国就掀起了"大跃进"的热潮。人们都在为中国的"赶英超美"而努力奋斗。年轻幼稚的我们也是热情高涨,尽力为"大跃进"做贡献。记得我们"大跃进"的重要行动是"大炼钢铁"。

所谓"大炼钢铁"就是像全国很多地方一样,在学校的大门口,挖了很多的坑,上面安上"土高炉",放进各种各样的"废铁",下边用大火烧。一炼钢铁就是大半天,所以大家轮班炼。我记得经常是我们值夜班,在熊熊大火前,不断地加柴添火。夜深了,年轻人经常会打瞌睡。有一次,我实在是太累了,竟站在炉旁睡着了,"突"地一声,向前一倾,我猛然惊醒,一摸,"哎呀,我前边的头发烧着了!"

1958年的"大炼钢铁"给了我们一次深刻的教训,因为费人费事还不讨好,炼出的全是废铁,而我们还是不明白为什么要这么做。

六、我的大学生活

当我们来到北京的兴奋劲儿过去后,实实在在的生活向我们走来。那时,我是一个穷学生。在成都七中住校,每月伙食费5~6元,可一来北京,每月伙食费涨成12.5元,家里最多每月只能给我9元,所以生活成了大问题。中国科学技术大学是有助学金的,但在"川系"里从农村来的穷学生很多,"三代矿工"、"五代贫农"比比皆是,他们经济更是困难。于是学校从军队找了一批旧棉军服让他们穿上过冬,所以到"川系"一看,一片黄军装。这种情况下,我是根本没条件申请助学金的。这样,我的大学生活增加了一个挣钱补贴的任务。一方面,假期、周末在校外运砂石、做苦力;另一方面在校内做点零工。这样的大学生活让我懂得了更多,这也是一种人生的磨炼。

中国科学技术大学的行政干部几乎都是从部队转业来的。在那个年代,他们经历了"三反五反"、"反右"、"大跃进"等运动,所以政治敏感性特别高。我们刚一到校,他们立即外出去全国外调,查清我们的出身、成分、三代五代的历史关系。回来之后,我们立即被划分成三六九等。"出身不好、成分欠佳"的都被分到"不好的专业、差的专门化"。这是历史的产物,真叫人哭笑不得。好在中国科学技术大学应用地球物理系七个班,各个专业都挺好,同时,最后决定同学生死大权的不是这些行政干部,懂得专业、爱惜人才的赵九章先生和专家们最终为国家留下了一批重要人才,给我们将来为国家做出重大贡献提供了条件。

讨论题 4.1

您到过北京吗?对北京您知道些什么?

第二节　大师们辛勤培育我们

当年,我们报考中国科学技术大学就是冲着一批中国的科技大师们来的。五年里,大师们的确对我们进行了辛勤的培养,让我们博学成才。

一、中国科学技术大学成立暨开学典礼

1958 年 9 月 20 日,中国科学技术大学成立暨开学典礼在解放军政治学院大礼堂隆重举行。郭沫若校长做了题为《继承抗大的优秀传统前进》的致辞,聂荣臻副总理做了题为《把红旗插上科学的高峰》的讲话。中国人民大学校长吴玉章、北京大学副校长周培源等代表兄弟院校领导到会祝贺并讲话。聂荣臻副总理在讲话中指出:"在科学技术方面,必须大力培养新生力量,以满足国家建设的需要,创办一所新型的大学是十分必要的。这种大学和研究机构结合在一起,选拔优秀高中毕业生,给以比较严格的科学基本知识和技术操作训练,在三四年级时,让学生到相关研究机构中参加实际工作,迅速掌握业务知识,加快培养进度,以便在一段时期内使祖国最急需的、薄弱的、新兴的科学部分迅速赶上先进国家水平。中国科学技术大学就是在这样的要求下筹办的。经过很短的时间,在郭沫若院长的直接领导下进行筹备工作,一个社会主义的新型大学——中国科学技术大学诞生了。这将是写在我国教育史和科学史上的一项重大事件。"这段话勾画了党中央创办中国科学技术大学时的创新思路,也形成了中国科学技术大学50 多年来的办学方针和特色。次日,《人民日报》《光明日报》均以《我国教育史和科学史上的一项重大事件》为题在显著位置报道了中国科学技术大学的诞生。

郭沫若校长在致辞中满怀信心地说:"我们的学校是新建立起来的,前无所承,缺乏经验,这是我们的缺点,但也是我们的优点。毛主

席说过：'一张白纸，没有负担，好画最新最美的图画。'我们的学校如果可以说是一张白纸，就请把它办成最美的学校吧！"郭沫若还要求师生员工"在实事求是的基础上大胆创造，在大胆创造的基础上实事求是"，要求学生"不仅要创建校园，而且要创建校风，将来还要创建学派"。正是在求实创新的指导下，中国科学技术大学一问世便以其鲜明的特色和崭新的风貌引人瞩目。

在盛大的开学典礼上，我们见到了一生敬仰的大师们。如严济慈、吴有训、华罗庚、钱三强、钱学森、赵九章等先生，他们中不少人还给我们授过课，大师们的教诲，让我们一生都受益匪浅。

二、华罗庚先生教数学

华罗庚先生是中外著名的数学家。我们考中国科学技术大学就是冲着这批大师来的，当然，能看到他们已是很高兴了，如果能听他们上课，那更会喜出望外。幸运的是，我们在这里的确得到了大师们的言传身教。在一年级，严济慈副校长给我们上物理课，后来，华罗庚先生给我们上数学课，赵九章先生不仅给我们上课，更是把我们管到毕业。

华罗庚先生是中国科学技术大学数学系的系主任，也是中国科学院数学所的所长。他带头来给数学系上课，还给他们上专业课。有幸的是，我们的"高等数学"基础课，曾和数学系一起上，也就是由华罗庚先生上大课。记得每当上数学课时，我总是早早地来到阶梯教室，争取在前边找个好位子，专心致志地听华先生的精辟讲授。五十年过去了，大师们的辛勤培养，让一批批中国科学技术大学学生成长成才，为中国、为世界做出了重要贡献。

至今，华先生当年给我们讲课的"高等数学"讲稿，还不时闪现在我眼前。

三、赵九章先生与应用地球物理系

赵九章先生是著名的地球物理学家、气象学家和空间物理学家。他于1933年从清华大学物理系毕业，1938年获德国柏林大学博士学位,1944年主持中央研究院气象研究所工作,承担起继竺可桢之后中国现代气象科学奠基的重任。中华人民共和国成立后,赵九章促进组建了中国科学院地球物理研究所,任所长。在他的主持下,该所很快发展成为一个人才济济的科研机构。1955年赵九章被选聘为中国科学院学部委员(院士),1956年任国家科学技术委员会气象组组长,1958年和1962年连续两届当选中国气象学会理事长。

1958年在赵先生力主下,中国科学技术大学成立了应用地球物理系,他出任系主任。从此,他用了极大的精力来培养年青一代。在中国科学技术大学首届应用地球物理系里,设立了空间物理、高层大气和现代气象三个专业,每个专业又设了两到三个专门化。比如现代气象专业里,就设立了人工控制天气专门化和天气动力专门化(相当于小班,每班约30人)。这些在国内都是前所未有的新兴专业和专门化,设立的目的就是"以便在一段时期内使祖国最急需的、薄弱的、新兴的科学部分迅速赶上先进国家水平"。两年后,根据国家急需,又设立了地震专业。赵先生动员了中国科学院地球物理研究所最优秀的研究人员来中国科学技术大学任教,如傅承义、李善邦、秦馨菱、顾震潮、叶笃正等。五十年后,再来回顾这一切,这是何等正确的决定啊!因为,十年后,这批学生就在中国这些新兴领域崭露了头角,二十几年后,中国科学技术大学的优秀学生已成为中国这些新兴领域的科研骨干,不少人还成为领军人物。

在中国科学技术大学校园里,我有不少机会得到九章先生的亲切教诲。赵先生为培养学生的科研能力,在系里建立了一些科研小组,他经常亲自来指导。我是人工控制天气科研小组的组长,赵先生把我们抓得很紧。那时,中国正经历严峻的三年困难时期,全国大旱,国家很需要人工增雨。他已去过甘肃指导飞机人工增雨,所以希望中国科学技术大学的火箭人工增雨能为国家做出贡献。赵九章先生每两周就要来我们科研小组一次,指导我们的研究;每个月各个研究小组在一起,向他汇报工作。不时地,赵先生会指名道姓地说:"王昂生,你来讲一讲。"久而久之,我也习惯了赵先生的要求,经常见到赵先生点头微笑的赞许。先生长期的教诲,让我受益终生。

四、钱学森先生与力学系

在中国科学技术大学的人工增雨火箭研制中,钱学森先生带领的力学系与赵九章先生带领的应用地球物理系建立了密切的关系。人工增雨火箭弹头的增雨催化剂是由我们人工控制天气研究小组负责,而人工增雨火箭的箭体和燃料则是由力学系研究小组负责。在两位大师的带领下,我们进行了相当长时间的研究,都取得了可喜的进展。虽然,钱学森先生不教我们的课,但在两个系的合作交往中,还是得到了他的不少教诲。

印象很深的是:有一次力学系同学在中国科学技术大学玉泉路门口的田野里试放人工增雨火箭的箭体和燃料。当电点火点燃了火箭的燃料后,人工增雨火箭的箭体立即腾空而起,火箭很快升入高空,然后就见不到火箭的踪迹了。过了一段时间,听说西郊军用机场发现了一枚"不明国籍"的火箭残骸,曾怀疑是敌特的火箭。经过相当长时间的多方调查,才证实这就是研制中的中国科学技术大学人工增雨火箭。因为西郊军用机场不时有中央领导的专机起飞和降落,所以后来的火箭试验就改到远处去了。

五、八达岭上放火箭

至今我还保存了几张珍贵的照片,那就是在 1960 年我们中国科学技术大学应用地球物理系和力学系同学共同在北京八达岭上放火箭的留影。一张是我们身着雨衣、头戴钢盔,在八达岭山峦里的火箭发射架旁的合影,那真像是一批要征服天空的战士;第二张是大家在八达岭长城上的正规合影;第三张是在长城上的随意照片,我手上还拿着望远镜呢。这是钱学森先生带领的力学系与赵九章先生带领的应用地球物理系合作的中国科学技术大学人工增雨火箭的试验研究记录。

当年,八达岭长城还没人管理,进进出出也不需要门票。我们的火箭人工增雨队,一行三四十人,浩浩荡荡地来到八达岭下的西拨子村安营扎寨。我们应用地球物理系负责装制火箭弹头的碘化银催化剂和引爆的炸药、雷管等;同时在火箭催化作业后,还派出一批人到周围几公里内去取"雨滴谱"(是用来检验人工增雨是否有效的一种方法),用以验证火箭增雨是否有效。而力学系则负责火箭的装配和发射。由于我们的小火箭是新型的,有一米多长,直径约 20 厘米,外壳是金属的,发动机是钢管做的,比之于当时老百姓用的牛皮纸做的土火箭,的确是很高级的,被称为"洋火箭"。

试验是重要、困难和危险的。但中国科学技术大学的年轻人热情极高,充满了理想和志向,日复一日地在荒郊野外进行着试验。记得最危险的是火箭发射后,箭体从天上掉下来,由于是钢的,所以它下落速度极快,可以打入地下一两米深,但我们又不能控制其下落地点。有一次,火箭就落在我们一个观测点前十来米的地方,那刺耳的下落声、重重落下打入地中的沉鸣声,吓得我们观测点的两位同学扔掉一切,落荒而逃。但在大家的努力下,任务还是顺利地完成了。

中国科学技术大学的人工增雨火箭,出了成果,出了人才。记得前苏联老大哥曾来参观这些火箭,好像还送了一枚给他们。据说前苏联格鲁吉亚的专家在此基础上,研制成功了后来世界上风靡一时的防雹火箭。力学系那些制造小火箭的年轻人,后来成为研制中国航天火箭的重要人物。

六、"人工控制天气"

赵九章先生是一位具有战略眼光的大科学家,他根据世界科学的发展和中国的需要,在 20 世纪 50 年代中期就关注人工控制天气的进展。1957 年派出几位学生赴前苏联攻读学位,1958 年在中国科学技术大学成立"现代气象专业",1960 年成立"人工控制天气专业化"。我就是这个小班中的一员。

"人工控制天气"是最新的科学技术,它用人类的智慧去实现"呼风唤雨"的理想,想把人类几千年的愿望变成现实。20 世纪 40 年代,国外发现了"碘化银"、"干冰"等催化剂,促成了一些人工增雨的成功,于是一个"改天换地"、"呼风唤雨"的热潮在发达的美国和欧洲掀起。1947 年,第二次世界大战结束后不久,美国就大规模地出动了几十架飞机携带了大量碘化银催化剂对飓风(台风)进行催化,试图让尺度几百,甚至上千公里的庞然大物转变方向。总之,他们希望找到一种新式武器,既能像原子弹一样为他们服务,又可以"呼风唤雨"造福人类。

中国频繁的洪涝灾害和干旱灾害,更迫切需要"人工控制天气"的愿望早日实现。赵先生的这一宏图大愿,就落到我们这批年轻人身上了。

讨论题 4.2

您希望一生中能得到大师的教诲吗?大师的指点与自己的努力是什么关系?

第三节 奠定学业坚实的基础

回忆一生,大学时代确实是奠定人生学业坚实基础的重要阶段。在中国科学技术大学更是如此。我们拥有优秀的教师队伍,拥有良好的学习环境,剩下的主要就靠自己的奋发努力了。

一、"泡"在图书馆

当年,除了上课认真听讲、下课努力复习、正确完成作业外,我们学习好的同学还有相当多的剩余时间,用好这些时间对我们来说太重要了。因为到了大学,我们感到世界更大了,我们的责任更重了,需要学习的东西更多了。

中国科学技术大学是一所新兴的大学,她的图书馆没有北京大学、清华大学等老牌大学的图书馆那样大,但集全中国科学院力量组建的中国科学技术大学图书馆的藏书,也足够我们学习使用的了。所以,只要有时间,我都会"泡"在图书馆里。

在图书馆,我主要做几件事:

第一,学会查书。根据学习、工作和生活需要,你要快速从书库的几十万,甚至上百万册书中,找出你需要的那一本书(中文或外文的)。

第二,系统地学习与上课有关的课外文献,大量增加自己的知识面,特别是大量地做课外习题。

第三,系统地查阅新兴专业课的外文文献,如人工控制天气、云雨物理、现代气象等。先是翻译俄文文献,学习英文后,就边学边翻译英文文献。

……

大学五年"泡"在图书馆里学到的知识,给我极大的帮助。当我毕业进入中国科学院地球物理研究所时,我已能跟上快速的科研步伐了。

二、"靠"在研究所

中国科学技术大学的一个极大优势是中国科学院全院办校,而且是所系结合。比如,我们应用地球物理系,除了受惠于全校的名师、基础教育和优良环境外,还得到了中国科学院地球物理研究所一千多名科技人员的各方面的帮助。这是任何大学都难以得到的极其宝贵的资源。

我们还在上基础课时,就已"靠"在研究所了。

第一,当我们二年级结束后,我们作为中国科学技术大学的第一届学生就离开玉泉路本部,搬到中关村分部,紧邻中国科学院主要研究所。我们到地球物理所仅需十分钟的路程,我们经常到所里去参加学术活动、请教问题和开展科研。

第二,逐步开始参加科学研究,比如上述的中国科学技术大学人工增雨火箭,就是在钱学森先生和力学所与赵九章先生和地球物理所众多研究人员的指导下进行的。除此之外,有的同学还参加了甘肃、河南等地的飞机人工降水试验。

第三,在研究所老师的教导下,我们完成了新兴学科专业的学习。比如我们系,就荟萃了全国地球物理新兴学科的科学家给我们授课,例如赵九章、顾震潮、叶笃正、秦馨菱、傅承义、陶诗言等先生,有的授课长达两三年之久。

最后,在研究所老师的指导下,完成毕业论文的写作和答辩。

实际上赵九章先生和其他老师在这几年的各类活动里也在挑选留所的优秀学生。赵先生曾经告诫中国科学院地球物理研究所的一些研究人员说:"你们必须更加努力才成,不然中国科学技术大学的学生一来就会很快赶上并超过你们。有一个叫王昂生的年轻人就会赶超你们的。"给了我很高评价。

三、狠抓英文

对于从事科学研究的我们来说,学好外语是非常重要的,因为当代科学发展十分迅速。另外,我们与发达国家的科技水平差距甚大,所以必须通过外语,尽快掌握世界科研的最新动向,并迎头赶上。

我们在学习前苏联的浪潮中,从初中到高中、再到大学都一直学习俄语,但中国科学技术大学在三年级开设了第二外语——英语。由于中苏关系的恶化,加之俄语对查阅最新科技文献的局限,我们学习英语的热情极大地高涨。

有了第一外语的基础,学习英语就快得多了,加之英文在查阅文献等方面的立即应用,使我有了狠抓英文的决心和动力。那时,我尽量利用一切零星和短少的课间休息、吃饭时间和上床睡觉之前,努力记忆和背诵英文单词。日积月累,我的英语水平突飞猛进。关键是大量阅读和翻译自己专业的最新科技文献,使我第二外语得到前所未有的提升。这样不仅增加了我对英文的喜爱,而且英文使我的专业知识有了长足的进步,这又让我更加重视它。狠抓英文给我一生带来了巨大的机遇和帮助。

四、鱼肝油治夜盲症

奠定学业坚实的基础也要付出代价的。

正当我们努力学习、积极向上的时候,中国经历了一场前所未有的天灾人祸。20世纪50年代末、60年代初的三年困难时期,既有极"左"路线的人祸,又有三年连续大旱的天灾。那些日子里,粮食定量减少了,副食变差了。学校校运动队从不定量变成每月定量38斤,同学们普遍感到吃不饱肚子,浮肿出现了,夜盲症加重了。

一天,上完晚自习,我从教室出来,突然感到头晕目眩,看到所有的路灯都环绕着很多色彩鲜艳的光环。我定了定神,揉了揉眼睛,但再向前看,路已看不清了,路灯仍然环绕着很多色彩鲜艳的光环。我不知道怎么了,平常熟悉的回宿舍之路变得如此陌生。慢慢地,我凭着记忆,扶着树木,摸着电线杆,跌跌撞撞地回到了宿舍。第二天,我去校医务室看了医生,经过检查和诊断,确诊为"营养不良,夜盲症"。大夫开了两瓶鱼肝油,一再嘱咐要注意"劳逸结合",不要劳累。

鱼肝油治好了夜盲症,但也说明了奠定学业坚实的基础是要付出代价的。

五、科研实践在泰山

中国科学院地球物理研究所是一个理论与实践并重的研究所。特别是我们"人工控制天气"(后改称"人工影响天气")工作,总是和云、雨、雷电、火箭和飞机等打交道,所以,上八达岭、登泰山、攀南岳是科研实践的重要一环。

1962年,毕业前一年,我们跟随中国科学院地球物理研究所云雨物理研究室的大队人马,来到泰山研究实习。在两个月里,我们每天从事着观天识地的练习,放探空气球,取雨滴谱,测风速,量气温,观云量,记录湍流……从泰山的山脚到山顶都留下了我们的足迹。我们每天观测、记录、分析、研究,在泰山收集了大量的云雨物理的宝贵资料。后来,我们的毕业论文,不少原始材料就来自于泰山的观测记录。

在泰山的实践也顺便让我们欣赏了泰山日出之美,体会了攀登400阶山梯的不易,更看到了挑夫们向山尖玉皇顶运送物品的艰辛。突然,有一天雷电击中了玉皇顶一角,地球物理研究的一位研究人员不幸被击伤。看到眼前的悲剧,我醒悟到:科学研究也会付出生命的代价!

讨论题 4.3

为奠定学业坚实的基础,您应当做些什么?

人生最宝贵的是生命，生命属于人只有一次。一个人的生命应当这样度过：当他回忆往事的时候，他不致因虚度年华而悔恨，也不致因碌碌无为而羞愧；在临死的时候，他能够说："我的整个生命和全部精力，都已献给世界上最壮丽的事业：为人类的解放而斗争。"

——奥斯特洛夫斯基

第五章

初入社会的攀峰磨炼

1963 年，王昂生和梁碧俊

1960 年，中国科学技术大学人工降雨小火箭队在北京
八达岭合影（中排左一为王昂生）

1963年夏中国科学技术大学毕业到1966年"文化大革命"前的三年时间，是我由学生初入社会工作的磨炼时期。虽然中国科学技术大学校歌里有一句"攀登科学高峰"的歌词，但作为一个刚毕业的学生来说，那似乎是遥远未来的事。但是，今天想来，初入社会的磨炼的确与后来的攀峰行动密不可分。中国科学技术大学校歌中"攀登科学高峰"的歌词一直在潜移默化中激励我的一生。

第一节　惊天动地的"63·8"大洪水

1963年7月底，我们从中国科学技术大学毕业，赵九章和顾震潮先生经过五年的观察挑选，把我们几位留到中国科学院地球物理研究所，从事科学研究工作。从毕业到上班之间，有一个多月的假期，几年没回老家的我们趁此空歇，买了最便宜的火车票，打算经郑州、西安转车回成都探亲。

一、"63·8"大水灾

就在这个时候，惊天动地的"63·8"大洪水在华北发生了。1963年8月初，河北、北京和天津等海河流域降下了上千毫米的大雨，短短几天里就降下比当地一年还多的雨量。于是，山洪暴发，冲垮了京广铁路，华北平原一片汪洋。这就是造成大批人员伤亡的"63·8"大水灾。

据《20世纪中国水旱灾害警世录》记载：海河流域的这场大暴雨，强度之大、范围之广、持续时间之长、总降水量之大，均达到海河流域有文字记载以来的顶峰。降雨从 8 月 1 日开始,10 日终止,绝大部分暴雨集中在 2 日到 8 日。7 天累积降雨量大于 1 000 毫米的面积达15.3 万平方公里,相应总降水量约 600 亿立方米,洪水径流量也达到了 300 亿立方米。当时海河南部的暴雨中心,7 天降雨量高达 2050 毫米,创中国内地 7 天累计实测雨量最高纪录。

暴雨造成海河上游 40 多条支流相继山洪暴发,南系漳卫河、子牙河和大清河同时发生大洪水。大小支流频频漫决,一批中小型水库纷纷垮坝失事,洪水漫过京广铁路进入平原地区,直逼天津城。据 1986年《海河流域补充规划》记载,1963 年的海河洪水,总计淹没农田 6 600万亩,粮食减产 30 亿公斤,棉花 250 万担,倒塌房屋 1450 余万间,冲毁铁路 75 公里,直接经济损失约 60 亿元(当年价格),相当于当年河北省(包括天津市)一年国民生产总值的 1.5 倍。此外,国家为救灾、恢复各类设施增加开支约 10 亿元。

二、五天五夜

我们早就买好了火车票,虽然知道下大雨了,但我们当时根本不知发生了严重灾情,所以还是按时去车站乘火车。与往常不一样的是,北京始发站的发车晚点。同时,车站的广播说京广南线因洪水而中断,正在抢修中……于是,我们耐心地等呀等,终于等来了开车时刻。我们一边听着广播,一边看着车外,突然,我们发现情况不对,应当南行的火车,却是朝着北方开去。于是马上去问列车员,这才知道:因为京广南线被山洪冲断,南行车辆只能北行绕过洪水区,我们的车将经张家口、包头、兰州到西安。

这样,我们第一次时走时停地通过内蒙古的大草原、大沙漠,向北、向西绕了一大圈,向兰州、西安前进。这次意外的行程,让我们领略了祖国大西北的风光,看到了蓝蓝的天空、碧绿的草原、肥美的牛羊、广阔的戈壁和一望无际的沙漠。时走时停的列车,为我们提供了不时购买西瓜、白兰瓜等西北特产的机会。

火车终于开过了兰州,直达西安。在那儿,我们又换车,开向成都。当我们高高兴兴回到故乡时,已过了五天五夜。

三、七天七夜

回家的日子飞快地度过,回北京上班已提上日程。由于河北大洪水,我们早早地就买好了回北京的火车票,希望回程能顺利一些。

当弟妹们和朋友们把我们送上火车后,车准时开走。向北开的列车顺利到达广元,但从这儿以后车就一停再停,后来干脆不走了。正想再问问情况,火车却换了车头,倒向成都开了回去。列车的广播通知大家:"因为河北大水,路况变化,今天无法运行,明天凭今日车票,同一时间准时上车,开往北京。"像开玩笑一样,我们又回到成都家中,住了一夜。

第二天,火车终于开出了四川,因为京广铁路线在大洪水中受损的部分还远未修复,所以京广、陇海、宝成等重要干线的火车都难以正常运行,列车时刻表完全打乱了。我们的火车在宝成线、陇海线上,开开停停,停停开开。每到一个大站,我们总要等很久,于是大家就到站台上聊天、买食品、买水果,等待广播通知。一旦有了开车的广播,大家就争先恐后地上车,一会儿车站站台就冷清下来。随着开车指令的发出,我们的火车又向下一大站进发。

火车终于开进河北。从邯郸到石家庄的沿路上,我们看到了大洪水造成的重大创伤:到处是冲垮的铁路,一片片农田仅留下了残存的庄稼,被水淹没的房屋比比皆是,工厂和村镇伤痕累累……在我们通过的路段,火车以极慢的速度缓缓行进,因为我们车下的铁轨早已被冲垮,现在是用枕木搭成的十几米高的临时轨道。这时,所有的人都懂得为什么火车开得这么慢了。这一段亲身经历,让我铭记了一辈子。

从成都出发到达北京,一共花了七天七夜,我们的脚都肿了。

四、终生难忘"63·8"

作为中国科学技术大学应用地球物理系现代气象专业"人工控制天气"专门化的首届毕业生,在经历了惊天动地的"63·8"大洪水、五天五夜和七天七夜回家探亲的亲身感受后,我内心的震动极大。

　　"1963 年 8 月 2 日到 8 日,7 天累积降雨量大于 1 000 毫米的面积达 15.3 万平方公里,相应总降水量约 600 亿立方米,洪水径流量也达到了 300 亿立方米。当时海河南部的暴雨中心,7 天降雨量高达 2 050毫米,创中国内地 7 天累计实测雨量最高纪录。"这就从科学上向我们提出了重大的云雨物理问题。且不说我们能否"人工控制"如此严峻的天气,就连能否解释上述"63·8"的大面积、强降雨都是重大的云雨物理问题。

　　上班前的第一课——"63·8"大水灾,让我终生难忘。

讨论题 5.1

　　终生难忘的大事可能成为您攀峰的巨大动力,您遇到过吗?

第二节　遥测遥感雷雨云

　　人的一生,很多事情都不是能自己做主的。但如果您能做好其中许多事,那么一定能对您达到自己最终目标会有很大的帮助。

一、中国科学院地球物理研究所

　　中国科学院地球物理研究所是一个实力很强的研究所,全所一千多人。著名的科学家赵九章先生任所长。赵九章所长是位有雄才大略的科学家,他总是根据国家和人民的需求,做出科学发展的部署。他同时兼任中国科学技术大学应用地球物理系主任,为培养新兴学科的新人才做出了重大贡献。

　　在五十年后的今天来看,赵九章所长的雄才大略为中国、为世界做出了不可磨灭的贡献。中国科学院地球物理研究所已促成今天中国航天总公司空间研究院十几个研究所的逐步建立与发展,也促成中国地震局系统及众多研究所的逐步建立与发展。它还是今天中国科学院的空间研究中心、地球与地质研究所、大气物理研究所、兰州寒旱研究所等的母所。这些研究所在各自的研究领域为国家做出了许多成绩。

所以,当年我能被分配到赵九章先生任所长的中国科学院地球物理研究所工作,的确是一大幸事。

二、遥测遥感雷雨云

我被分配到中国科学院地球物理研究所第二研究室工作。这个所的第一研究室是从事高空物理研究的,第三研究室是从事地震研究的,其他还有好多研究室,分别从事空间、地磁等诸多地球物理方面的研究。我们第二研究室是从事大气物理和气象研究的。

第二研究室有一百多人,分两大部分,即大气物理研究部和动力气象研究部,前者由科学家顾震潮先生领导,后者由科学家叶笃正先生领导。我分在顾先生手下,在遥测遥感组工作。由于我们在大学时长期与研究所合作、实习、写毕业论文等,所以与研究所的老师和同事都比较熟,加之顾震潮先生多年来给我们上课,又负责我们"人工控制天气"专门化(小班),所以,我来到研究所不久,就逐步走上了正轨。

当时,遥测遥感组有十多位研究人员,正接受一项"遥测遥感雷雨云"的科研任务。简单来说,就是用放飞大气球的办法,把一套套遥测遥感雷雨云的仪器带进雷雨云,去探测雷雨云中的温度、湿度、气压、垂直气流、水平气流、加速度和电场等要素。通过大量的放球和资料研究,找出雷雨云的特征和规律。

所说的雷雨云就是夏天常见的打雷下暴雨的云。前一节提到的"63·8"大水灾的很多雨水就来自这类雷雨云。当时,国内外对这类云都了解不多。所以,开展这项研究很有意义,是一个前沿课题。

我作为新手第一次参加科研课题,是非常高兴、非常兴奋的。我抱着虚心学习、虚心请教的态度,开始了科研。一上来,我就和其他两位同志开始了对主要要素的传感元件的研究。经过调研、文献查阅和访问请教等,我们提出一个初步方案,经过组里反复研讨、修改,最后形成实验方案。于是我们开始了夜以继日的研制。

我经常去工厂,时而泡在实验室,时而上图书馆,在垂直风洞一干就是几天,去航天部门为加速仪做过鉴定,骑着三轮车拉过氢气,上过车床加工零件。大大小小的所有事,只要是科研需要的,不管是"文"是"武",我都把它做好。

一年下来,从感应元件到发射机,从发射机到接收机,从地面到天上,再从天上到地面,全组的工作都基本就绪,联调初步成功。联调成功,决定可以中批量生产,这成为野外实验的关键一步。一年的磨炼让我在科研上有了巨大的进步。

三、南京大教场的雷雨云探测

1964年夏天,中国科学院地球物理研究所第二研究室的雷雨云探测试验选在南京进行,与当地的"中小尺度"研究同时开展。试验基地确定在南京大教场的空军机场,南京空军对这项试验给予了大力支持。

南京是个多雷暴的地方。每当雷雨云来临时,空军的空中飞行都会停止,而此时正是我们雷暴探测的最好时机。每天我们都收听天气预报,一听说有雷雨过程,我们就会全力以赴做好准备。比如,准备好大气球及充气装备,各项探测要素的传感元件,遥测遥感的发射机,地面接收设备,等等。每次放飞整个系统前,我们必须保证从各个元件到发射系统,再到地面接收系统,都得全面联通,以免升空失误。

当雷暴系统来临,五六米直径的大气球就要充好氢气,试好全部系统。我们全力等待雷电交加、大雨倾盆之前的雷雨云上升气流区的来临。因为只有这里才是把气球放进雷雨云,以探测雷暴的主要区域。这是一场紧张的战斗,当上升气流区快接近时,我们得用四五个人把大气球升到 $20\sim30$ 米高处,这时已开始雷电交加、大雨倾盆了,我们得冒着危险把大气球和探测系统放进雷雨云中。当气球一升空,我们就马上奔向机房,去接收来自雷雨云的珍贵信息。

在南京的两个月里,我们释放了近二十个系统,大部分获得成功,取得了当时国内仅有、国际少有的雷雨云的系统资料。

四、中国科学院的重大成果

为了对不同地区雷雨云进行比较,1965 年夏天,我们又在北京西苑放飞了十几个雷雨云探测系统,取得了我国南方和北方雷雨云的详细而珍贵的资料。

经过全面分析,我们获得了当时中国首套、国际不多的不同地域雷雨云的多要素(包括垂直气流、水平气流、加速度、电场、温度、压力和湿度等)的综合系统资料。从而研究出雷雨云的多要素模型,为认识雷雨云、掌握雷暴规律、减少雷暴造成的损害提供了重要的科学依据。

1966 年春,中国科学院举行了全院科学成果展览,这一成果被评为"中国科学院重大成果"。

来到中国科学院,初试本领就取得成绩,对年轻的我来说,既是万分的幸运,又是巨大的鞭策。这一成绩鼓舞了我一生。

讨论题 5.2

您取得过什么重要成绩?它鼓舞了您吗?

第三节　中国科学院的"三面红旗"

1964 年春夏之际,中国科学院为了推进全院的思想政治工作和搞好科学研究,在全院开展了广泛的"三摆(摆成绩、摆进步、摆差距)"活动,启发大家在充分看到成绩和进步的同时,找出差距,寻求自己前进的动力和方向。这项活动达到了很好的效果,调动了全院搞好科学研究的积极性。

一、"三摆"促科研

中国经历了 1959～1962 年的三年困难时期,1963 年各方面的生产、工作开始逐步走上正轨。1964 年春天,中国科学院为了推进全院的政治思想工作和搞好科学研究,利用每周政治学习时间,进行了"三摆"活动。

中国科学院党组负责同志分工包片,下到各研究所,掌握进展、摸索经验、总结成果、推进"三摆"。中国科学院副院长、院党组书记张劲夫等纷纷下到基层,一边参加"三摆",一边听取意见,一边总结提高。

有一段时间,张劲夫书记就扎根到中国科学院地球物理研究所,特别是第二研究室。他希望能在研究所总结出"三摆"的经验,促进科学研究。

二、"三面红旗"

经过院党组领导的了解、调查和群众的"三摆"、推荐、评论,经历几次反复后,中国科学院党组做出"向顾震潮、周秀骥和巢纪平同志学习"的决定。这三位被称为中国科学院的"三面红旗"。

顾震潮是赵九章先生的研究生,1947 年公费留学瑞典,师从国际著名气象学家罗斯贝。1950 年 5 月放弃即将获得的博士学位,毅然回国投身新中国的气象事业。十多年来,他在开辟我国数值天气预报和众多大气物理研究领域方面,做出了突出贡献。20 世纪 60 年代中期,在我国原子弹和氢弹的试验中,为核爆炸的气象保障工作做出了重要贡献,两次荣立个人一等功。

周秀骥高中毕业后来到中国科学院地球物理研究所工作。后经赵九章先生发现,送往北京大学深造,再到前苏联读研究生。回国后,在大气物理研究方面多有创见,特别在暖云降水形成的起伏理论上与顾震潮先生一道研究,取得了突破性进展,引起了国内外的高度重视。

巢纪平从南京大学毕业后,分配到中国科学院地球物理研究所工作。由于 1957 年"反右"时的"不当言论",被内部划为"右倾",曾下放劳动(打倒"四人帮"后,这些已经"平反")。回所后,积极工作,在积云动力学和中小尺度天气学研究方面取得开创性成果。

中国科学院党组认为这三位同志在全院不同类型知识分子方面具有典型的代表性。向他们学习,将推进全院的思想政治工作和搞好科学研究。

有幸的是,这"三面红旗"都是我们中国科学院地球物理研究所第二研究室大气物理研究部的,既有我的老师顾震潮先生,又有我们经常见面的周秀骥和巢纪平同志。所以,响应中国科学院党组号召,向三位先进人物学习,在我们所、我们第二研究室是十分积极的。

我们刚来不久的年轻人更是积极学习,更加严格要求自己。每天一早起床,跑步锻炼,做好清洁;早读外语,精攻业务,查文献,解难题;服从领导安排,做好本职工作,帮助同事。

"榜样的力量是无穷的",这话是真真切切的。我一来中国科学院,就有了明确的学习榜样,而且就在身旁,这对我的一生影响很大。

讨论题5.3

"榜样的力量是无穷的",您懂吗?您身边有学习的榜样吗?

第四节　三喜临门

1966 年春,我迎来了三喜临门:我参加的第一项任务"遥测遥感雷雨云"被评为"中国科学院重大成果";经过几年努力,我被评为"先进工作者";我和爱人梁碧俊结婚了。

一、初尝丰收成果

我们经过三年的努力,遭受了许多次的失败,常常在倾盆大雨中淋成"落汤鸡",不时在雷电交加中冒着危险放飞 20～30 米高、5～6 米直径的大气球,经常深夜攻读文献……当我感到很苦很苦的时候,"63·8"那一幕幕场景会像电影一样在我眼前回放,鼓舞我为那些备受灾害之苦的人民继续奋斗,中国科学院的"三面红旗"也促进我不断地努力。

1966年初,中国科学院举行了全院科学成果展览,我们的成果"遥测遥感雷雨云"系统在会上展出,受到了广泛的关注。我一面参与展览会上的讲解,一面抽空去参观全院其他的众多成果。真是不看不知道,一看吓一跳。原来中国科学院有那么多的研究所在为国家和人民进行研究工作,而且展览会上的不少成果也对国家经济和国防建设有着重要意义。

经过院有关专家评审,我们"遥测遥感雷雨云"这一成果被评为"中国科学院重大成果"。我们非常兴奋,因为大家三年的努力,为国家和人民做出的贡献,今天终于得到了社会的认可。而我们年轻人更是高兴,因为我们非常幸运,第一次参加科研就初尝丰收成果,而且还是"中国科学院重大成果"。

二、荣获"先进工作者"

由于中国科学院地球物理研究所的优良大环境、第二研究室及大气物理研究部奋发向上的小环境、加之积极学习身边的中国科学院"三面红旗",所以我们这批年轻人,努力好学、奋发向上的风气是很浓的。

三年来,在"遥测遥感雷雨云"的研究中,全组齐心协力,同甘共苦,克服困难,取得了良好的成绩,获得了"中国科学院重大成果"的奖励。为了鼓励年轻人,也由于三年来我积极向上的努力,并出色完成两项探测元件的创新研制和四件探测元件的应用,为获奖打下了坚实的基础,最后,大家把年度的"先进工作者"授予了我。

三、我们的婚礼

1966年1月,我和我的中学同学——在北京邮电科学院工作的梁碧俊结婚了。这是我人生的一大喜事。距今,已有四十几年了。

当年，我们的婚礼与同代人都很类似，十分简单、朴素。临时向研究所借了间房子，把双方的被子（当然被面是新的）、床单、床垫等合在一起，稍加布置，这就是新房。然后，在小小的新房里，请来单位的同事们，由司仪宣布，进行了各项结婚仪式，新郎新娘唱唱歌，请大家吃吃喜糖、喝喝茶。于是，就"礼成"，完婚了。几天后，新郎、新娘各自"班师回朝"，照旧各住一方。

1966年初，我的"三喜临门"确实让我高兴了好一阵子，因为人的一生，这类同时出现的大喜事毕竟不多。

然而，大喜之后的大悲总是会接踵而来的。1966年3月8日邢台大地震造成了八千多人死亡，这是一个不祥的厄运兆头。没想到大悲会如此之快地到来。

讨论题 5.4

当您取得成绩或获得成功的时候，会有怎样的心情？

第六章

艰难时期的坚持与守望

王昂生在防雹高炮前

成都七中 58 级部分在京同学合影（后排左一为王昂生）

1966 年全国范围开展了"文化大革命",对于我们这些满腔热情的青年来说,紧跟毛主席干革命是理所当然的。十年的"文化大革命",我在坚持与守望中渡过了"九死一生"。

第一节 "九死一生"

经过长期的思想教育,毛泽东思想已深入我们年青一代的心中。所以 1966 年夏,"文化大革命"开始后,"誓死保卫毛主席"的口号响彻云霄。我们和全国的年轻人一样,涌入了这个潮流。

一、蒙冤中的坚守

1966 年 5 月 16 日的"516"通知,拉开了这场"文化大革命"的序幕。6 月初,北京大学掀起了批判"修正主义"高潮。中共中央开始向各部委、各大学派遣工作组,以保障"文化大革命"顺利进行。6 月 24 日中国科学院有研究所提出"工作组的麦收大阴谋",并抵制麦收活动,北京大学、清华大学、中国科学院等单位的大字报铺天盖地而来,直指各种各样的"反革命修正主义"。各单位之间开展了相互串联,人们纷纷到各大学、各机关、各研究所去看大字报,交流批判"修正主义"的心得体会,以维护毛泽东思想的尊严,保卫毛主席的革命路线。

这时候,中国科学院地球物理三个研究所之间的交流和串联也非常频繁。在一波又一波的批判"修正主义"言行的大字报后,"应地三所"的抵制麦收活动达到高潮。1966年7月初的一天,"应地三所"的全体人员在中关村地球物理研究所大礼堂召开了全体大会。会议由中国科学院工作组主持,工作组组长全面回顾了一个多月来的全国形势,指出有一些别有用心的人,打着红旗反红旗,反对毛主席。最后宣布:"应地三所的王锡鹏……王昂生等十二人为反革命,立即实行专政。"

当听到工作组说到"写大字报反党反人民"、"利用麦收事件闹事"等的时候,我就感到很不对劲儿,当宣布反革命名单时更觉得可怕,当听到我自己名字时脑袋"轰"的一声,如遇晴天霹雳。

就在宣布时,我用眼角扫了一下四周,似乎没有人盯住我,于是我起身,慢慢地离开大会场,走向厕所,一边走一边注意有没有人要抓我。在厕所更为警觉,只有一两个人,我快速而若无其事地离去,从这层楼的另一个楼梯轻轻地下了楼。在一层大门口还碰上位熟人,我点点头,笑了一笑,缓缓地向门外走去。当我走到地球物理研究所北面小楼时,我可以确定没有人盯住我了,于是我跑了出来。

"我怎么会是反革命? 我是冤枉的!"我一边跑,一边在心里愤怒地喊着。

我的脑子里像翻江倒海一般,回忆着这个月的事。思索着,苦恼着,徘徊着……我饿着肚子在城里瞎逛了一整天。天全黑了,我才从北海一带向西四、新街口、八大学院、清华园磨磨蹭蹭地走回来。我打算悄悄地回到科学院89楼我住的宿舍,混过这一天。当我筋疲力尽走到89楼门口时,突然爆发的口号声震破夜空。

"打倒反革命分子王昂生!"

"王昂生必须低头认罪!"

"王昂生不投降,就叫他灭亡!"

不知何时守在89楼门口的大批大气物理所的人们突然拥出,高亢的口号声震耳欲聋。于是,我被人们反拧双臂,来了个"鸭儿浮水"押向地球物理所大楼。虽然已是午夜时分,通知前来批斗的人们还是纷纷赶到灯火通明的大楼。在大楼四层的大办公室里,此起彼伏的批斗声、口号声一浪高过一浪。

第二天起，我被实行了"无产阶级专政"。从这天起，我就过着一种被人看不起、时时要低头认罪、不断地交代问题、毫无人身自由的生活，一呆就是一个多月。

"无产阶级专政"也给"放风"。"放风"地点就在地球物理所的楼顶上的平台。几十年后，回忆起那平台，我还会后怕。刚刚赢得了"三喜临门"，新婚才半年，昨日的"先进工作者"，突然因为写了一张批评"修正主义"言行的大字报，一夜间就成了"反革命"。于是，在五楼平台"放风"时，我想了很多很多。我认为我是冤枉的，我既不反党更不反毛主席。今天，走到这一步，真不知道怎么会是这样？

负责"无产阶级专政"的看守人员传来了更加糟糕的消息：中国科学院王锡鹏等十二名反革命的布告已在中关村各处张贴，上面有主管科技中央领导的署名签发。这再一次证明，我们是"反革命"，而且是"铁板上钉钉子——跑不掉了"。

这时，我非常绝望。翻来覆去地想：我对不起培养我长大成人的祖国人民，对不起生我养我的父母，对不起新婚半年的妻子。我还很年轻，还没有给祖国人民、父母、妻子做出任何贡献。如果我背着这个罪名生活，真是生不如死。每天"放风"来到五楼顶层平台，在这个400多平方米的地方，四周只有一米高的围墙，我想得最多的就是："死"还是"活"。

"死"很容易，我只要跃上一米高的围墙，从五楼向下一跳，就和今生永别了。马上，会留下一个"反革命畏罪自杀"、"叛徒"的骂名，给家里带来无穷的悲痛和后患。"活"却很难，我会面临被戴上"反革命"帽子，永世不得翻身的未来。

每天我都到楼顶"放风"，这里人很少，又没有专政人员监视，是最自由的地方。在这里我思想斗争最激烈的就是"死"还是"活"。有好几次真不想活了，就想跃上围墙，跳下去！这真是"九死一生"。为什么我活了下来？因为我还是对被定为"反革命"而死去不甘心，我还坚持认为"人间正道是沧桑"，我守望着平反的那一天。我根本就不是

"反革命",别人怎么说,我也不承认。我要死,也要等到法庭宣判那一天,直到最后没有退路时,都还来得及。这个想法,最终让我坚定地活了下来。可是,在"文化大革命"中,有的人受不了这个罪而走了。有个中国科学技术大学比我晚一届的同学,在后来运动中挨了批斗,想不通,就从我们"放风"的五楼跳了下去,被一根电线挡了一下,成了终生残废。几十年来,每每想起这些事,总让人不寒而栗。

经历生死考验的人们,"坚强地活下来"是人面临绝路时的关键法宝。

二、周总理召开万人大会为我们平反

在这一个多月的"无产阶级专政"日子里,我在"死"与"活"的斗争中挺了过来,而生存给我带来了更大的希望。"文化大革命"中,高音喇叭是一大特色,每天广播着革命大事。而作为被"无产阶级专政"的我们,真是天天尖着耳朵去听革命运动的动向,因为它将决定我们的死活,而我们那时是没有资格看报纸的。

高音喇叭给我们带来了一个又一个好消息,"伟大领袖毛主席畅游长江"、"毛主席发表《炮打司令部》的大字报",等等。尤其是 1966年 8 月 5 日的《炮打司令部》大字报就像针对我们写的一样,让我们看到了希望。

这时候,我突然明白了,原来我们是被资产阶级专政的。坚持和守望是值得的。天要亮了,我们要解放了。院工作组不久就撤了,"无产阶级专政"也没人专了,我们也不去坐小桌子了,全国、全院的形势来了个根本的转变。我再次来到五楼平台,深深地吸了一口气,"活"战胜了"死",我才有了今天。

1966 年 9 月 7 日,那是我一生难忘的、又一次得解放的日子。毛主席派周恩来总理来到中关村大操场,亲自召开了中国科学院万人大会为我们平反。周总理长篇讲话中,批判了资产阶级对无产阶级的专政,正式代表党中央、国务院宣布为中国科学院王锡鹏等 12 名同志平反。

天亮了,我们再次获得新生。

讨论题 6.1

人生的重大磨难,您认为是"福"还是"祸"?

第二节 离开运动,搞科研

周总理在"九七"大会上解放了我们,至此,我们明白了:我们不是搞运动、掌权力、打派仗的料。必须早日离开运动、离开权力、离开派仗。

一、促生产——高炮人工降雨

离开这一切的最好办法是不再参加运动,回到科学研究工作中。

"文化大革命"开展一年后,"抓革命、促生产"提上了日程。这也是我们这些厌倦了运动、派仗的人,希望做的事。

正好,四川开展人工降水工作,我们来到这里,与四川省气象局及地方同志一起进行人工降水工作和研究。四川是我的故乡,所以我的积极性很高。除了小火箭人工降水外,四川是在全国范围内最早开展"三七"高炮人工降水的地方,很有研究意义。

我参加了四川"三七"高炮人工降水工作,跟省局同志、解放军一道来到当年干旱严重的三台县,在水库附近作业,希望高炮人工降水增加的雨能汇入水库。每当有适合的云层,特别是雷雨云时,我们就会选好云体适当部位作业。在这里,我努力学习一些专业知识,并在实践中运用。我经常会给解放军战士、民兵和地方干部讲一些科普知识,深入浅出地讲解什么是"人工降水",让他们很感兴趣。不久,他们给了我一个雅号:"王科学"。

通过我们团结一致的努力,每次高炮人工降水都比较成功,特别是高炮打入雷雨云后不久,不时降下瓢泼大雨,久旱的三台老百姓,竟然站在大雨中向我们热烈地鼓掌致谢。其场面之动人,让我禁不住热泪盈眶。

四川之行让我深深感到置身于老百姓中的科学工作很有意义,很值得我们去做。"远离运动、远离权力、远离派仗"成为我的愿望。

二、赴干校——血吸虫病缠身

1968 年到 1969 年,毛主席连连发出"知识分子到农村去","一定要办好'五七'干校"等指示。当年,他老人家的一句话就被当成了"最高指示",几乎要不过夜地传到千家万户。于是,数以千万计的知识青年下到了农村,数以百万计的各级干部下到了"五七"干校。

中国科学院的"五七"干校在湖北省潜江县,周围有很多中央部委的干校。原来这里是一大片劳动改造的农场,劳改犯多是国民党的旧军人。第一批"五七"干校的学员到来,就让他们都搬走了。这里是江汉平原的一部分,地平、田大、水足。但是,血吸虫病严重。

1969 年冬,我们来到了中国科学院"五七"干校,开始了劳动改造。这里实行连、排、班编制。北京各所来的人员,按照编制从事不同的劳动工种。比如:多数人从事大田耕作,有的人种菜,有的人养猪,有的人搞运输,等等。我们大气所的人从事种菜,保障全校两千人蔬菜的供应。

来"五七"干校的人,既有不少领导干部,如中国科学院的副院长裴丽生、院副秘书长杜润生、中国科学技术大学党委书记郁文等,亦有不少科学家,如我所的顾震潮、叶笃正、朱岗昆等,多数的还是中青年知识分子。在"五七"干校,大家过着集体生活,按时起床、吃饭、劳动、读报、休息,在集体劳动中改造自己。

1970 年夏天,突发的洪水淹没了大田。我们接到校部的命令,稍做防血吸虫的准备,就投入到抗洪保田的战斗中。我们知道,我们是来改造、来锻炼的,抗洪保田就是对我们的考验。所以,我们毫不犹豫地在充满血吸虫的"疫水"中,奔来跑去。一会儿在低洼的田坎边开口放水，一会儿又到水势高处把水"赶"向低处。经过大家的共同努力，将洪水引向了大河，我们一片片的大田保住了。战斗结束时，我们都为自己保卫劳动果实的英勇行动而自豪。

不久后的一天，我像往常一样在菜地挑粪浇菜。突然，我觉得那平时挑来不很重的百斤粪桶，变得重如千斤，我在菜田里摇摇晃晃地走了几步，一下就倒在了地上。人们围了过来，这才发现，我的脸肿了，鼻子也斜了，真有点吓人。大家把我送到医务室，大夫一看就说："又一个典型的血吸虫病。"原来，抗洪保田以后，我们干校就陆续出现了一批血吸虫病人，最后达到200来人，连中国科学技术大学党委书记郁文也是我们的病友。

那个时候，这么多的血吸虫病病人，当地广华镇的小医院是没法容下的，送北京又不现实，况且北京医生医治血吸虫病的能力远不如当地。最后，学校决定就地设立临时医院，及时治疗。大家都知道血吸虫病是一种很难医治的病，所以毛主席才写了"华佗无奈小虫何？"的诗句。中国科学院想了些办法，最后调用了中国科学院上海药物所新发明的纯敌百虫药（纯度为99.999%）。对一个60公斤的人来说，需每天服用杀死病体并伤害人体六十分之一细胞的剂量，连服12天，总计伤害人体20%的细胞，但这种药也对病体杀伤力很高。经过加强营养和调理，可以治好血吸虫病，这比当时常用的方法好。在当时，我们都采用了这一办法。治疗过程中，病人是非常痛苦的，每天在病床上躺着，最后几天大家都感觉挺不下来了。当我们昏昏沉沉服完最后一次药后，过了十几天才慢慢地逐步恢复，人都瘦了不少，相当一段时间全身无力。几个月后，有的病友还常失忆，对面来了位熟人，就是不认识或记不起。比之于他们，我算不幸中的万幸。

终于挺过来了！我三十来岁就经历了诸多磨难，但磨难还没有完呢。

三、返北京——隔离审察八个月

1971年初，我们这批来"五七"干校一年多的人要轮换回北京了。

就在这之前,国内的运动又向抓"516分子"发展了。于是,与四五年前"文化大革命"有关的人又一次被怀疑。北京的大字报又引向湖北干校。带着病体的我,只能做一些轻微的劳动。然而,一批重磅炸弹似的大字报,却劈头盖脸地向我轰来。那些似是而非、无中生有、富于想象的大著,让人哭笑不得。

当大家欢天喜地从干校回北京时,我却拖着虚弱的身体被"押"回北京。一到北京就关了个"单间",由一个八人专案组看守和批审。我的"罪名"是"从事516活动"。但是,有了1966年夏天"九死一生"的磨炼,这一次我是一点儿都不怕了。

1971年9月13日,林彪在乘专机叛逃途中,摔死在蒙古的温都尔汗。这一意外的重大事件,不久就传到我的耳中,"我该出去了",一种预感告诉我。不久,我爱人从干校带着女儿回到北京,在隔离室见了我。后来她去找了专案组,问为什么要关王昂生。在林彪事件后,专案组已经感到事情不大对劲儿,这时确实说不清楚。在她一再追问下,最后吵了起来。事后没几天就把我放了,罪名大概是"莫须有"。到此时,我八个月隔离审查宣告结束。

讨论题 **6.2**

人生要经历许多磨难,您认为应当以怎样的心态面对磨难呢?

第三节　终于见太阳

"文化大革命"造成了很多奇奇怪怪的事情,伤害最大的还是国家和人民。本质上讲,林彪、"四人帮"不除,国无宁日。

1976年,是一个不幸的年份,1月8日,深受人民爱戴的周恩来总理逝世,7月朱总司令又走了。9月9日,伟大的毛主席也离我们而去,我同全国人民一样为伟人们的离去而悲痛不已。

1976年10月6日,在华国锋、叶剑英、李先念等国家领导人的正确领导下一举粉碎了"四人帮",并让他们受到了人民的公审和判决。

"四人帮"的倒台,让全国人民欣喜若狂。在北京,在全国各地,人们成群结队,载歌载舞,庆贺中国人民的胜利,欢庆新时期的到来。

作为十年"文化大革命"的经历者、磨难者和见证人,我对十年浩劫真是切齿痛恨。打倒"四人帮",我们得解放;打倒"四人帮",终于见太阳。

讨论题 6.3

经历磨难后,见到了胜利曙光,您会有什么感想?

第七章

大寨十年的苦与乐

1976年，王昂生与女儿王泽燕在大寨雷达前

1981年，王昂生赴美前与夫人梁碧俊、女儿王泽燕、儿子王小昂合影

"文化大革命"进行一段时间后,"抓革命、促生产"的任务也提上日程。中国科学院接受了昔阳大寨的防雹任务,大气物理研究所从1970年开始了大寨防雹工作,一搞就是十年。

第一节　去大寨防止冰雹灾害

山西省昔阳县的大寨,在当年是全国无人不知、无人不晓的农业先进典型。"工业学大庆"和"农业学大寨"是中国 20 世纪 60 年代的最响亮口号之一。大寨的领头人——陈永贵,当时担任了中国国务院副总理。

一、永贵大叔一句话

陈永贵是一个地道的庄稼汉,朴实、憨厚、为人诚恳。他经过多年努力,把一个荒山穷岭的大寨,变成全国农业学习的典范,赢得了大家的尊重。"永贵大叔"成了人们对陈永贵副总理的昵称。

山西省昔阳县地处太行山西麓,是一个山区。历来山区多冰雹,每当庄稼成熟前后,雷雨云经常在雷电交加时带来大小不等的冰雹,往往砸坏农作物。严重时,可造成颗粒无收。冰雹灾害是山区人民的心腹大患。

当时主管农业的副总理"永贵大叔",关心着全国农业生产情况,自然也注意各类灾害对农业的危害。当听说人工防雹可以有效地减轻冰雹灾害后,他向中国科学院的领导同志进行了相关情况的询问。

得知这是可能的时候,他很高兴地建议:"你们科学院可不可以来我们昔阳大寨试验试验人工防雹?"

"永贵大叔"一句话促成了中国科学院开展"人工防雹"的行动、决心为"农业学大寨"出力和服务。这项任务责无旁贷地落到大气物理研究所身上。于是,研究所立即从湖北"五七"干校调回了顾震潮等人,组成小分队,专赴昔阳大寨等地调研。同时,开展了一系列的科研准备。

去大寨防止冰雹灾害的十年之路,从此开始。

二、昔阳西沟山头一个小院

大气物理所来到昔阳开展"人工防雹"工程,从最早与昔阳气象站合作预报冰雹天气开始。同时请来部队,布置了八个高炮点的防雹高炮和通信联络点;从北京开来雷达车,开展雷雨云观测;研制"闪电计数器",寻求冰雹云的闪电规律;布局"雹谱仪",钻研冰雹的宏观和微观结构……几年下来,逐步形成系统。

虽说我国防止冰雹的民间活动已有上百年历史,但基本上是停留在土炮、土火箭的盲目作业上,水平低、效率不高、缺乏科学性。国外已有"人工防雹"的成功经验,但与中国国情相差甚远,不是拿来就可以用的。所以,我们必须通过自己的实践和研究,找出自己的路来。

为了更好地开展昔阳大寨的"人工防雹",大气物理所在昔阳西沟的小山顶上专门修了一个小院,作为昔阳大寨"人工防雹"的试验基地。在这里,安置了专用雷达、闪电实验室、冰雹分析室等。这里,有可供40人工作、生活和住宿的条件。多年来,昔阳西沟山头这个小院为完成"人工防雹"的研究和实践,做出了重要贡献。

当时,国家处于"文化大革命"之中,各种物资匮乏,到处都使用票证。凭粮票在北京每人每月有五两油,可以买到大米、白面。可是,在昔阳却没有油,粮食是"五号高粱"。对于我们而言,生活上的困难是很大的。经过研究,我们每年在北京采购粮食和食油,用雷达车运到昔阳,保证正常生活。当地老乡的习惯是不大吃鸡和鱼,所以鸡和鱼是便宜的。因此,我们就常吃鸡、鱼来改善生活。大寨的十年里,每当6~8月多冰雹的季节,我们大队人马就驻扎在昔阳,长期从事"人工防雹"的试验和研究。由于生活问题的妥善解决,确保了工作的顺利开展。

三、顾震潮先生得病与去世

顾震潮先生是中国著名的气象学家、大气物理学家,中国科学院大气物理研究所所长。1964 年被选为第三届全国人民代表大会代表和主席团成员。

1970 年大气物理研究所接受昔阳大寨的防雹任务后,研究所立即从湖北"五七"干校调回了顾震潮先生等人,组成小分队。由顾先生领队去昔阳大寨和国内一些初步开始"人工防雹"的地方进行调研,了解国内的需求和现状。顾先生满腔热情地投入到这项新任务中,带领年轻人东奔西跑,希望尽快完成调研后,以便拿出一个完善的方案,早日开展试验和研究。

在顾先生领导下,中国科学院大气物理研究所昔阳"人工防雹"研究组很快成立并赶赴大寨开展工作。当他组织领导的"人工防雹"外场试验工作逐步开展后,突然有一天,当地农村一位危重患者急需输血,顾先生毫不犹豫地就参加了为抢救病人献血的血液化验,不幸在这一过程中染上了血清性肝炎。当时,谁也不知道。顾先生依旧努力工作,直到有一天,他实在坚持不住,倒下了,人们把他送到医院,才发现他已患了血清性肝炎。

回北京后,他被送进传染病医院,住入单间专家病房,一住就是四年多。每逢节假日,我们都会去看望他。在病榻上的几年里,顾先生总是积极乐观的。他有时会给我们看他自己绘制的病情指标曲线图,有时又谈到学习日语的问题……但是,经过多方医疗和治理,最终因医治无效,病魔还是夺去了顾先生的生命。那是 1976 年 3 月 27 日,他年仅 56 岁。

顾震潮先生是我国大气科学研究的开拓者。他开辟了我国数值天气预报、云雨物理、人工影响天气、雷电物理、大气湍流和大气探测等众多研究领域。最后,他还是倒在了"人工防雹"事业上。我们永远怀念他!

讨论题 7.1

科学事业上也会有牺牲的,我们应向顾震潮先生学习些什么?

第二节　冰雹云中的科学问题

人工防雹的基本科学问题有两个:一是冰雹如何在冰雹云中长成?二是用什么科学办法阻止冰雹在云中生长?虽然当时在前苏联等一些国家已经开展了人工防雹,也取得了一些成绩,但总的来说,上述两个科学问题都还不是很清楚,有待进一步研究,特别是根据中国实际情况的研究。

一、冰雹云中"拉磨雷"的秘密

我们来到昔阳大寨,首先就要和解放军部队、民兵、老百姓一起,监测、预报冰雹云,开展"三七"高射炮人工防雹,逐步了解这个方法的成绩、问题和改进办法。这是我们迈进这项工作的第一步。

在监测、预报冰雹云的办法中,长期以来,老百姓就特别注意"拉磨雷",一旦听见雷雨云里发出了像农村里的"拉磨"似的雷声,就判定这个云是冰雹云,会下冰雹。而且,十有八九都是正确的。

然而,这一经验可能因人而异,我们能不能从科学上找出规律来,逐步定量化呢?于是,我们注意到冰雹云内的雷电活动与闪电频率有关,其后研制了闪电计数器。在进行了几年试验、大量获取资料和进行了分析后,终于发现冰雹云中"拉磨雷"的秘密:原来,冰雹在冰雹云中形成初期,正是冰雹云中雷电(包括闪电)迅速增长的阶段,所以,频繁而低沉的雷声就是老百姓经验中的"拉磨雷",而从闪电的资料反映出闪电频数急剧地增长,形成一个"跃增"(就是突然地增长)。经过许多年在山西、北京、西南、西北等地的研究,闪电计数器成为人们客观判定冰雹云的重要仪器之一。

二、山里来了年轻人

20 世纪 70 年代初,中国科学院大气物理研究所分配来了一些复员、转业军人,主要从事技术和科研辅助工作。我们研究室有气象雷达和其他技术工作,所以增加了新生力量。加之昔阳大寨的野外工作,年轻人一来就增添了活力。

1974 年起,中国科学技术大学、北京大学、南京大学等的工农兵学员开始毕业,给中科院分配了一些学生,于是我们研究组一下子就分来 4 名学生,有姑娘,有小伙子。我这个组长高兴得不得了,因为来了生力军。

每到夏天,我们研究室几乎全部出动,开着雷达车,满载粮食和油杂,四十来人浩浩荡荡奔向昔阳大寨的防雹基地。于是,"山里来了年轻人"传遍了大寨西沟一带。老百姓常带着小娃娃,上西沟实验基地来看看姑娘和小伙子,不时地问寒问暖,亲如一家。

年轻人的到来,增加了开展野外工作的人手。无论是雷达的长时间观测、野外雹谱仪的取样、雹云的天气预测预报,还是闪电计数器的布点和记录、高炮点的观云和指挥,等等,到处都可以见到年轻人跟在老师后面学习的身影。

几年后,我们组的一对姑娘与小伙子喜结良缘,改革开放后,去了美国,现在成了美国终身教授。几十年后,另一位当年的小伙子当了大气物理研究所的党委书记。当年"山里来的年轻人"都长大成人了,并做出了成绩。

三、雷达有了新发现

雷达是一种观测云雨的重要工具。可刚到昔阳,我们的雷达是很老的旧式雷达,在观测冰雹云工作中虽发挥了一定作用,但指望它全面揭示冰雹云的特征,就遇到了相当大的困难。改换雷达成了当时的迫切任务。

在院所的大力支持下,当中国第一批"711 天气雷达"(中国早年波长为三厘米的新雷达型号)出厂时,我们就获得了一部。为了更好地获取冰雹云的观测资料,我们向厂方提出了改装要求:将雷达的天线的俯仰度扩大,并使它可以水平转动。由于"711 天气雷达"主要是从事天气观测的,所以它的天线仅可俯仰 0~30 度。但是,我们对冰雹云、雷雨云的观测则要求 0~90 度的俯仰,并可 360 度水平转动。经过反复论证,厂方认为是可以办到的,同意了这类改装。更重要的是改装雷达在之后有广泛的应用前景,其后各省市订购的人工影响天气雷达都是我们这类雷达。

新改装的"711 雷达"在昔阳大寨发挥了重要作用。在我们苦干加巧干的努力下,几年之后终于发现了中国第一、国际少有的"冰雹云的五种类型"。这项成果在相当长时间里影响着中国的人工防雹工作。大家都注意到:对不同类型冰雹云应运用不同的作业办法,才能获得好的效果。

与此同时,冰雹云的雷达研究又有了新的科学发现:这就是我们称之为"冰雹云生命史的五阶段论"。原来,冰雹云从发生到消散都有自身的规律,经过我们用雷达、闪电计数器、雹谱仪等多年观测和分析,得出了冰雹云生命史的五个阶段是:"初生"、"跃增"、"酝酿"、"降雹"和"消亡"五个阶段。特别是"跃增"和"酝酿"阶段对冰雹云形成和产生降雹意义重大,更是人工防雹作业的关键时机和应当施加人工影响的核心部位。

这些重大的科学发现,都是在昔阳大寨长期与广大人民群众一起进行人工防雹的实践中得出的。所以,我们永远难忘"大寨防雹十

年情"。

四、西沟趣事

虽说在"文化大革命"时期,在昔阳大寨的"人工防雹"中,有过一些令人不愉快的事,但与研究室的多数人生活、工作在一起,还是有许多趣事值得回忆的。

当年大家长期在野外工作,一般一去就长达三个月,所以"理发"是一个大问题,特别是男同志。去县城或去大寨理发,交通都不方便,一去一回得大半天,花时间不说,更怕耽误了防雹工作。大家责任心都很强,生怕让冰雹砸了老乡的庄稼。于是,我大胆地买来理发工具,经过试验后,开始给大家理发。一回生、二回熟,慢慢地我成为西沟试验基地的理发师了。从男同志开始,后来一些女同志理发也请我了。这一手艺还真有用处,当我后来去美国、去欧洲时,都带上这套理发工具,为不少中国学者、留学生服务过。这种服务,一方面是节省了大家的时间和经费,另外更重要的是增加了大家的感情和团结。

当时,昔阳的老百姓是不大吃鸡的,所以一只鸡仅卖五角钱,是很便宜的。大家知道"文化大革命"中,中国的供应是很差的,所以,改善生活十分必要。我们组新来的小姑娘不知从哪儿学来一套手艺,做出来的鸡味美鲜嫩,大家都说好吃得不得了。于是,久而久之,她成了西沟山上的"名厨",只要山上买了鸡,都会请她给大伙做顿好吃的。慢慢地,周围老乡都知道山上科学院防雹队爱吃鸡,于是"水涨船高",鸡价从每只五角涨到每斤五角。

新雷达的来到,使大家倍感兴奋,都希望能用它做出点成绩来。但是,当年的新雷达在今天看来,却是很落后的。在野外工作时,铁板的机房内,轻而易举地就达到40度的高温,当年雷达都没有计算机,一切都靠人工操作,为了多获取雷达的详尽资料,就必须用照相机连续拍照。一般天气雷达是每三分钟或五分钟拍一张照片,而我们为发现冰雹云的快速增长,可以做到每分钟拍一张照片,最快时是每分钟拍三张照片。人工操作的辛苦工作,终于给我们带来了丰硕成果:我们首次揭示了冰雹云及冰雹在其中增长的秘密,即"跃增"及"酝酿"阶段在冰雹云生命史中的核心价值。而这个丰硕成果,是大家共同努力的结晶,在那样的条件下,男同志都是打着赤膊干活,姑娘们也不时来轮班值勤。今天想起那一幕,真有同甘共苦、不计名利的伟大精神,值得我们永远怀念。

讨论题 7.2

您和您的同学们经历过"同甘共苦"的日子吗?讲来听听。

第三节　走向全国的人工防雹事业

"永贵大叔"一句话,让我们有了"大寨十年的苦与乐"。科学研究的目的是发现规律、寻求真理、服务人民。昔阳大寨的十年防雹成果必将为中国山区防雹减灾做出贡献。

一、人工防雹科学化

当中国科学院大气物理研究所刚来到昔阳大寨时,科学的"人工防雹"工作在全国刚刚起步。经过十年的努力,昔阳防雹工作取得了显著的进展,人工防雹比较正规化、系统化和科学化。从某种程度上来说,当时,山西昔阳的"人工防雹"工作已成为中国各地防雹的学习榜样。其优点是:

(1)正规化。全县8个炮点按冰雹路径合理布局,先由部队执勤,后改由基干民兵执勤,承担平时值班、通信联络、防雹作业、保养维修等任务。同时,县气象站在6～8月每日发布冰雹预报,有冰雹云系时,发布加密或紧急预报。由县、乡(公社)、村(大队)领导组成三级防霾领导小组,负责各级防霾领导事务。同时,与中科院防霾基地保持密切联系,科学家们和各类现代化装备实时提供科学防霾指导,使炮点作业更有的放矢。

(2)系统化。中国科学院的雷达观测、闪电观测、霾云天气预测预报等都服务全县的防霾系统,形成有科学指导的系统化防霾体系,这在当时的中国还是独一无二的。同时,以8个炮点为防霾前沿、科学基地为后盾,领导参与决策的通信联络系统成为系统化的关键。防霾作业的时机、部位、弹量,作业前后霾云的雷达回波、闪电频数的变化,人工防霾的效果等的系统化分析检验是独具特色的。

(3)科学化。在昔阳大寨防霾工作和研究中,中科院建立试验基地进行长达十年的工作,主要目的就是通过深入细致的研究,让"人工防霾"从老百姓自发的需求,逐步科学化、现代化,从而能持久有效地进行下去。十年来,科学化的研究有了长足的进步。第一方面,摸索出一套预测预报昔阳冰霾天气的技术,可以提前注意霾云的来临;第二方面,研究出"中国五类冰霾云",提出分类作业指南;第三方面,通过雷达、闪电得出"冰霾云生命史的五阶段论",让"跃增"、"酝酿"阶段成为防霾的核心时段;第四方面,开展了"爆炸影响云雾"的试验,开拓了人工影响天气原理的新尝试;等等。

上述十年的艰辛,使中国"人工防霾"事业在正规化、系统化和科学化等方面迈出了大步伐,赢得了国内同行的盛赞,成为后来推动全国"人工防霾"事业全面开展的重要力量。

二、培养全国人工影响天气的骨干

1975年春天,国家气象局为了适应各地对人工增雨(减轻旱灾)和人工防霾(减轻霾灾)的需要,决定在北京大学地球物理系举办"全国人工影响天气培训班",也为全国各省市培养人工影响天气的骨干人才,从而推动全国的人工影响天气的工作。老师选自国家气象局、中国科学院大气物理研究所和北京大学的专家、教授,学员则选自各省市气象局,多数是各地人工影响天气的骨干。几经报名和选拔,最终有 70 多名学员上课。

根据需要和要求，国家气象局负责"人工增雨"的教学；中国科学院大气物理研究所负责"人工防雹"的教学；而北京大学则负责"人工影响天气"的基础教学。各教学单位用了近两个月的时间做好了教案准备。

中国科学院大气物理研究所负责的"人工防雹"教学，除了大量介绍国际人工防雹的近况外，还比较系统、全面地介绍了昔阳大寨的人工防雹进展。虽然当时昔阳大寨的防雹工作和研究还没有完成，但总体梗概和很多成果已突现出来了。这些人工防雹的正规化、系统化和科学化的成果，引发了各省市学员的高度兴趣。中科院在大寨埋头苦干的几年工作，已为各地深入开展人工防雹打下了良好的基础。

"全国人工影响天气培训班"也是一个全国人工影响天气工作的大交流的场所，我们从全国各地学员那儿也学到了很多东西，得到了不少地方的新闻，开阔了我们的眼界。这个培训班也为中央单位与地方合作搭起了桥梁。比如，在这个班上，新疆的学员对我们的强风暴垂直风速仪很感兴趣，打算学习应用去研究冰雹云的上升和下沉气流。我很支持，并从研究所找了个样品送给他们，其后新疆研制并应用这个仪器取得了很有特色的成绩。从此，新疆同志与我们进行了长期合作，为中国人工防雹事业做出了一份贡献。

"全国人工影响天气培训班"培训的 70 多名学员，回去后都成了各省市人工影响天气的负责人和业务骨干。在其后的几十年里，他们为中国和各省市的人工增雨和人工防雹等事业付出了辛劳，做出了贡献。

三、《人工防雹导论》问世

在"全国人工影响天气培训班"培训教材的基础上，各地同志都建议我们尽快出书，以满足大家工作和学习的需求。正好，这几年我们的一批研究成果在各类学术刊物上发表了，有了更丰富的内容。"四人帮"的倒台，给了我们巨大的动力，一定要把这本书写好。

1978年初,《人工防雹导论》初稿完成。全书共九章,30万字,其中三分之二由我完成。历经多次修改后,终于1980年秋,由科学出版社出版发行。

《人工防雹导论》一书,全面论述了冰雹、冰雹云、探测方法、冰雹形成、雹云预报、识别雹云、雷达观测、防雹原理、作业与效果等内容。这是一本汇集本领域中外成果、集中体现中科院昔阳大寨十年人工防雹作业和研究成果的著作。本书的问世,受到了这一领域人士的普遍欢迎,为促进全国的人工防雹事业做出了重要贡献。

讨论题 7.3

当您在从事一项具体工作时,是否考虑到与全局的关系?

第八章

大洋彼岸故乡情

1982年,王昂生与美国犹他大学弗库塔教授在一起

985年,王昂生与日本卡巴雅西教授(左)、美国哈勒特教授(右)在日本国际会议上讨论

1976年10月打倒"四人帮"后,中华大地发生了天翻地覆的变化。从此,中国进入了改革开放的新时代。随着开放的步伐,我第一次出国来到了大洋彼岸的美国,进而开始了人生的新历程。

第一节　改革开放迎来新时期

随着"四人帮"的倒台,很多黑白颠倒的事都逐步恢复了历史的本来面目。改革开放掀起的出国潮,让我们都想出去看一看,学习发达国家的先进科学技术,回来报效祖国人民。飞向大洋彼岸成为我们迎来新时代的第一步。

一、改革开放掀起出国潮

自1978年科学的春天到来后,国家准备公费派出3000人出国留学,这个决定是国家"改革开放"政策中,"开放"部分的一个行动。由于我国长期比较封闭,特别是"文化大革命"的十年危害,使我们与国际各方面的差距拉大。中国要建设社会主义现代化,必须走出去,学习世界发达国家的先进经验,培养自己的人才。这项巨大的行动,引发了国内知识分子和广大青年的极大热情,于是在公费派遣出国的同时,国内也掀起了自费出国、国外邀请、投亲靠友等多种形式的出国潮。

1978~1980年是首批出国人员的准备时间。除了公费出国的层层选拔与考试外,自费出国、国外邀请、投亲靠友等多种形式的出国人员也在多方活动。出国的最大难点还是外语,在国外你总得学习和生活,不会外语或外语很差是难以在国外呆的。长期以来,中国学校都以俄语为主要外语,就是学习英语,也多为"哑巴英语"(不会用英语交流)。在这个时期,相当多的人都是打算留美、留欧,学习英语成为当时最紧迫的任务,特别是英语口语。这时,从中央电视台到广播电台,到处开展了"英语口语"学习,不少是由"A、B、C"开始的。这是中国对外"开放"的重要信号,也正符合广大青年的急迫需要。

这个时候,我们得到了推荐年轻人公费出国留学的通知,经过多方商讨,最后推荐了我们组那位中国科学技术大学来的小伙子。他经过专门英语培训、考核和考试,最终被录取,成为中国首批公费留学的3000人之一。临行时,我还亲自把他送上去美国的飞机。十几年后,当他成为最早一批美方终身教授,并为国家做出贡献时,我们感到这一推荐是正确的。

二、学习英语也讲出身成分

再转过来说说自己吧。自从打倒"四人帮"以来,"文革"时的那些不实之词也一一被推倒。1978年我们完成了最后一次大寨防雹之行,1979年完成与昔阳的交接。这样,我们结束了昔阳大寨的防雹任务。

我也和全国青年一样,虽然快四十了,还是希望出国学习深造。但是"四人帮"十年的余毒不是那么容易消除的,虽然那位"革委会主任"早已灰溜溜地下了台,但在推荐公费留学时,"家庭出身、成分"仍列于重要条件之内,所以我是没资格的。

最有趣的是学习英语也讲出身成分。虽然从中央电视台到许多广播电台,已经开展了"英语口语"学习,英文学习成为青年的共同行动。这时,大气物理所也想跟上时代的步伐,于是也办了一个英语班,请老师来授课。不过搞了一个"文革"遗物,按照"家庭出身、成分"来确定学员,当然我就没份儿了。于是,我气不打一处来,就"造反"了。每次上课我自己抬个凳子,坐在门口听课。慢慢地有些人听不下去,不来了,我就自然而然地"扶正"了。其实,我就是咽不下这口气,"四人帮"都打倒几年了,还这样,真叫人不可思议。

为了走出国门,其实我早已紧跟中央人民广播电台学习英语了。由于我家当时连 9 寸的黑白电视机都没有，所以只能跟电台学英语，这是许多像我们这样家庭的人的共同选择。广播电台、电视台当年这一创举，为中华大批人才的成长做出了重要贡献。几十年后，我们都感谢这项促进中国发展的行动。

当年，对于我这个年近四十的人来说背英文生词，的确大不如学生时代。况且我在"五七"干校得的血吸虫病，重创我的记忆力。怎么办？我采取了"循环记忆法"，充分利用零星时间记生词。我记生词办法还有一绝，就是骑自行车时也在背，但关键是安全第一。我有专用的小条形生词本，骑自行车时先看前方 20～50 米，没人没车时，快速地用一二秒钟看生词本，记下生词，然后，马上抬头看前方，边骑边背，这与平时骑车并无两样。这为我争取了不少时间。一次，一位中学同学在路上看到了我记生词的"边骑边记法"，吓了一大跳，见人就说："王昂生疯了，一边骑自行车，一边不知在念叨什么，骑得还飞快。"

三、邀请来自异国他乡

1980 年，第一批出国人员（包括公费留学、自费留学等）开始陆续起程，我们密切关注着开放出国的动态。这一年，我们的老师陶诗言先生收到美国一位教授的来信，请他帮助物色两位年轻人去做访问学者。于是，我的两位学天气动力学的同学，很快被批准了下来，这只要老师一句推荐的话。

我知道我不可能有这么幸运，因为我们这个领域的赵九章先生和顾震潮先生都已作古，只有靠自己了。我不抱任何侥幸心理，全凭自己的工作实力。当年我已从事研究工作十六七年，虽有"文革"的耽误，但我已有一批科研成果在手。所以，我主动大胆地向国际同行的知名专家、教授发出了一批信函，申请参与合作研究，并附上我的研究成果。

三个月之内，我收到了五封来自不同地方的、异国他乡的邀请信，邀请人都是我们这个领域的大牌教授，他们还提供了研究工作的内容和经费。这批出乎意料的五项邀请，让我兴奋极了。我经过再三考虑，最后决定去美国犹他大学，与弗库塔（N. Fukuta）教授合作研究。

1981年，美国云物理专家弗库塔教授邀请我赴美和他合作研究，他的邀请信中写到："……看来您是一位高产科学家，希望能与您合作取得好成绩。"我的老师、学部委员(就是后来的中国科学院院士)陶诗言所长向他介绍我，说："……他精力充沛，出色完成过一批成果，一定能胜任您的邀请。"很快，我就飞向美国了。

四、飞向大洋彼岸

这是我第一次出国，第一次坐飞机，也是第一次坐这么大的飞机(波音747，可乘400～500人)飞越太平洋这么远的路(一万多公里)。

在飞机上那个兴奋劲儿就别提了。刚上飞机，一切都那么新鲜，看看这个，摸摸那个，总想尽快熟悉飞机上的一切。飞机起飞前，我按广播要求，坐在座位上，系好安全带，等待飞机的快速滑行和拉升飞翔。

当飞机一离开祖国，我赶快从窗口向万米之下的大地遥望，慢慢地那片熟悉的土地离我远去。想到快要离开四十年来养我育我的祖国、家人和大地，一股热泪一下子模糊了我的双眼。

在辽阔的天空中，波音747载着我飞向大洋彼岸。

讨论题8.1

当您有一天飞离祖国时，会有什么样的感受?

第二节 在美国的合作研究

来到美国，没有休息，没有过渡，更没有外出游览，简单地介绍、安排后，新的研究工作立即开始，这就是美国与中国截然不同的工作方式。

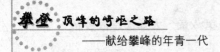

一、面临"硬骨头"

飞到美国第三天,一本厚厚的美国科学基金会交给我们的科研任务书送到我面前:《冰晶增长规律研究》。"这是一个硬骨头。"我头脑里马上闪过这个念头,联想到在国内我们翻译的英国气象局长梅森(B.J.Mason)博士《云物理学》一书,其中第五章"雪晶的形成"就是我翻译的。他在这方面的突出成果使他后来当上了气象局长,并荣获了科学家少有的荣誉——晋升为皇家爵位。

我立即查阅资料,发现这是近 20 年来很多云物理学家鲜有问津的重要课题。虽然国际云物理委员会执委霍布斯(P. V. Hobbs)教授(1971 年),国际核化委员会主席、美国怀俄明大学大气物理系主任维里(G. Vali)教授(1978 年)等权威人士都先后从事过这方面的研究,但这块骨头还是没啃开。至今,人们公认并在多部重要的书中被采用的模式还是 1961 年由卡巴雅西(T. Kobayashi)教授建立的。我的美方合作教授弗库塔博士是这个领域的著名专家,20 年前他发明了"四聚乙醛"催化剂而名声大振,但这项任务下达一年多了却进展不大……于是,我的预言被证实了:美方教授是请我来啃硬骨头的。

糟糕的是,这个领域在我国几乎是空白,虽然从大学搞科研起,已在这个领域干了近 20 年,但我主要从事云雨宏观物理研究,而云雨微观物理研究较少,我不禁暗自叫苦。到美国去,学生是读书;公费派出的是进修;而由对方出钱合作研究的学者则将受到西方雇佣社会的巨大压力。一旦不能胜任而被辞退的话,将使祖国蒙受耻辱,这是绝对不允许的! 作为中华儿女,只有为祖国增光的义务,决不能后退。

二、日夜奋战实验室

在这个时候,"中国"这个名字是多么庄重、多么亲切,而又多么鼓舞人啊! 作为中国人,被人民培养了 40 年的我,在困难面前是半步也不能后退的。此时此刻,为了祖国的荣誉,为了中华向世界挺进,动力十足。

祖国连向海外子女的"血管"是家庭、母校、故乡……这些给了我坚持下去的勇气和力量！

连向我的、与母校有关的"血管"占了相当大的比重，我的爱人、要好的中学同学、尊敬的老师们通过声音、语言和信件，把祖国、人民具体化了。在西方那样的环境里，我夜以继日地工作、思考，困难终于被一个个地战胜了。当然，我不在这里用学术词汇讲述那些硬骨头是怎样被啃下来的经过了。简单来说，是用中国人民的智慧和刻苦顽强精神去战胜困难的。举个实例，中午喝咖啡、吃午饭的一个小时并不被人重视，多数人都以午休来保证下午工作，我却专门让爱人从北京带来一个金属饭盒，中午带饭在实验室里连续地边干边吃，整整一年多。这似乎说明我刻苦的工作，但实质上是一种智慧，因为我经多方的努力，已有突破的希望，但必须有大量的实验结果，时间就很重要了。一个实验得准备半天，中午正是获取资料的精华时刻，延续一两个小时比两个半天成效都大。日积月累，我最终的结果是教授原先计划量的四倍，使他大为惊异和高兴，因为按西方标准，完成他的计划就很不容易了。

三、成绩归功于祖国人民

困难终于被战胜了，成果出来了。当首批成果还没有完全完成时，弗库塔教授就急不可待地把它在一个月后的国际冰雪化学物理会上宣布了，并说明了它的意义。三个月后，我们在芝加哥国际云物理会议上报告了首批成果，我还应邀报告了一些我们在国内做的重要研究成果，这些都引起了与会者的浓厚兴趣。前全美气象学会主席、会议主持人阿塔拉斯（D. Atlas）博士是一位德高望重的专家，出于对成果的良好评价，也出于对中国人民的友好，在大会上他把我作为中华人民共和国的代表介绍给各国同行，受到大家热烈的欢迎，这在整个紧凑进行的大会里还是一个特例（彩图6）。

这项研究的重要性在于，以十倍于前人的定量成果，改变了著名卡巴雅西模式的整个低饱和区的结果——这里正是最符合云中冰相增长的区域。按弗库塔教授的话来说就是"超过了以前所有的工作"。其后，接踵而至的是我被邀请去作一连串的访问和讲学，先后到过芝加哥大学、怀俄明大学、阿拉斯加地球物理所、美国国家大气研究中心、美国国家大气海洋局的国家强风暴实验室、俄克拉何马大学和科罗拉多州立大学等地。这些访问和讲学都是由他们的主席、所长或系主任邀请并由他们支付的邀请费用。对于经济核算制度很精明的美国来说，没有足够的价值他们是不会白花这些钱来进行邀请的。

是的，成果出来了，我享受成功的喜悦，心情是非常激动的。但这一切是属于祖国人民的，我的一切都来自于这片土地。像运动员为祖国捧回奖杯一样，我经过 20 多年的努力，也开始把五星红旗插到了这个领域，为祖国增了光。

讨论题 8.2

为什么说取得重大成绩应当归功于祖国人民？

第三节　在美国的学术之旅

来到美国，奋战在实验室一年多，我终于成功地登上了本领域的一个科学高峰。这一成就让我开始了由美国各著名同行单位邀请的、在美国的学术之旅。

一、芝加哥国际云物理会议

为了在芝加哥国际云物理会议上报告首批成果，我与弗库塔教授共同准备了大会报告。按西方的习惯，报告应由主要研究者来做。于是，在弗库塔教授的帮助和指导下，我开始为英文报告做准备。虽然作报告对我来说，近 20 年的学习工作，我已"身经百战"，不过那是用中文，是我天天讲的母语。但在美国大会上，却只能用英语，这对我是一个考验。在美国一年多，我的口语水平进步很大，天天都在说，所以我还是信心十足的。于是我反复地背诵，做到滚瓜烂熟后，请小组审查。一审通不过，二审也没通过，大家提了很多意见，主要是个别字的发音、音调的高低和如何突出重点等，弗库塔教授作了初步的肯定，让我再好好练练。他说："我来美国几十年了，英语口语都还脱不开日语的影响，你大胆讲吧！"

这个报告很重要，因为它是我一年多辛勤劳动的成果，是中国人获得的云雾物理学的一个重要成就，所以必须报告好。接下来，除了一练再练外，我还专门请了我们组的美国朋友帮我练习，一段一段地练，直到通过为止。最后，全组再次审查，直到大家满意。这一切努力为芝加哥国际云物理会议报告做了充分的准备。

于是，在数十个国家的数百名专家、学者参加的芝加哥国际云物理会议上，我的报告和我们的新成果受到了热烈欢迎和极大的重视。这才有了众多研究单位请我去讲学、访问和报告的学术之旅。

在美国，这几点很值得我们学习：

1. 尊重主要研究者的成果。项目负责人、老师、老板等如果不是主要设计者、主要研究者和主要执行者，一般他们不会作为第一报告人、第一著者出现。所以我们的成果是让我去讲，哪怕我英语不好，宁可让我反复练习，也要我讲。

2. 广泛地为优秀成果开路，让佼佼者脱颖而出。在美国，我刚去不久，没名没地位，但是，当他们发现你的成果优秀，不但把你列入大会报告，而且会在会上会下进行宣传，让你脱颖而出。

3. 同行各单位都非常尊重成果、尊重人才。只要在会上、刊物上出现或有人推荐，他们认为你的成果很有价值，他们的主席、所长或系主任就将邀请你去访问、讲学或交流。我的美国学术之旅就深深体会到这一点。

直到今天，我们中国学术界，如果不能打破"论资排辈"、"近亲繁殖"、"任人唯亲"等三千年的封建社会影响，要让我国科技走到世界最前列，困难是很大的，因为那些封建的东西是阻碍现代科技发展最大的敌人。

二、和名人们交流

我这个人有个习惯,从小到大,有不懂的就爱问,不管你是大人物还是小不点儿。小时候,问老师,问校长。长大了,在中国科学技术大学,也问老师,问系主任,这一问就问大了,就问到了大科学家——赵九章先生、华罗庚先生、钱学森先生和顾震潮先生等。但在我心中,并没感到有什么不好,因为大师也是我们的老师。同样,大人物们、老师们反而喜欢我们年轻人去问问题,认为能提问、敢提问和会提问题的年轻人是聪明好学的人。

也许是我把这种几十年的习惯也带到美国来了,所以每每开会、听报告,我总愿坐在前排,而且是前几名提问者之一。我已习惯了与著名专家教授交流、讨论,因为我认为大家都是平等的。而为了能很好地提问,每每要求自己要非常专心听讲,边听还得边思考问题。我自己要求自己的问题要提得"稳、准、狠",不提则已,一提一定要有质量、有深度、有水平。所以,三十多年来,我在美国、欧洲和世界的许多会议上结交了不少朋友。高质量、高水平的提问也是赢得名人尊重和交上朋友的重要方法之一。

我是一位摄影爱好者,会上会后留下珍贵的历史镜头是我的习惯,到美国不久,我买的最贵的物品就是一部好的照相机。因为当时中国人出国的少,与国际高层人士、大科学家、名人接触就更少了。所以,我在与名人接触后,合影留念是例行活动之一。这不仅使我高兴,外国的名人也很高兴,因为中国刚改革开放,他们也很想认识些中国同行,与隔绝几十年的中国沟通。在美国,我开了不少会,被邀请去了很多同行研究单位,都是名人们邀请的。自然,我留下了许多与名人、名研究所的各种留影。

三、在美国国家大气研究中心

美国国家大气研究中心(NCAR)是美国大气科学的顶尖研究中心,在世界上也是最受尊重的大气科学研究中心之一。中心人数众多,有一千多人。研究人员中有许多世界一流的科学家。拥有不少世界最好的大气科学研究装备,如优良的多普勒雷达、专用的大气探测飞机、最好的气象卫星信息、各种云雨物理的实验室等,历来是各国大气科学家最向往的"圣地"。

美国国家大气研究中心也是向世界各国优秀大气科学家开放的地方,不时邀请一些有创见的各国科学家来美国国家大气研究中心讲学、访问、参观、合作研究等。在我国改革开放初期,能到美国国家大气研究中心来的中国人是不多的。

如前所述,我有幸被美国国家大气研究中心主任赫斯(W. N. Hess)教授邀请,来到中心参观、访问和讲学。在这里,我作为中国的学者受到了隆重的接待,赫斯主任亲自会见、留影,并详细介绍了中心情况。然后派人带我参观这个世界最知名的大气科学研究中心。参观中,我既见到了许多在文献中常见到的知名科学家,又亲眼看到了一生梦寐以求的高、精、尖的世界最好的现代化装备。

美国国家大气研究中心安排我在这里做了两场专题报告,这也是当时我国科学家在中心少有的待遇,因为在这儿能做一次报告就很不容易了。令人感动的是前国际云雾物理委员会主席魏克曼(H. K. Weickmann)教授,以老迈之躯,不仅亲临会场,自始至终地认真听报告,而且提问讨论,让我感到十分亲切。会后,他还与我交流、合影,使我感受到美国老一辈科学家对中美友好的重视。

回国之后,我们翻译了美国国家大气研究中心主任赫斯教授组织一批科学家编写的《人工影响天气和气候》,文约 90 万字,长达 600 页,汇聚了全球这一领域的最新成绩。二十几年后的今天,许多从事这方面工作的人,仍把这本书当作重要的参考书。

四、"跟踪'龙卷'"和开"装甲飞机"

在美国,有两件事让我终生难忘,那就是"跟踪'龙卷'"和开"装甲飞机"。

想必很多人都看过《龙卷风》这部美国电影大片,那惊心动魄的场面让人永远难忘。1983 年,我在访问美国强风暴实验室时,就参加过一次"跟踪'龙卷'"的科学活动。虽然我们没有追上龙卷风,也没有遇

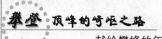

上什么危险,但出发前,每人都必须签下"生死状",还是会让你考虑考虑的。可见有些科学研究是要凭着科学家的勇敢精神去拼搏的。回想起 1964 年到 1965 年夏天,我们冒着雷雨、闪电和大风的危险,勇放遥感探测系统的那些日子,就可以体会到搞科学也需要勇敢、无畏和拼搏的精神。

1984 年春,我又一次被邀请到美国做过一次短暂的访问。其间,我被美国怀俄明大学气象系主任马尔威茨(Marwitz)教授邀请去加州参观他们的"装甲飞机",这也是我多年梦想的事。所谓"装甲飞机",就是一种专门用来进行大气物理探测的专用小型飞机,其机上装有多种云雨探测仪器。但与一般大气探测飞机不同的是,"装甲飞机"是要穿云破雨、专门飞进冰雹云、雷雨云的核心部位的飞机。在那里飞机将遇到雷击、闪电、大如拳头的冰雹,突然上升几十几百米,又突然下降几十几百米的气流,这些是一般飞行员的禁飞区。而美国却专门加工制作了这种用装甲加固的"装甲飞机"去探测人类这一禁区,而且取得了重大成绩。

当我来到机场,很高兴地认识了美国"装甲飞机"的金牌驾驶员。那两天,我就和美国"装甲飞机"的金牌驾驶员同吃、同住、同生活,这让我感到无比荣幸。我不时地跟他上机场看飞机、看仪器、看他飞行,看记录的资料,等等。第二天,他突然让我跟他上飞机,我还没回过神来,我们那"双人座"的"装甲飞机"就升空了。原来,那天的天气很好,没有雷雨云,只有一些晴空的小积云,所以他请我上天看看。这是我第一次跟美国"装甲飞机"的金牌驾驶员在天空翱翔,心中特别高兴,因为搞了二十多年的云雨物理,这一次才真正到了天空的云里雾里。还没等我来得及欢呼,美国"装甲飞机"的金牌驾驶员就对我说:"王先生,现在请你驾飞机了。"我吓了一跳,马上说:"我不会,我不会。"还不等我说完,他已双手离开驾驶盘了。我只得紧握我的方向盘,像开汽车一样,一直向前开。他这时说:"开得很好! 你不是会开汽车吗? 其实在天上开飞机比地上开汽车还容易,因为天空很大,飞机很少。"我听了他的话,专心地开起飞机来。但好景不长,几分钟后,他那顽皮劲儿就上来了。他操纵驾驶盘,来了个向左、向右各侧转 45 度,在飞机高速飞行中的左右 90 度的大摆动,让我头晕目眩。我不得不大声喊道:"我不行了! 请不要这样,请不要这样!"最后,我再也不敢驾驶飞机了。

当飞机回到机场后,我才知道这些飞行都是全程录像的。我那次离开美国前,马尔威茨教授送了一盘飞行录像带给我,我一直保存至今。不时看看那难忘的美国"装甲飞机"的金牌驾驶员与我在美国天空中的飞行,我依旧激动万分。

讨论题 8.3

科学的探索是永无止境的,您对这点有没有认识呢?

第四节　"我们都是中国人"

虽然中国人出国已有相当长的历史了,但解放后大陆的大规模出国,还是在改革开放之后。20 世纪 80 年代初期,出国的人数很少。就我所在的美国犹他州盐湖城而言,一座 60 万人的城市,中国内地来的访问学者和学生才二百人,而中国香港和中国台湾来的都有一百多和二百多人。不管当时大陆、香港和台湾的政治观点有多少差别,但同种、同语,让人一看就知我们都是"中国人"。

一、"国际名厨"

在国外的一件趣事是吃饭的故事。在国内,虽说做饭对我来说不是难事,但由于夫人太能干,每日三餐做饭,我只能搭下手,好在我"刀工"好,总可以自我安慰。到了美国,"山中无老虎,猴子称大王",我得自己做饭吃。与我合住的是四川大学的伍齐贤副校长,他是我四川老乡,我们关系很好。老伍家有老母与良妻,看来从未做过饭。他做的第一顿饭就把我吓了一跳,买来了土豆,白水煮开,剥了皮就沾上盐吃。相比之下,我那三菜一汤,让他感到非常不好意思。我们是好朋友,又是老乡,于是我们就合伙做饭,我当然做厨师。

那个时候去美国,收入都很低,公派的学者和学生是每月 400 美元(相当于当时美国穷人的救济标准),而我们的驻美大使每月也才 80 美元。相比之下,我们这些美方教授邀请的访问学者每月则有一千多美元的收入,算是高的。我是一个愿为大伙做点儿事的热心人,所以经常请些大陆来的学者和学生,周末来我们这儿做客,做些中国饭菜,大家欢聚一堂。加之在美理发是要 5~15 美元,还是不菲的,于是我那在大寨的理发手艺又得以应用。慢慢地,我们的住所成为中国人常来的地方,成为美国盐湖城中国人聚会地之一。有时,中国大使馆或领事馆开会、传达文件,也来我们这里进行。

久而久之,我做中国菜的手艺越来越好。于是我请客、中国人聚会、中国人请客、中国人请外国老板或外国朋友吃饭,都少不了要我去"露"一手。同时,经济问题也很重要,那时我们中国同胞收入都不高,去外边请客少则一百多美元,多则数百美元,这不是我们可以负担得起的。而我们自己做,仅 20~30 美元就很丰盛了。在美期间的 20 个月,我先后做过 20 多桌中国饭,成了"国际名厨"。

二、中国人要团结互助

改革开放初期,中国同胞刚刚来到异国他乡,困难很多,不少都得靠中国人相互帮助来解决,这时团结互助非常重要。

我刚来到犹他大学就遇上一件事。与我在同一实验室的一位中国来的朋友,虽然比我早到一个多月,但不太习惯美国工作方式,老板认为他英语不好,要他好好学学英语,他却理解为让他专门去学英语。于是,他拿了工资不来上班而专门去学英语了。老板见他经常不来,工作进展缓慢,一气之下,要停他的工资,让他"班师回朝"。这时我刚到几天,大家都很着急,尤其是他们同一所的同志。由于外人想帮他很难,而我与他在同一实验室,又是同一老板,说起话来方便些。加之,老板弗库塔教授对我的印象很好,到处说:"王的英语不错,今后工作会很好!"于是,中国人都建议让我出面说说情,我也认为我必须帮忙,如果他被辞退了,这是给中国人丢脸的。

很快,我邀请弗库塔教授来我家做客,让那位朋友和他们所的几位同事作陪。经过席上的交流,特别是席后我向教授的保证,问题圆满解决了。后来,那位同志的工作也做得很不错,得到了弗库塔教授的表扬。

三、"一定要把他送回祖国!"

在国外,中国人团结互助是很重要的,特别是在危难时刻。下边就是我亲身经历过的另一个故事。

人在国外,有很多想不到的事都会发生。突发事件、意外事故等是难以避免的。30年后的今天,祖国强大了、经济发展了,也是这样,身在海外的同胞们也要团结互助,心向祖国。

话还是回到1983年,就在我回国前两三个月,突然有一位来自上海的自费留学人员被查出患了癌症,而且已到晚期。他年纪不小,身体已经很弱,经济情况极差。当年,出国人员无力购买美国昂贵的医疗保险,公费出国人员还有每月20美元的使馆教育处的医保,如果生病尚可少报销一些,而自费出国人员则全靠自己。

当犹他大学的中国学者学生联谊会得知这一消息后,不少人前去探望、慰问、送营养品。很快,人们发现他已病入膏肓。他微弱地传出最后的声音:"请让我回祖国,我死也要死在上海!"但他已是身无分文,在美治疗也是无济于事。唯一的办法是用担架把他尽快送上飞机,到国内安息。

"一定要把他送回祖国!"立即成为当年犹他大学中国留学人员的共同愿望和行动。我们一边通知大家,一边捐钱,这一行动马上得到中国香港和中国台湾的学者、学生的支持。于是,经费迅速解决了。医学院的学者经过与中国民航联系,派人陪同飞往旧金山,再送上飞往上海的飞机,机上由机务人员照料。

最后,中国留学人员谱写了一首中国人民团结互助的颂歌,完成了"一定要把他送回祖国"的愿望。到达上海十多天后,那位留学人员在亲人的照顾下,安静地长眠在祖国的大地上。这一故事很快刊登在《人民日报(海外版)》上,成为海外学子们学习的一个事例。

讨论题 8.4

当您今后在海外时,应怎样体现"我们都是中国人"?

第五节　回到祖国

经历了 20 个月的美国之旅,学习了先进的科学研究方法,实践了优秀的实验技术,参观了世界一流的装备,会见了众多的学术大师,做出了骄人的成果,为祖国人民争了光,1983 年 7 月我回到了祖国。

一、满载而归

1984 年,我郑重地写完了著作目录,它包括 31 篇英文论文,发表在第 8 届和第 9 届国际云物理会议论文集(1980 年和 1984 年)、国际人工影响天气科学会议论文集(1980 年)、第 21 届和第 22 届全美雷达气象会议论文集(1983 年和 1984 年)、第 12 届和第 13 届全美强风暴会议论文集(1981 和 1983 年)、芝加哥国际云物理会议论文集(1982 年)以及其他会议及杂志上。目录包括我和同事们完成的几本书和译书。目录还包括在《中国科学》《科学通报》《大气科学》《气象学报》等刊物上发表的六十多篇论文。它也包括我向祖国、向故乡、向母校汇报的一片心。28 年前,祖国大地曾吹响"向科学进军"的号角。1956 年,我作为成都市"三好学生"的代表,在市政协全体会议上向祖国人民表达了我们"向科学进军"的决心。近 30 年来,我们这一代为这个目标毫不动摇地前进着,但崎岖不平的征程,会让人们道出多少酸甜苦辣来。1983 年,完成了祖国人民的重托,带着美国科学家们的盛赞和友谊,我兴奋异常地乘坐波音 747 巨型客机向大洋彼岸的祖国返航,盼望着看到祖国和亲人。"祖国,我远航归来了……"这首中学时代就熟悉的歌回荡在我的脑海里,我的眼睛又一次模糊了。

当然,从美国满载而归的不仅仅是论文和成绩,还有科研方向、科学方法、思维模式、人文交流,等等。总之,我收获颇丰。

二、《中国科学》

在《中国科学》上发表论文,是许多中国科学家感到荣耀的事情,因为它代表着中国科学的最高水平。

1984 年第 12 期《中国科学》正式发表了以我和弗库塔教授联合署名的论文《在新的契形冰面热力扩散云室里冰晶性能演变的研究》。这篇论文全面介绍了我在美的工作,结论指出,本研究超越了前人的工作,在冰晶性能演变的研究方面做出了新的成果。1985 年《中国科学》第 9 期的英文版也将其英文稿正式发表。

论文发表后,在国内外受到广泛的欢迎、重视并多次被引用。

三、与日本科学家的争论

1984 年秋,我应邀出席了在日本召开的国际晶体会议。会上我与日本科学家卡巴雅西(Kobayashi)发生了争论。

1961 年日本学者卡巴雅西在英国云雾物理科学家梅森指导下,在云室里完成了冰面过饱和度下的冰晶性能演变研究,虽然仅有 200 多实验点,但其结果还是被世界各国广泛应用了近 20 年,称之为冰晶增长的"卡巴雅西模式"。由此,他成名于世,成为日本这个领域的大家。当然,我们是尊重这一历史成果的,而且在文章中、在会议上,一再引用他的文章,声称我们的成果是在这些历史成绩基础上发展起来的。

但是,科学是要发展的。20 年来,这个领域不少有名的科学家看到了原有工作受到历史条件的局限,急需改进,特别是在低于冰面过饱和度下的冰晶性能演变研究不足。他们做出了一次又一次的尝试,却因种种原因而告失败。正因为需要,所以美国科学基金会把这个课题列入,给予专门经费支持。而弗库塔教授因其在本领域的成绩而承担了此课题,他新研制的"契形冰面热力扩散云室"是完成这个研究的重要装备。当然,我的到来和一年多的努力也为完成这项成果做出了贡献。

我们在卡巴雅西教授之后20年做出的新成果,是应用弗库塔教授的新型云室完成的,做出了4 000多个实验样品,其优点是:

1. 数量多。仅冰面过饱和度下的冰晶实验数就达3 000多个,是他的200个实验的15倍,大大改进了人们对冰面过饱和度下的冰晶性能演变的认识。

2. 区域大。原有工作受历史条件限制,只是在冰面过饱和度区的冰晶实验,而云中经常出现的低于冰面过饱和度区的广大区域却没有资料,只有推论。我们在这一广大区域完成了1 000个实验,取得了重大进展。

3. 质量高。由于实验装备的进步,我们的资料既是定量的,又可以跟踪每次实验50分钟增长过程的生命史,研究质量大大提高。

鉴于以上突破性的成绩,这项成果在芝加哥国际云物理会议后就引起了国际云物理界的高度重视并获得了很高的评价。有的科学家把这项成果称之为"王(昂生)-弗(库塔)模式",以取代20年前的"卡巴雅西模式"。

在日本的会上、会下,卡巴雅西教授一而再、再而三地找我,希望我们不要报告、或报告中还是肯定"卡巴雅西模式"。我一再解释、一再安慰和劝说都无效。最终,在我的大会报告后,他为保卫他的"卡巴雅西模式"而与我在大会上争论起来。当然,在会上我是彬彬有礼地用上述事实进行辩论。自然,我赢得了大多数人的热烈掌声。我的辩论毫无不尊重前辈的意思,但捍卫科学的尊严是更重要的。会后,许多国外学者、包括日本学者对我表示了声援。结果,卡巴雅西教授有点不好意思了。会议结束后,教授专程来到我的住处,表示了歉意,并赠送了他的一本书给我。书的内封上,他手书:"谨呈王昂生学兄,小林祯作。"科学的真理是必须坚持和捍卫的,虽然一场争论过去了,但科学家间的友谊依旧。

四、中美人民友谊天长地久

访美过去二十多年了,我在美国学习了很多东西。与美国人民、美方教授、学者建立了深厚的友谊,来往频繁,促进了我们事业的快速发展。

我所在的美国犹他州盐湖城的犹他大学,已经帮助我们培养了一大批人才,他们中不少人回国之后,为祖国做了许多有益的工作。比如,气象系的阎宏先生,回国后曾任中国气象局的副局长,后任世界气象组织副秘书长;物理系的闽乃本先生,回国后历任中国科学院院士、全国政协常委;化学系的伍齐贤先生,回国后曾任四川大学副校长;气象系的蔡启民先生,回国后曾任中国科学院兰州高原大气物理研究所所长,等等。我们这些改革开放初期出国的人员,在美国学到了很多有益的东西,也深深感受到美国人民的友好情谊。

但愿中美人民友谊天长地久,共同建设和谐世界。

讨论题 8.5

为什么要捍卫科学的尊严?我做得对吗?

世界上很多人，在一生中都会在他的事业上，努力奋斗。在硕大的地球空间和漫长的人类岁月里，许多人都在大大小小事业的山坡上努力向上攀登；也就是说，很多人的一生都在攀峰。多数人攀到了低峰、中峰，部分人到达高峰，极少数人攀到顶峰。祝您早日攀顶！

——王昂生

第九章

升华在欧洲

1987年,王昂生在法国巴黎铁塔前

1987年,王昂生在意大利罗马古斗兽场

1985 年开始,我在美国之行的基础上,国际学术交往的方向有了重大变化。就地理位置而言,我由美国转向欧洲。几年的欧洲之行,让我在科学上、思想上有了很大的"升华"。

第一节　勇闯欧洲

本来应当出席的一次欧洲会议,因奇怪的原因没能去成,这倒引起我去欧洲的强烈愿望。于是"勇闯欧洲"让我得以"升华"。

一、没能出席会议的"明星"

1984 年 8 月,原定在前苏联塔林召开的国际云和降水物理第九届大会,早就进行了论文的报送、审查及选拔。我在美国与弗库塔教授合作的及在国内的 6 篇论文入选,当年中国全部入选论文只有 13 篇,我的占了将近一半。而作为入选大会报告的 3 篇中国论文中,我有 2 篇。显而易见,我能出席这次会议是大会主席团所期望的,我当然也希望能出席会议,去完成大会和分会的报告与交流,这也是中国人的荣耀。

但是,在那个年代我国还没从"大锅饭"的影响中走出来,出国不是依据学术需求与水平,而是要搞"平衡"。显然,我是这个单位出国较多的人,去了美国 20 个月,又去了日本,还第二次去了美国。这对于当时很多连国都没出过的同志来说,王昂生出国太多了。而向中科院申请去国外开会的经费也是很不容易的,有两个名额就不少了,院里也无法决定是按会议论文、报告录用情况派人,还是照顾没出过国的人。

当时就连我自己都不好意思说我应当去。那时是刚改革开放不久，也还不懂向大会申请路费，所以只能让没出过国的人去。结果，会也开了，人也去了。只不过作为代表中国的两篇大会报告及我另外的分会报告，由于报告人的缺席而取消了。过了好多年，我才从当年大会组委会朋友那儿知道，我的缺席造成会上我国的两个损失，一是原来打算选我为国际云和降水物理委员会执行委员（中国就一位），因为没参会而缺位（后来过了很久才补选了一位中国执委）。我是四年后在德国的第十届国际云雾物理大会上才当选国际云和降水物理委员会执行委员的，而且连任两届。二是我的缺席让大会主席霍布斯很不高兴，毕竟少了如此多的中国报告，他对中国十分友好，当然不希望出现这种情况，他表示无法理解为何中国会这样派人来参会。而我们去开会的人确实难以符合国际会议的要求，因为有一位的英语的确是很差，就是为照顾出国而出国的。

最后，会议上很多人都知道，我就是那没能出席会议的"明星"。1988 年在德国的第十届国际云和降水物理大会上，我立即就当选为国际云和降水物理委员会执行委员。

二、闯一闯欧洲

这件事情对我影响很大，所以决心去闯一闯欧洲，毕竟欧洲和美国是世界上最大的两个经济实体和学术实体。这样，我开始关注欧洲。

功夫不负有心人，机会说来就来。1985 年冬第三世界科学院和国际理论物理中心在意大利的里雅斯特召开了"国际云物理与气候研讨会"，我报名申请获得成功并将在大会上做报告，由于中国是第三世界国家，我获得了机票和全部费用的补贴，而且免交会议费。这是我第一次知道开会可以全额补助。我也很后悔，早知道如此，1984 年的第九届国际云和降水物理大会凭我的两篇大会报告和几个分会报告完全可以得到全额资助的，何必去靠中科院的名额而丧失机会呢！

这次闯欧洲，让我收获很大。原来，欧洲国家多、资源多、经济发达,与美国不一样,又是一番新天地。第三世界科学院,是当时任第三世界科学院院长的萨纳姆教授(A. Salam,巴基斯坦人)(彩图7),用他荣获的诺贝尔物理奖的奖金建立的,每年得到意大利政府几百万美金的资助。这笔钱用来支持第三世界的"穷哥儿们"里的优秀科学家,请他们来这里与意大利的一流科学家合作研究。

会议期间,我交了不少欧洲朋友,也查阅了大量的资料。其中,意大利国家研究院的大气物理和化学研究所所长福兰科·普罗迪(Franco. Prodi)对我及我的工作很感兴趣,表示要邀请我来欧洲工作。来到欧洲才知道,原来这儿有不少中国科学家已开始在第三世界科学院合作研究了。一方面是利用他们良好的各种装备,另一方面是与高水平的科学家合作提高自己,再则是利用他们的资金,因为重要研究是要花去不少科研经费的,而当时我国这方面很贫乏。在这儿合作的一些人回国后有的当了中国科学院的院士,有的成了我国科技界的声名显赫的人物。

三、在意大利的合作

应意大利国家研究院的大气物理和化学研究所所长普罗迪和第三世界科学院的邀请和出资,1986年秋季我来到了意大利。主要在北部重镇博洛尼亚的大气物理和化学研究所工作,不时去第三世界科学院所在地——意大利和南斯拉夫交界处的里雅斯特参加会议或办事。不久,我爱人梁碧俊高级工程师也被邀请来到意大利合作研究,和我在同一个所工作。我主要是从事大气科学中的冰雹实验室研究,与普罗迪所长一同工作。梁工则在这个所的实验技术部门从事合作研究。

我和普罗迪所长的合作项目是来自意大利国家研究院和第三世界科学院的基金,主要是在意方的大型垂直低温风洞里研究人造大冰雹的增长规律。这方面的研究在美国、加拿大都有著名的科学家做过。但是,像意大利国家研究院的大气物理和化学研究所那样大型垂直低温风洞及多因子可调的条件还是少有的。它同时具有七种可变的实验条件:温度、含水量、垂直速度、旋转方式、旋转速度、雹胚大小、雹胚形状等,可以组合成数千种可模拟的冰雹生长实验条件,这是世界上少有的人造冰雹模拟实验室。

一年多的合作研究，做出了上百组的高难度实验，获得了备受重视的世界级研究成果。它揭示了众多鲜为人知的实验事实，表明自然和人造大冰雹由内核和外壳组成，而外壳是造成冰雹重大危害的关键。它的长大是由小冰雹在云中快速旋转、较暖的云中条件、强烈的上升气流和高的含水量等条件下长成的。这些大冰雹长成的机制和原理的揭示，为进一步开展人工防雹打下了良好的基础。

加拿大科学院院士、云物理专家、云物理实验大师李斯特（R. List），专程前来参观，与我们探讨了各种实验和研究的细节，因为他的实验室也在从事有关的研究，他对我们七个参量的多要素变换下的实验及其结果给出了很高的评价。后来，他专门请我去了他在加拿大多伦多大学的实验室参观访问和讲学。

四、友好的普罗迪所长

意大利国家研究院的大气物理和化学研究所所长普罗迪是一位对中国人十分友好的学者。他们家族是意大利的名门望族，住在意式古城堡里，兄妹九人。他的一位哥哥与我同年，叫罗马诺·普罗迪（Romano. Prodi），当时是意大利一个与菲亚特集团齐名的伊利集团的董事长，后来先后当过两届意大利总理，也当了五年的欧盟委员会主席。在巴罗佐任欧盟委员会主席前，他在电视上经常露面。他总是笑容满面，脸是方方的。

普罗迪所长是一位温文尔雅、非常友善的科学家，比我小两岁。我们的合作从始到终都是密切、友善、和谐的。我们共同制定实验计划、方案，商议实验细则；多数时间由我来完成各种实验和研究分析，他不时穿上厚厚的羽绒服，进入我们的低温垂直风洞云室，和我一起开动仪器、做冰雹实验；有时又来云室切片取样……一旦有了重要进展，我一定会请他来共享成绩。一年多的合作让我们建立了深厚的友谊，多年之后，我们在各种会上，一见面就会拥抱。

普罗迪的一家人都与中国有着深情厚谊，他们都喜欢吃中国饭，每周都要去中餐馆吃一次中国饭。随着工作的开展，我们的关系日益密切,我也想对他们表示感谢,所以决定给他们家做一次中国饭。一统计,普罗迪一家共21位,大、中、小三代。可惜当时老梁还没到,所以担子压在我一人身上。这天一早,所长开车,我们采购好做中餐的原材料,就在他家"大动干戈",做起中国饭来。什么"鱼香肉丝"、"回锅肉"、"凉拌三丝"、"甜烧白"、"红烧茄子"、"炖鸡汤"等等,有十二三个菜,一式分三份,七个人一桌,共三桌。

在做饭过程中,他们不断地、轮流地来到厨房"观战"。好奇地看着我的各种操作,什么切菜啊、放油啊、炒菜啊、加酱油啊、炖鸡汤啊……因为一切的一切都与意大利人做法不一样,所以都把我的做饭当作"艺术"来欣赏。当最后一个菜做好时,全场一片欢腾,热烈的掌声四处响起。这时,他们都围到桌前,桌上摆好五颜六色的中国菜,闪光灯频频闪烁,留下了中意人民的深情厚谊。二十几年后再来看这些照片,我仍感到十分亲切。照片上,后来当过两届意大利总理,也当了五年的欧盟委员会主席的罗马诺·普罗迪和当年所长福兰科·普罗迪和我在一起。他们分别是家里的老八和老九,长得像极了(彩图8)。

五、陪卢嘉锡院长参加会议

1986年冬,中国科学院卢嘉锡院长来到意大利的里雅斯特出席第三世界科学院院长会议。这时,我正在这里参加另一个会议,得知我们卢院长的来到,我决定晚上立即去看望他。我一打听,才得知原来我们住在同一栋楼里。老院长看到我们这些青年人在第三世界科学院很高兴,向我问长问短。他向我询问起所在单位,所从事的专业,到意大利合作情况,等等。得知我在意大利国家研究院的大气物理和化学研究所合作,是使用的意方和第三世界科学院联合经费资助等情况后,他特别感兴趣,又细致地问了若干合作的情况,并重点地做了记录。临走时,他让我第二天陪他参加一个会议。

原来,这次第三世界科学院院长会议中的一个议题就是研究如何用好意大利政府和第三世界科学院的经费来培养好第三世界青年科学家的。而我与普罗迪所长合作研究的是本领域的前沿课题,无论在方向、选题、合作形式及可见前景等诸多方面,都有一定的普遍性和代表性。所以,卢院长很感兴趣地向我了解中国青年科学家在这儿的情况,而且让我陪他参会。

第二天,我陪卢院长如期到会。第三世界科学院的萨纳姆院长、其他几位负责人和别国的科学院院长等都在场。会上,除卢院长、萨纳姆院长外,我还见到了我们中国来的、原来在中国科学技术大学教过我们数学的廖讪涛先生。会场不太大,我在卢院长对面而坐,他在萨纳姆院长左边。廖先生则坐我旁边,我向他打招呼,而事过二十多年,他教了那么多学生,也不一定记得我了,于是我向廖先生简介了自己情况,师生一见十分高兴。

会议很快就开始了,第三世界科学院的萨纳姆院长宣布开会,按会议议程一项一项地进行,时而宣读文件、时而讨论、时而争论;不少的事我都听不明白,有些根本不懂,然而卢院长既然让我来,我就必须陪下去。终于轮到与我有关的问题了,在各位院长讨论如何用好意大利政府和第三世界科学院的经费来培养好第三世界青年科学家时,卢院长让我简要介绍了我们在意大利合作研究的情况和实例,然后大家提了一些问题,我也做了回答。其后,会议就这一问题进行了深入研讨,最后,做出了初步决定。

会后,卢院长让我到他的住处去,对我在会上的发言感到很满意,鼓励我在意大利做好研究工作,做出成绩,为中国人民争光,为中国科学院争取荣誉。最后,他高兴地与我合影留念(彩图 9)。今天,卢院长早已作古,但他那亲切的鼓励与当时会议的情景却永远促进我向科学的更高峰迈进。

讨论题 9.1

当您长大成才时,要不要去欧洲闯一闯?

第二节 在欧洲讲学和访问

在意大利期间,近几年各种国际会议认识的科学家们都知道我来欧洲了,所以不少人都想邀请我去讲学、访问,经安排后,我与夫人一同成行。

一、庆祝博洛尼亚大学成立 900 周年

最早接到的邀请是离我最近的、我所住城市的博洛尼亚大学。原来,这是一所拥有 900 年历史的著名大学,这段时间他们正在庆祝博洛尼亚大学成立 900 周年,一个重要活动就是邀请各国学者在大学学术厅作报告,中国是世界大国,邀请中国学者参会及作报告也在情理之中。我能被邀请,一是因为我是来自中国,二可能是普罗迪所长的推荐。会上,我首先对博洛尼亚大学成立 900 周年表示了热烈的祝贺;然后,我简介了中国科学的成就和发展;最后,应会议要求做了我们中意合作实验研究的报告。

会议安排很周到,在我们分会上,我被邀任分会主席之一,坐在主席台上。这半天的会上,有七八位报告人,都来自不同国家,语言统一为英语;所以,我的主持和报告都不难。但近百名听众里,有一些意大利人,他们用意大利语提问,让我为难,好在现场有双语(英、意)好的人进行翻译,只不过多花些时间而已。说来也很遗憾,我在意大利一年多,有不少意大利朋友,但我除了几句简单的意大利语外,对意大利语言还是一窍不通。因为,在那里从事科学研究的人一般都会英语,生活上买东西也有阿拉伯数目的标示,所以不必再学意大利语了。

二、访问瑞士苏黎世

1987 年夏,应瑞士联邦工程技术院大气物理实验室主任瓦尔德沃格教授(A. Waldvogel)邀请,我们离开意大利,首先去瑞士访问讲学,

火车穿过阿尔卑斯山,第一站就是瑞士苏黎世。

瑞士联邦工程技术院大气物理实验室在人工影响天气方面是很有特色的。由于瑞士山区多,因此冰雹灾害频繁,人工防雹是他们的一项重要研究。瑞士的人工防雹火箭是很有名的。我们参观了瑞士联邦工程技术院大气物理实验室的人工防雹研究成果和防雹火箭,交流了有关研究进展。

应瑞士联邦工程技术院的邀请,在他们的报告厅我做了"中国冰雹研究和人工防雹进展"的报告。与会的有瑞士联邦工程技术院人士和苏黎世大学师生 100 多人,他们很有兴趣地听了一名来自远方中国科学家的介绍。在听到一些有意思的地方,他们不是像中国人那样报以热烈的掌声,而是双手有节奏地拍桌子、双脚有节奏地蹬地板,给出热烈的表示。这是我在许多地方从未见过的、一种奇特的热烈的表达方式。而会议的提问和讨论,倒是与报告题目关系不大,问得最多的是中国的发展和进步,表明了瑞士朋友想对中国有更多的了解和认识。在当年,西方人民对中国的了解还是很少的,所以,中国科学家在国外除了科学交往外,向广大西方民众介绍中国、宣传我国的进步和成就也是我们义不容辞的责任。

离开苏黎世前一天,瑞士联邦工程技术院大气物理实验室主任瓦尔德沃格教授代表瑞士联邦工程技术院宴请我和夫人。宴会设在美丽的苏黎世湖畔的饭店里,我们紧靠在苏黎世湖旁,放眼望去,真是一派美丽的湖光山色,令人难忘。宴会进行中,突然天空一片黑暗,狂风大作,雷电交加,暴雨立马降下,还不时夹着冰雹。我们一起哈哈大笑:冰雹也来为我们送行了!

三、在瑞士日内瓦

离开苏黎世,来到了日内瓦。

在日内瓦,我是应世界气象组织(WMO)的人工影响天气部的科尼格(L. R. Koenig)高级专员之邀去访问的。众所周知,瑞士日内瓦是国际名城,是联合国总部所在地。当然,位于日内瓦湖畔的日内瓦也是一座风景优美的城市。来到这里,免不了会到联合国总部、人口

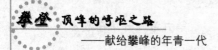

大厦、会议中心、国际电联等处逛上一圈,也会在日内瓦著名的"花钟"(用鲜花围成、真正可计时的巨型石钟)前留影,还会到日内瓦湖畔坐上一阵欣赏美景。

说起世界气象组织的人工影响天气部的专员与我的一面之交,还是几年前在美国工作时一个偶然机会碰上的。那时,我应美国怀俄明大学气象系主任马尔维兹(J. D. Marwitz)教授和国际核化委员会主席瓦里(G. Vali)教授邀请在怀俄明大学访问,大家要合一个影,正在找人来帮助拍照时,一位先生主动来完成了这一任务。很不好意思,事后才知道这位就是世界气象组织的人工影响天气部的专员,还是位大人物呢,可惜留影中没有他。

几年之后,科尼格专员邀请我来到了日内瓦世界气象组织人工影响天气部的专员办公室。他对我所从事的人工影响天气的研究很熟悉,看来他不仅了解中国这一领域的工作和进展,而且还看了我的许多论文和中国若干人工影响天气的文章。我们交换了对各国人工防雹的看法,应当说那时前苏联这方面是做得比较好的,中国人工防雹规模比较大,瑞士研究比较深入。但我们都认为全球防雹和人工增雨的科学水平都有待提高,科学研究的问题还不少。总的来说,虽然那时全世界人工影响天气已有 40 年历史了,但距一门成熟的科学还有很长的路要走。

四、法国讲学

这次西欧访问讲学的路线是从意大利开始的,先是博洛尼亚大学900 周年纪念活动;再乘火车穿过阿尔卑斯山去苏黎世;再由瑞士东部向西,到日内瓦;然后西行进入法国,先至克莱蒙·费朗;再北行到达法国首都巴黎。

应第八届国际云雾物理会议主席、WMO 人工影响天气委员会主席、法国克莱蒙·费朗大学气象系主任苏拉格(R. G. Soulage)教授的邀请,在法国第一站到达克莱蒙·费朗。进入法国不久,一出山区,就进入广袤的大平原,这里是法兰西大粮仓。随着火车的西进,我们来到法国的中部。

法国克莱蒙·费朗大学是一所历史悠久的大学,他的气象系在国际上也是很有地位的,系主任苏拉格(R. G. Soulage)教授更是当时国际云雾物理界有名的人物。他担任过第八届国际云雾物理会议主席(1980年)和WMO人工影响天气委员会主席,他在这一领域也是成果甚多。

来到法国克莱蒙·费朗大学,受到了苏拉格教授的热情欢迎。各方面安定下来后,他亲自带领我们参观克莱蒙·费朗大学气象系,除了一般的教学、实验室外,着重参观了云雨物理研究工作。这里的许多研究都与西欧的意大利、德国、英国和瑞士等国合作,也与北美的美国和加拿大等合作、交流,所以学术气氛十分浓厚。讲学活动安排在气象系进行,既有中国人工影响天气综述,又有在美国的冰晶研究成果,还有在意大利合作的、大型垂直低温风洞里研究人造大冰雹的增长规律等多项内容。中国学者的讲学受到了听众的热烈欢迎。

苏拉格教授对这次讲学非常满意,他说中国学者的讲学完全出乎他的意料,中国已经走出国门,与西方一流科学家合作研究并做出世界一流的成果了。他希望能有中国学者来法国合作研究。为了表达他的感谢,他亲自驱车几十公里,到一家久负盛名的法国餐馆,请我们夫妇吃了一顿法式大餐(彩图10),那鲜美的鹅肝和蜗牛让人食后难忘。至今我们还会不时地去品尝品尝法式鹅肝和蜗牛。

五、访问法国首都巴黎

此次西欧讲学访问的最后一站是法国首都——世界名城巴黎。当然,这也是我最希望去的城市之一。这是我首次访问巴黎,所以兴致特别高。后来我先后访问过巴黎七八次,但巴黎总有一些新鲜之处让人留恋。

这次巴黎之行是法国国家科学研究中心高空大气研究室的爱梅蒂厄(P. Aimedieu)主任促成的。我只在中心作一个报告,其他日程由我自己安排。所以,我们住在中国驻法大使馆的教育处,以便参观游览巴黎。

法国首都巴黎的确是一个世界名城,要参观游览的地方太多了。

第一次来巴黎,肯定要去几个有名的景点参观游览一番。首先选了巴黎埃菲尔铁塔。我们经过几次换车,来到了这里,先远处留影拍照,可以照下铁塔全貌;再走近参观,买票上塔,在塔上遥望巴黎全景。此塔是一个让巴黎人、让法国人感到骄傲的建筑。这宛如中国的长城一样。

法国巴黎卢浮宫是一座有近千年历史的古建筑,她成为向公众开放的博物馆也有二百多年了。她是世界著名的博物馆,汇集了大量的古代东方、古埃及、古希腊和古罗马等艺术品,又有大批法国、意大利、荷兰、德国、西班牙、英国等的绘画艺术,以及不少世界各地的雕刻和雕塑艺术等。公元前 190 年希腊的《胜利女神雕像》、公元前 100 年希腊的米罗的《维纳斯》、达·芬奇的《蒙娜丽莎》等世界顶级艺术作品都在这里展出。因此她成为世界各国游客来巴黎的必游之地。更别提众多美术家们,他们是这里的常客,经常来这儿观摩、学习、临摹等等。中国许多艺术家,如张大千、徐悲鸿等大师莫不如此。

此外,巴黎的凡尔赛宫、塞纳河、凯旋门、巴黎圣母院等名胜古迹,城市的美景,漂亮的建筑等都是值得一看的。当然,我们没有那么多时间,有的只能走马观花地看一下,有的来不及了,只好以后再说。

六、会议频频

我从小就养成一个好习惯,上课认真听讲,长大专心开会。工作了、出国了,我更是专心开会。会上,我总会坐在前边,专心听讲,也爱提问。于是在众多会议上,我结交了不少名人朋友,为事业打下了良好的基础。

在欧洲期间,除了上述活动外,还有不少会议。由于会议是学术交流的重要方式和科学成果展示的场所,所以我一般都力争参加。另外,当时中国人能出国和参会的机会不多,所以我也希望增加外国科学家对中国的认识和了解。还有一点,就是欧洲的国家虽多,但都不大,欧洲经济发达,开会容易得到资助,这为当时经济紧迫的我们提供了良好的机会。那时,不少活动都在西欧,会场的距离不远,所以开会及路上所花费的时间也不多,对实验及研究影响不大。

当年,我工作和居住都在意大利的博洛尼亚,频频的会议有的在意大利的佛罗伦萨,如关于防洪的阿罗计划的国际会议,也有在法国斯川士堡的欧洲第十二届地球物理学会,还有在南斯拉夫贝尔格莱德的国际城市气象会议,意大利的利切舍市的第二届国际农业气象会议等。

紧张地工作、有序地访问讲学、频频地参加会议、不断地发表论文,构成了我在西方工作的基本内容。这也让我学会跟上国际学术潮流,并进行了具体的实践,为今后的科技研究打下了良好的基础。

讨论题 9.2

当您长大有条件时,愿意去欧洲学习、访问、参观吗?为什么?

第三节　在欧洲的中国朋友们

20 世纪 80 年代,中国内地的学者和学生们才刚刚跨出国门,在海外的人数是很少的,远不像现在这样,在世界的各个角落,都有不少中国人。所以,我们回头去看看二十多年前在欧洲的中国朋友们吧。

一、接待何祚庥先生

1987 年的一天,一位在博洛尼亚的中国朋友对我说:"你们中国科学院的何祚庥先生要来博洛尼亚大学讲学,我们去听听吧!"由于他是中国科学院的,我也知道他是原子能研究所的,原来我们地球物理所与原子能研究所是邻居,所以同意去听听。我也明知原子能那玩意儿我们是听不懂的,不过中国人来讲学,我们也应去捧捧场。

在一间不大的教室里,我们见到了何祚庥先生,大家寒暄了几句,简介了这里的情况。"讲学"会场很简单,一位主持人,两位外国听众,倒是中国学者来了三位:我和老梁,另一位是报信的先生。虽然来的人少,但主持人满不在乎地讲了开场白,说些什么我们也听不懂,紧接着何祚麻先生作了报告。我相信我们三个在意大利的中国人是绝对听不懂的,但愿主持人和另两位老外能听懂。出于礼貌,也是为中国同胞助威,我们坚持"听"了下来。最后,主持人做了总结,看来,这一行可能听众就是少,他们早已习惯了几个人的报告或讲学。

会后,我们请何祚麻先生来到我的住处,休息休息,喝点水,吃点东西,最后把他送走。临走时,何先生不好意思地向我借 2000 里拉(意大利币,当时 1200 里拉为 1 美元),用作火车站存放行李费,因为他带的是美元。我立即拿了一张 5000 里拉的意币给他,怕他路上还会用点零钱。中国人在外,相互帮助的事,比比皆是,所以我们也是一样的。

二、在山里学习的中国人

我们住在博洛尼亚,是意大利的一个交通要道,过往的人员比较多。相比之下,那时我们在外算是条件好、收入高的访问学者了。所以,我们总是尽力地帮助一些有难处的中国同志,不管是否认识,也不管今后是否会见面,更不会想到今后要不要报答。和在美国一样,来我们这儿的中国人不少,一是来交流信息,二是大家聚会,三是吃一顿中餐改善生活,四是理发。

一次,几位从意大利中部山区来的中国人来到我家。刚一见面,相互还不认识,有点拘束。一打听才知,他们是来自四川三线的核研究单位的。"啊!来自我们家乡嘛!"我和老梁说到,我们都是成都人,大家一下子亲热了许多。原来,他们在意大利中部山区和意大利同行们合作进行核研究,来了近一年还没出过山,这次有机会出山看看,是非常高兴的;来博洛尼亚,又碰上家乡人就更喜出望外了。谈起山里的生活,条件的确是很差的。一则收入不高,另则那儿东西贵,所以吃方便面是常事。

当听到这些情况,老梁二话不说就开始做饭,同时让我拿出家中所有好吃的零食、饮料，让大家边吃边聊。我一边向他们介绍外边的情况，一边问他们想了解些什么，大家聊得很投机。一会儿，家里的中国饭菜香味扑鼻而来。原来，热情好客的老梁已不声不响地做完一桌丰盛的中国大餐，这是她专为山里的中国同胞所做。这些中国意、同胞情，早已让山里来的中国人感动不已。在这万里之外的意大利，我们这些素不相识的人，凭着"中国情"联系在了一起。在这盛餐面前，大家频频举杯，共祝祖国繁荣昌盛。四川老乡对老梁的家乡麻辣味赞不绝口。毕竟，他们快一年没吃到地道的川菜了。像秋风扫落叶一般，一大桌美餐就清盘子清碗了。

在临走时，几位四川老乡问了一个让我们终生难忘的问题："你们为什么对我们这么好？"其实，这一问题，在美国、在欧洲、在北京、在许多地方，几十年里经常都有中国朋友、中国学生这样问过我们。"为什么？"我们也许素不相识，也许一面之交，也许一生不再见面。"你们为什么对我们这么好？"我们一不图名，二不图利，就是因为我们都是"中国人"。帮您一把，让您感到中国好；助您一把，让您奋发图强为中华；促您一把，让您在攀峰路上勇往直前！

三、大使馆的关怀

在海外，每一个中国人都会通过不同的渠道感受到祖国的关怀。中国政府驻外大使馆就是中国人所在国的家。在美国、在欧洲，我们都深深体会到这一点。

在美国，在意大利，中国来的访问学者、留学生一般都组织有"中国访问学者、留学生协会"及其小组，以便相互了解和帮助。在美国，前边提到的那位得癌症、得到大家帮助回国后去世的人就是一例；另一例是我们系一位访问学者，在玩雪橇时摔断了腿，也是得到大使馆和大家大力帮助而康复的。

在意大利，中国大使馆的教育处主管中国访问学者和留学生的工作。由于意大利相对较小，他们不时开车来到各地了解情况、开会或传达文件等。当年负责这项工作的是老姜、老温夫妇俩。他们与我们接触、联系比较多，自然，有关大事我们都会向他们汇报。其中，有两件大事,让我们感受到了大使馆的关怀。

1987 年 5 月,中国发生了大兴安岭森林大火。普罗迪所长告诉我这件大事,我马上查报纸、看文章、听新闻,并日思夜想。1975 年河南大水灾促成我第一次给中央写信,提出"现代减灾";1980 年西南大旱,我第二次致信中央;那时,我人微言轻,无人理会。这次,我在国内外见多识广了,就上述水灾、旱灾、森林火灾等的综合减灾提出建议,以海外访问学者名义上书邓小平同志。考虑到保密之需,我先向意大利使馆报告,并请他们审看了信件。由于当时我国只有法国有信使回国,而我即将去巴黎,所以我国驻意使馆人员将此事通知驻法使馆,当我到达巴黎后,立即将这封重要信件交到大使馆,很快信使将信送至北京。这封信促成我以后二十多年的防灾减灾生涯及攀上顶峰。

在意大利工作的后期,我们夫妇俩在欧洲经济上有了一些积累,就想回国后为国家做点贡献。对国家来说,这点钱是微乎其微的,但对于母校——成都七中来说,还是可以助一臂之力的。这件事,得到了大使馆的大力支持和表彰。后来,《光明日报》还专门发了一篇报道,这也是大使馆促成的。

四、1987 年《光明日报》12 月 26 日的报道《赤子拳拳不忘桑梓——访意学者王昂生梁碧俊夫妇赠金一万五千元支援家乡教育》

"本报(光明日报)罗马(1987 年)12 月 24 日电(记者万子美) 中国科学院大气物理研究所和邮电部电信传输研究所旅意访问学者王昂生、梁碧俊夫妇最近将其在意大利期间节省的费用 15 000 元捐赠给家乡四川省成都市第七中学,作为奖学金基金,奖励该校的三好学生。

在谈到他们这一行动的想法时,两位学者对记者说:'我们深知个人的力量是十分有限的,但我们希望这一行动能够促进许多受惠于改革开放政策而具有一定条件的朋友们和同志们为祖国的教育事业做出自己的贡献,这将是一个相当可观的力量。希望我们这一代人能够为下一代新人的成长架设人梯。'成都市七中在致王、梁夫妇的答谢信中称赞他们以实际行动支持家乡教育事业的可贵思想,并决定在全校师生中进行广泛宣传,以推动学校的教学工作。"

讨论题 9.3

如果您在国外,希望得到同胞的帮助吗?您会帮助别人吗?

第四节 在欧洲的升腾

经历了在美国的研究、开会和访问,又通过在欧洲的合作、工作和讲学,我们对西方科技发展有了深入的了解,也对我们认识世界有所帮助。下边的事实可以证明其重要作用。

一、新年回国

1988 年 1 月 1 日,我们夫妇俩从罗马经莫斯科回国。为什么要新年回国? 这里也有一段故事,可以讲给大家听听。

前边讲过,由于中国大兴安岭的森林大火,激起我给中央邓小平同志写信的欲望,全面提出"现代综合减灾"的意见,并由我国驻法大使馆的信使送回。这封信引起了国内的重视,中国科学院周光召院长和大气物理研究所曾庆存所长在夏末来意大利西西里岛开会时,就给我打电话。周院长说:"昂生同志,您给小平主任的信,中央已经收到,十分感谢您在万里之外对祖国安危的关心。中央已把您的信批转给我院。您的建议很多是可行的,望您早日回国实现防灾减灾大业。"得知这一消息,我们十分高兴,马上加紧完成在意大利的合作研究,计划在年底回国。虽然我们还可以有一年的合作期,也有较高的经济收入,但想到回国可以为祖国做一番事业,还是立即着手做回国准备。

普罗迪所长恋恋不舍地、十分勉强地同意了我们离开。在 12 月，他在意大利国家研究院的大气物理和化学研究所里举行了一个盛大的欢送会（彩图 11），为我们的归国做告别，欢迎我们随时返意。

12 月的最后一天，我们来到罗马。晚上，大使馆教育处举行新年晚会，很多在意大利的中国访问学者、学生欢聚一堂，我们在这儿度过了在意大利的最后一晚，大家共祝祖国繁荣富强。十分凑巧的是，就在这在意的最后一晚，就在这个新年晚会上，我们遇到了近 30 年不见的中学同学彭德大。远在万里的异国他乡，又是 30 个年头，这次见面真是令人惊喜万分。

1988 年的第一天，我们踏上了返归祖国的万里旅程。

二、成都七中的"王昂生奖学金"

早在意大利的时候，我们夫妇俩就在考虑：正是有了祖国的改革开放，我们才可能走出国门，才可能为国家为人民做出些成绩，也才可能有了较多的经济收入。我们这点微薄的力量能为国家做点什么呢？

"为教育做一点微薄的贡献"成为我们的共识。因为，那时中国的教育还需要很多人去帮助。我们这一点儿力量就投到我们的母校——成都七中吧。当时，中国刚开始改革开放，"万元户"就是国内很富有的人了。我们一算，大概有一万五千元可以捐赠，这就相当于一个半"万元户"。

1988 年初，我们回到故乡成都，经与母校成都七中校长商量，拿一个"万元户"做基金，在成都七中设立"王昂生奖学金"，鼓励青年同学奋发向上，报效祖国。我们想，这钱虽然不算太多，但其奖品比我们 1952 年获奖的"小本本"不知要好多少倍，足以鼓励青年同学了。另外"半个万元户"就用来邀请十位教过我们的老师去参观访问祖国首都北京。要知道，这些老师辛苦育人一辈子，很多人连四川都还没出过，就更别说首都北京了。

1988 年 3 月 2 日，成都七中开学典礼暨设立"王昂生奖学金"大会在成都七中召开，全校近两千师生出席。当时，这类由归国人员省吃俭用、捐款设立奖学金的，在国内还是极少有的。所以，四川电视台、成都电视台等播放了捐赠新闻,国内《光明日报》及四川、成都各报都报道了这一消息。成都七中多年来就是四川省、成都市最好的学校之一,"奖学金"的设立大大地激发了同学们的学习热情。在全校师生的共同努力下,成都七中有了更大的提升,逐步成为中国名校。不少"王昂生奖学金"获得者考上了北大、清华、中国科学技术大学等名校,有几位还赢得了国际奥林匹克比赛的金奖。20多年后,再来看这一行动,我觉得是十分有意义的事。

三、我加入了中国共产党

在家长和老师的教育下,我从小就要求进步,由成都市第一批少先队员,到14岁加入共青团,18岁就写了第一封入党申请书。但是,我的入党却是在32年后了。无论历史怎样变化,我这个进步的愿望都不会改变。

1957年的反"右"斗争,让我的第一次入党申请石沉大海。在大学、在研究所我也曾一次次地申请过入党,但"左"的思潮已为我关上了入党的大门。"文化大革命"的混乱和派性斗争,使我的申请毫无希望。打倒"四人帮"后,我又鼓起勇气,再次申请入党,但一等又是十多年。我知道我还要经受考验。

1988年我从欧洲归来,再一次将入党申请书交给了党委,我知道我还需要再一次经受考验。当时,全国的知识分子政策早已落实,许多人都已入党,我认为我30多年的追求应当该实现了。但是一件万万没想到的事发生了。在党内讨论我入党的会上,有人认为王昂生向母校成都七中捐赠15 000元的行动与要求入党放在一起是不合适的,必须考察一段时间,否则会被认为是拿钱买"入党"的。于是,又让我再等上一年。天啊!一个人省吃俭用,为国家教育事业做一点微薄的贡献竟成了不能入党的原因,真是不可思议!

好在这一次考验只有一年。1989年初,我终于在50岁前加入了梦寐以求的中国共产党。我自1957年第一次申请入党,然后先后六七次申请,共花了32年时间,最后终于加入了中国共产党。但我刚一入党就面临"六四"事件和东欧剧变,这才是对每个共产党员真正的考验。对我来说,我对党、对人民的忠诚决不会因为某一事件而改变。我作为一名坚强的共产主义战士,将为党的事业、为祖国、为人民献出我的一生。

四、再赴欧洲

在欧洲一年多的工作与合作,使我结识了不少大气科学界的朋友,为我在欧洲和美国深层次交流与合作打下了良好的基础,也使自己对科学、对世界的认识得以升华。

1988 年 8～10 月,我再赴欧洲,分别在法国吐鲁兹参加了第二届国际云模式会议;在德国巴德何蒙贝格市出席了第十届国际云和降水物理大会,在会上当选为国际云和降水委员会执行委员;在奥地利维也纳参加第十二届国际大气气溶胶与核化会议;再次访问了意大利博洛尼亚大气物理和化学研究所;并以第三世界科学院——国际理论物理中心(ICTP)Associate Member 身份在意大利的里雅斯特市的国际理论物理中心(ICTP)短期访问和工作。

这一轮的欧洲之行,使我在法、德、奥、意各国参与了深入的学术交流,进一步加强了中国学者的自信。我在与欧美科学家交流的同时,也注意加强了与发展中国家科学家的交往。

五、国际云和降水委员会执行委员

1988 年 8 月,在德国巴德何蒙贝格市我出席了第十届国际云和降水物理大会并在会议上做了大会报告。这次大会有几十个国家的 400 多名代表出席。会议热烈而紧凑,大会和十几个分会按部就班地依次举行。我作为一个分会的主席,主持了会议,会上与会者们积极地发言、热情地讨论、直率地争论让我深切地感到国际科学界发展的动力,也看到我们与国际水平的差距。

会议结束的前一天,来自不同国家的第九届国际云和降水委员会的 20 名执行委员召开了会议,研究、讨论和选举了第十届国际云和降水委员会执行委员。我国唯一的上届国际云和降水委员会执行委员回来后,十分神秘地告诉我们这个会开过了,中国有一名代表当选,但这要回国后上报国家气象局及中国气象学会,得到批准后才算数。"谁当选了?"中国代表团的十来位代表都在猜着。

吃晚饭时,我们在走向餐厅的路上,碰见了几拨西方的会议代表,他们远远地就喊着我的名字,热情地祝贺我当选为国际云和降水委员会执行委员。又是握手,又是拥抱,一次又一次的祝贺,让我确信这是真的,我也高兴极了。因为上一届我失去参加会议的机会,没能当选国际云和降水委员会执行委员,而这届大会我终于把握了机会,得到了认可,我为祖国赢得这项荣誉而感到无比自豪。从 1981 年到 1988 年,我在美国、欧洲进行了大量的前沿性云雨物理的科学研究,结交了众多本领域知名科学家,他们中不少人就是国际云和降水委员会执行委员,所以我相信他们对我的了解和认识远远多于其他中国学者,所以,这个结果是必然的。第二天大会开始时,大会主席霍布斯教授宣布了本届 20 名国际云和降水委员会执行委员名单,我的名字赫然在录。国际学会的选举惯例是大会决定的,不需要国内的批准。不过,当时也是改革开放不久,"要回国后上报国家气象局及中国气象学会,得到批准后才算数"的说法也是可以理解的。从这年起,我连任了两届国际云和降水委员会执行委员,共八年,直到 1996 年卸任。

六、成都七中老师参观访问首都北京

1989 年春,我们的另外"半个万元户"的经费就用来邀请十位教过我们的老师来参观访问首都北京。这是我们对老师们长期以来辛勤教书育人的一点表示,也是出自内心的感激。这一年初,我们刚刚分了两室一厅的电梯公寓,就分两批接来老师,开始了他们的首都北京之旅。

在火车的卧铺车厢里,老师们兴奋不已,看到四川的山山水水感慨万千,毕竟他们中的许多人,教了一辈子书,但都还没出过四川。火车翻越秦岭时,大家举头仰望高山,为宝成铁路让"蜀道之难,难于上青天"产生了重大改变而高兴。出川后的八百里秦川、中原大地和华北平原让人心旷神怡。在车上,不时有人来交谈,都以为老师们去北京是探亲戚、看孩子的。一听说是 30 年前的学生邀请他们的老师去

参观访问首都北京,都深感意外,也为老师们有这样的学生而心生羡慕。老师们讲到他们的学生在美国、在欧洲的成就,无不眉飞色舞。火车上的广播传来马上到达终点站——首都北京的消息时,老师们沸腾了。

我们在北京火车站迎接了老师们,回家的路上,经过了天安门广场,这时,老师们和我们 30 年前来北京一样,为祖国雄伟的天安门而自豪、而欢呼。接下来两周时间的参观访问安排得满满的:先去了天安门广场,接着去了万里长城、明十三陵,参观了故宫、天坛,游览了颐和园、香山,到了王府井、前门和西单……我们也邀请了在北京的多届成都七中毕业的同学与老师们欢聚一堂。在首都,老师与我们留下了大批珍贵的合影。20 年后,虽然许多老师都已作古,但学生们的一点心意却永留心中,传为佳话。

讨论题 9.4

您长大成才后愿为祖国、故乡、母校做点什么?

第五节　重返北美

在欧洲的升华,不仅给我在防灾减灾事业上带来巨大的飞跃,也使我在大气科学方面有了进一步的发展。1992 年我重返加拿大、美国就是证明。

一、北美大气科学会议频繁

1992 年秋,北美大气科学会议频繁,我应邀访问了多伦多大学云物理实验室,出席了在加拿大多伦多市的第五届国际云模式研讨会,参加了世界气象组织的云微物理及在全球变化中应用研讨会;又赴加拿大蒙特利尔市出席第十一届国际云和降水物理大会；其后，访问了美国纽约州立大学阿尔巴宁分校；最后，重返犹他州盐湖城，参加第十三届国际大气气溶胶和核化会议。不到一个月的频繁学术活动，让我在大气科学界再次攀达高峰。

二、在加拿大多伦多市

1992 年 8 月初，应加拿大科学院院士、云物理专家、云物理实验大师李斯特（R. List）教授的邀请，我首先来到加拿大多伦多大学云物理实验室参观访问。李斯特教授热情地陪我参观了他们的实验室。

在这里，我见到了当时在加拿大读博士的郑国光先生，他在国内与我同行，但比我年轻近 20 岁。我们在国内就很熟，国外一见更是亲切，他的出国我还助过一臂之力呢。在多伦多的几个会议中，我们一起出席。他还特地请我去他家做客，与他、他的夫人和孩子合影。当时，他最关心的就是以后回国的去向，我作为早出国十年的人员，也很愿意与年轻人探讨。我从国内实际出发，建议他读完博士之后，在加拿大或美国读一两年博士后，再回国。他最关心的是回国后是到国家气象局还是中国科学院工作的问题。我当时任中国科学院大气物理研究所云和降水物理实验室主任，由于这一领域经费的困难，也正逢我在向减灾领域转变，我建议他最好不要到中国科学院来，因为来了最多也就是接我这个主任的职位，但前程有限；而建议他回到国家气象局，根据他的特点和在外的博士和博士后经历，有可能在气象界做出一番大事业。回国后，他与我也多有联系，我估计他会担任中国气象局副局长。一晃十多年过去了，他不仅在七年后担任了中国气象局副局长，而且在 2007 年正式上任为中国气象局局长。愿他做出更大的成绩。

三、第十一届国际云和降水物理大会

紧接着，第十一届国际云和降水物理大会在加拿大蒙特利尔市召开。我们一行十几位来自中国大陆的学者从多伦多赶到蒙特利尔。同时，二十多位在美国、加拿大的华人、华侨也赶了过来。有的开汽车,有的坐火车,有的乘飞机。

在第十一届国际云和降水物理大会上,中国人成了一道亮丽的风景。第一,人数众多,在 400 位出席者中,中国人(含华裔、华侨)占了十分之一,是历来国际云和降水物理大会中最多的一次。第二,在大会、分会上中国人的报告也是历来各届里最多的一次。第三,中国人在这次会上与各国代表交流也是最充分的一次。出席大会的中国学者们专门留下了近 30 人的壮观照片(彩图 12);最后一排的左边那位就是现任中国气象局的郑国光局长(好多人没赶上照相)。

大会按照惯例,选举了第十一届国际云和降水物理委员会的执行委员会,我再次代表中国当选,连任至 1996 年。

四、重返犹他州盐湖城

第十三届国际大气气溶胶和核化会议在美国犹他州盐湖城召开;如前所述,我于 1981 年冬到 1983 年夏在犹他大学合作研究。所以,这次是 9 年后又一次重返犹他州盐湖城,我感受颇深。会议就在犹他大学召开,我的合作教授弗库塔是这次大会的主席。在会议期间,他特别邀请代表们来到我们的实验室参观,专门介绍了我们十年前的契型云室的冰晶研究成果。这把我带回了当年的情景。

回到盐湖城,我还专门去看了看当年我们租的住房。十年过去了,房子、树木、花园依然如旧。站在那街口、那路边、那树下,时光流逝了,人的事业发展了,但旧景、旧物、旧事却仍历历在目。

讨论题 9.5

当您重返旧地时,会有什么感受?

第十章

『现代减灾』情结

1993年，在中国灾害管理国际会议主席台上（右为王昂生）

1993年，王昂生主持中国灾害管理高级研讨班，左为曾任国家科技部副部长的刘燕华先生

从 1975 年首次提出用现代最先进的科学技术来防灾减灾的"现代减灾"理念,至人们逐步认识其重要性,到国家人民全面开展"现代减灾",这是一个漫长的过程。只有拥有坚定不移的"现代减灾"信念,才有可能推进这一事业。

第一节　大灾大难激出"现代减灾"

任何一个重大的科学理念和思想都不会凭空产生,它一定是经历了无数的磨难和人类实践的需求,才会由深切体验它的科学家提出。

一、从"呼风唤雨"谈起

中国科学技术大学的中国最早"人工控制天气"专门化,是由中国科学院地球物理研究所赵九章所长亲自取的名,并向我们展示了"呼风唤雨"的美好前景。我们是它的第一届学生。在那个热血沸腾的年代,我们真是一腔热情地愿为"人工控制天气"奋斗一生。

"呼风唤雨"是人类千百年的梦想,当 1946 年谢佛尔(V.J.Schaefer)第一次发现干冰引入过冷雾中可以生成大量冰晶,并在美国首次人工降雨成功时,人们欢欣鼓舞的情景简直可以与原子弹试验成功的情景相比。其后,以美国为首的人工控制天气活动得到快速发展。尤其是 1947 年 10 月 13 日在佛罗里达的人工影响飓风(台风)试验引起了全世界的特别关注。飓风是个尺度上千公里的庞然大物,美国派出了几十架飞机,向其播下了大量的催化剂,试图让飓风改变方向。随之,在美国、前苏联、澳大利亚和许多国家陆续开展了大量人工增雨、人工防雹、人工消雾等的试验和深入研究,形成了一股全球人工控制天气活动的热潮。中国的"人工控制天气"工作是在"向科学进军"的热潮中开展起来的。我的一生也在这一热潮中卷入"呼风唤雨"的事业里。

但是,美好的理想与现实是有很大差别的。"人工控制天气"的远大理想与实际的作业和研究的结果差距甚大。飞机"轰炸飓风"没获得令人信服的结果,人工增雨、人工防雹、人工消雾等试验也只是在严格条件下,可获得有限的成果。"人工控制天气"的"呼风唤雨"被"人工影响天气"这个比较实际的名称所代替。几十年来,全球"人工影响天气"虽在局部取得成功,在人工增雨、人工防雹、人工消雾等方面有了进展,但从本质上来说,近60年没有质的变化,没有突破性进展,这就是现实。

二、再谈"63·8"大洪水

1963年8月海河流域的特大暴雨洪水造成了大批的人员伤亡和巨大的经济损失,成为我们无法弥补的心灵伤痛。就个人经历来说,从北京到成都的五天五夜和回北京的七天七夜,沿路所见所闻,让我触目惊心。

就我一生而言,"63·8"大洪水是自然灾害对我第一次巨大的冲击。从那时起,我就不断地问自己:"你既不能呼风,又不能唤雨,你能为人民做点什么?"这个问题在我脑海里一直持续了好多年,直到"现代减灾"理念的提出并为之奋斗几十年。

可以说,1963年8月的河北大暴雨、大洪水是第一次大灾大难对我人生的激烈冲击。它让我开始逐步明白了科学的神圣而庄严的任务:人类必须面对大自然的严峻挑战,保障自己的生存与发展。

三、"66·3"邢台大地震

1966年3月,河北邢台连连发生了6.8级和7.2级地震,造成8000多人死亡,38000多人受伤,经济损失严重。这是解放以来,一次重大的地震灾害。周恩来总理亲自主持了救灾工作。

邢台大地震时,我正在河北石家庄出差,与解放军某部合作进行无人驾驶滑翔机的操作与应用。地震发生时,我们距震中只有 100 公里左右。当时感到天翻地覆似的,地上起起伏伏地波动,军营里的一大面墙就像快倒似的来回扇动。我们想跑出屋去,地上就像软泥一样,脚抬不起来,放下去就像踩进烂泥里,根本跑不动。在几十秒钟的地震里,我们心里紧张万分,但无法动弹。一等地震停下来,大家马上跑出军营,来到操场。这时,才发现有些房子倒了。好在倒房较少,也没人被压或受伤。但我们马上意识到,这是一场大地震,会造成不少人死亡并带来巨大的经济损失。

很快我们就得知"66·3 邢台大地震"造成了巨大的伤亡和经济损失。周恩来总理亲赴现场,指挥抗灾救灾,成为国家一件大事。在我们中国科学技术大学的应用地球物理系,有大气物理专业研究暴雨洪水,也有地震专业研究地震;在中国科学院地球物理研究所,第二研究室是研究气象的,第三研究室是专门研究地震的。几年之内发生了海河大水、邢台地震这些大灾大难,而我们却起不了多少作用,这使我们感到难受至极,总觉得对不住广大的受灾民众。

四、"75·8"河南大水灾的震惊

九年之后的 1975 年 8 月,河南省再次发生了特大暴雨和洪水。暴雨中心林庄 24 小时最大雨量达 1060 毫米,连续三天雨量高达 1605 毫米,也就是一个中等个子人的高度。由于大面积的强降雨,最终造成上亿立方米的板桥水库和石漫滩水库垮坝,洪水连连导致近 60 座中小水库垮坝。使中原的 1.2 万平方公里面积内形成严重的洪涝灾害,死亡 2.6 万人,1100 万人受灾,京广铁路冲毁 102 公里,停运 40 天,直接经济损失高达 100 亿元人民币。

这次大灾的的确确再次让我们震惊,特别是这么大的灾害,我们的气象系统却反映如此之慢,三天之后中央才知道。但香港的报上很快就登出了卫星拍摄的中原大地新形成的一片汪洋。我们大家都强

烈要求去灾区调查灾情、深入了解造成大灾的原因,最后派出了八位同志前往。那次,我未能去现场调查。不过,由于我已经在思索如何减轻大灾的路了,所以即使我不能亲自去现场,也会从他们的调查报告和各种新闻中,逐步找出一条防灾减灾的新路来。

这场大灾的整个过程的确让人痛心:我们河南气象降雨过程的预报仅为 80 毫米,但有些地区和时段最大降到了 1 600 毫米,相差 20 倍之多。雨是一滴一滴地降下来,100 毫米我们不知道,200 毫米我们不知道,300 毫米我们不知道……1 000 毫米我们还不知道……直到1 600毫米我们仍然不知道,最后板桥、石漫滩两个上亿立方米的大型水库崩溃了,造成了大灾大祸。我们的气象如此,而水文也很糟,河流、水库里的水也是随着降雨一厘米、一厘米地向上涨,一直让水位涨到防洪水位、警戒水位、危险水位等,我们竟然无动于衷,直至大坝决堤。当时,我们对这些大灾大难毫无准备,国家没有相应机构,科技能力也很差,这是必须深刻反思的。但决不能让几万人白白死去!

再看看我们科技界、气象界,在每次大灾后都会组织会战,去总结经验教训,并汇集成书。一次如此,两次如此……我们这些传统的办法行不行呢?有没有新的更好的办法呢?我一再问自己,最终决定反其道而行之,决心改变这一传统的方法,找出一条新的防灾减灾的路来。

这条路就是"现代减灾"的新理念。让我们用最新最现代化的系统和装备武装起来,建立国家应对大灾大难的体制和机制。当年我 36 岁,能想到的是建议设立多部门综合的、专门的"国家防洪指挥部",把气象、水利、农业、通信、部队、民政等部门在防治水灾上组织起来,应对大灾。这是 1975 年 10 月,我第一次为防灾减灾上书中央。由于人微言轻,加之"文化大革命"的混乱,这封信送出去后,石沉大海。

五、"76·7"唐山大地震的反思

正当国家遭受"十年动荡"的不幸之时,老天爷也不饶人,在"75·8"大洪水的第二年,又来了个"76·7"大地震。

1976 年 7 月 28 日凌晨 3 点 42 分,河北省唐山市发生了 7.8 级大地震,强烈的地震波及了全国三分之一的国土,造成 24.2 万人死亡,16.7 万人重伤,54.1 万人受伤。工业重镇唐山市被夷为平地,直接经济损失高达 100 亿元。唐山大地震造成的"地震心理恐慌"让很多地方的人在几个月里难以正常生活与工作,造成历次大灾最为严重的后效影响。

其实,唐山大地震前,震区早已出现了众多的异常现象,如鸡飞狗跳,猪拱圈,鱼跃羊跑,蛇出洞等。总之,当地有了许多动物出现异常现象。同时,地震部门也派出了好几支专业队伍去了唐山。但是,这个没有灾前小震的惊天动地的大地震,让世界震惊,24.2 万人长眠地下。"76·7"唐山大地震让所有从事防灾减灾的人都在深刻地反思。

几个月后,中国人民打倒"四人帮"、结束了十年之久的"文化大革命",全国人民迎来了"改革开放"的新时代,中国步入了完全崭新的快速发展阶段。只有在祖国巨大变化的新时期,中国的防灾减灾事业才有可能迎来巨大的变化和快速发展。

六、"87·5"大兴安岭森林大火的启迪

各种各样的自然灾害总会在不同时间、不同地方危害人们,而人类正是在与各种各样灾害作斗争中繁衍生息、成长壮大的。大灾大难是人类社会发展的重大阻碍,也是历朝历代、世界各国执政者必须应对的重大难题。作为一个国土面积 960 万平方公里的大国,这是一个十分具体的难题。

1987 年 5 月 6 日,我国黑龙江大兴安岭发生了森林大火,受灾面积达 101 万公顷,大火持续了 25 天,成为建国以来时间最长、毁林面积最大、损失最重的一次森林火灾。

大火发生时,我正在意大利国家研究院的大气物理和化学研究所与普罗迪所长进行合作研究。这天,普罗迪所长告诉我,你们国家出大事了。我急不可待地问他:"什么大事? 什么大事?"他把《意大利文报》上刊登的大兴安岭森林火灾的事告诉了我,我马上查看了有关消

息。当我得知祖国又一次遭受重大灾害时,心中特别难受。回想起20多年来,一次次的洪水灾害、地震灾害、干旱灾害、森林火灾等自然灾害给国家和人民带来的巨大损失,总觉得我们每一位从事与灾害研究有关的人都有重大的责任,应当想尽办法去减轻灾害的损失,为人民做点贡献。

1975年河南大水灾、1980年四川大旱后,我已两次上书中央,就防止大水、大旱提出建议,但没有回音。这次森林大火让我想了很多,特别是1981年出国后看到国外科技的快速发展,为我防灾减灾提供了更广阔的思路。加之"改革开放"的全新面貌,使我有了再次向中央建言的勇气。12年前的"现代减灾"理念有了更为明确和具体的方案,而且提出了综合减轻各种重大灾害的新建议。于是我在意大利给当时主管中央工作的邓小平主任写了建议书。这就是我被大灾大难激出的"现代减灾"的理念和一次次向中央建议的行动。

讨论题 10.1

您经历过什么大灾大难吗?有什么切身体验吗?

第二节　"现代减灾"的酝酿

给小平同志的一封信可以说是我后半生的一个重大转折。这封信是"现代减灾"的一个宣言,它使我步入"现代减灾"的实践,并让我树立了今后奋斗的目标。

一、给小平同志的一封信

1987年大兴安岭的森林大火让我第三次向中央上书,以下是一段给小平同志信的摘录：

　　　　为此，我特在万里之外，向您和中央慎重提出如下建议：

　　　　1. 建议将中央防汛总指挥部扩大成中央防灾领导小组（或委员会），像军委、总参总管防止外敌入侵一样，指挥各部委、各省市严阵以待，防止重大灾害。

　　　　2. 成立"重大灾害战略研究所"。从战略上研究重大灾害成因、预告及防止等问题，成为战略性对付重大灾害的实体及研究单位，是中央防灾领导小组（委员会）的参谋班子，协调和充分发挥各部委及各省市已有的大量力量（如各部委与防灾有关的研究院、所，黄（河）办、长（江）办，各省的有关单位及组织等战术防灾单位）。

　　　　3. 以上述研究所为依托，成立"中华灾害研究学会"，广开门路，倾听群言，联络各行各业，成立各方面专家云集的智囊团。

　　二十几年后，回过头来看，这封信的确对促进我国的现代化减灾进程有相当大的帮助，它也是我们赢得世界防灾减灾最高奖的一个因素。

二、大使馆的支持

　　但是，这封信的送交却费了一番工夫。由于这封信是发给中国最高领导人的，加之信的内容既不希望公之于众，也不愿让国外敌特人员搞去，所以是不能用一般邮政递送的。于是，我们向中国驻意大使馆汇报了情况，大使馆工作人员查看了信的内容后，十分感动，大力支持。由于当时中国驻欧各国使馆的内部信函都是由驻法使馆的信使递送，在得知我将去意、瑞、法讲学后，建议我到法国巴黎后将信送交驻法使馆的信使递送。同时，中国驻意大使馆立即向中国驻法使馆通报了这件事情。所以，当我们到达巴黎后，信件的递送十分顺利。

　　中国大兴安岭森林大火发生于 1987 年 5 月 6 日，我的信是我在意大利生病时于 6 月 2 日在博洛尼亚的家中手写的，经过前述的几国讲学的辗转,我最终于 6 月 20 日到达巴黎,将信安全地交给信使,由他们专程送回国。

三、周光召院长在意大利西西里岛来的电话

1987 年 7 月底 8 月初的一天,我在博洛尼亚的家里突然接到一个电话,原来是我们中国科学院周光召院长和大气物理研究所曾庆承所长的电话。他们是来意大利西西里岛参加国际"核冬天"学术会议的。周院长说:"昂生同志,您给小平主任的信,中央已经收到,十分感谢您在万里之外对祖国安危的关心。中央已把您的信批转给我院。您的建议很多是可行的,望您早日回国实现防灾减灾大业。"其后曾庆承院士作了详细说明,介绍了来意目的、会议简况等;询问了我在意大利的合作研究情况;最后,建议我尽早回国。

所谓"核冬天"就是万一世界上有疯子发动原子弹、氢弹战争,核爆炸会造成大量水汽、气溶胶粒子弥漫大气层,形成阻止太阳光到达地球而折向太空,从而造成地球低温的"核冬天",其恶果是将导致大批人员和生物死亡。地球曾多次遭受外空小行星和流星的碰撞,形成过"核冬天"。地球上曾活跃很久的恐龙,就是由于"核冬天"而灭绝的。

周光召院长在意大利西西里岛来的电话给了我极大的鼓舞。第一,我的信已送抵中央,引起了重视;第二,中央将信批转给中国科学院,引起了院、所领导的高度重视;第三,院长、所长亲自打来的电话,表明我回国将大有可为。虽然依据协议,我还将合作一年多,并有丰厚的收入,但人民的防灾减灾事业比什么都更重要,我已归心似箭了。

于是,我向普罗迪所长报告了这些情况,并决心加班加点,在年底完成所有合作研究,1987 年 12 月 31 日回国。普罗迪所长非常理解我的这一行动,对我的爱国热情表示支持,但仍然一再挽留我。看到我决心已定之后,他留下一句话:"随时欢迎您回到博洛尼亚来合作!"12 月中旬,普罗迪所长在全所为我举办了一个欢送会。1988 年 1 月 1 日,我携妻子从意大利罗马,飞经前苏联莫斯科,飞到祖国的首都北

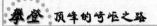

京,回到了祖国。

四、"凉"了一年多

万事都不是一帆风顺的。我满怀热情地回到北京,希望能做防灾减灾的工作或研究,以为回来就有一大批事情等我来做。但是,东等也没有人找我,西等也没有人找我。我也不知道该去找谁,找所长,找院长?但好像找谁都不合适。于是,我还是干我自己的老本行——云雨物理研究,继续完成中意合作的项目,总结成果,发表论文。同时,注意寻找开展防灾减灾的机会。

回国一"凉"就"凉"了一年多。这段时间,我也没闲着。先是回成都完成了给母校成都七中的捐赠,设立了"王昂生奖学金"。夏天,去欧洲参加了几个国际会议,当选为国际云和降水委员会的执行委员。这年普罗迪所长访华,周光召院长会见了我们(彩图 13)。秋天,作为第三世界科学院——国际理论物理中心的 Associate Member,在意大利的里雅斯特进行了两个月的短期工作访问。第二年,先在国内北京参加了第五届世界气象组织人工影响天气和云物理应用会议。之后赴朝鲜一个月,运去 713 雷达,帮助朝方进行人工消雨的指挥,以保障第五届世界青年联欢节的顺利举行,等等。

五、"国际减灾十年"兴起

第二次世界大战给人们带来了巨大的创伤,战胜德、意、日帝国主义侵略之后,全世界人们都把精力集中到战争后的重建家园、医治创伤的工作中。和平和发展成为全球的必然主题。20 世纪 60 年代,全球社会的迅速复苏,使得人们看到了光明的未来。70 年代,一些社会学家和科学家开始注意到发展中出现的全球性资源短缺、人口膨胀、环境恶化、灾害频发、生态破坏等一系列威胁人类生存与发展的新问题。其中一批科学家就自然灾害问题提出了重要建议,影响最大的是美国科学院院长、美国总统科技顾问弗兰克·普雷斯(Franco. Pulece)。他在 1984 年 7 月的第八届世界地震工程会议上指出,最近

20年内自然灾害已使近300万人丧生,8亿多人受灾,经济损失高达1000亿美元以上。世界上无论大国和小国,富国和穷国,也不管其政治信仰如何,都将受到自然灾害的严重影响。灾害已成为受灾国家、区域和世界发展的巨大障碍。而人们在自然灾害产生原因的认识及减轻生命财产损失的技术上已取得了长足的进步,并认识到通过汇集、传播和应用这些知识的共同努力是可以取得防灾减灾的积极效果的。于是他倡导开展一个国际计划,以达到上述目的。于是,普雷斯利用他是美国科学院院长、美国总统科技顾问的重要身份,走访联合国总部,说服各方人士,最终促成了联合国组织并开展"国际减灾十年"这一大事,他是功不可没的。

接受普雷斯建议之后,联合国连连采取了一系列行动,在1987年、1988年和1989年分别在42届、43届和44届联合国大会上通过决议,促成全球各国积极响应,成立国家减灾委员会。联合国专门成立特别咨询委员会、科学技术委员会,还成立了联合国减灾委员会秘书处,全面组织推动这个全球性工作。这样,由普雷斯倡议,联合国号召全球开展的1990~2000年"国际减轻自然灾害十年(International Decade for Natural Disaster Reduction)"(以下简称"国际减灾十年"(IDNDR))成为人类联合行动,共同抗击自然灾害的里程碑,它的成功和成就将永载人类青史。

六、偶然机会的必然结果

"时势造英雄,英雄促时势",这是符合实际的名言。"国际减灾十年"这一大的时势,促成了一大批为全球防灾减灾做出贡献的人士。

应当说,由于中国是一个多灾的大国,而且灾害很严重,所以,中国科学家关注防灾减灾问题是很自然而必然的。就以全球"国际减灾十年"来说,我们是1975年提出的"现代减灾",比普雷斯1984年提出的灾害问题要早九年,可以认为是"英雄所见略同"。不过,普雷斯借他是美国科学院院长、美国总统科技顾问的重要身份,促成了"国际减灾十年",功不可没。我们也特别感谢他,正因为他推进了"国际减灾十年"，我们才在这一时势中发挥了重大作用。

1987～1989 年，联合国关于"国际减灾十年"的一系列决定，促成了中国政府在 1989 年 4 月率先成立了中国国际减灾十年委员会（以下简称"国家减灾委"），由国务院 28 个相关部委局组成，田纪云副总理首任主任。中国科学院也是委员单位，孙鸿烈副院长是中国国际减灾十年委员会的委员。这个时候，院长们想起我们院早有人就国家减灾战略问题从国外给小平同志写过信，并批转到院里。于是，他们决定起用这个人。这样，长期思索中国各种灾难问题、首先提出"现代减灾"并从国外给小平同志写信的我终于向自己的梦想迈进了一步。

1989 年夏天，中国科学院首次召开了"中国自然灾害研讨会"，很多研究所都派出人员参会，我也被邀请参加。开始，我就各种各样灾害和防灾问题做了报告。我搞过"人工增雨"防干旱，十年进行"人工防雹"抗雹灾，用"人工降水"减轻森林火灾。中国科学院各个所一一报告，真是五花八门，都在防灾减灾方面做出了很多成绩。但是，中国科学院怎样才能在国家总的防灾减灾中发挥重要作用呢？像现在这样各搞各的、小打小闹是成不了气候的。于是，我从 1975 年起十几年来想的"现代减灾"的理念，一次次给中央上书的战略思想都涌了出来，在会上提出了一连串与别人不同的建议。简单来说，就是：

1. 国家减灾委是当前国家领导减灾的最高机构，我院应当全力支持它、协助它做好全国的减灾工作；

2. 国务院国家减灾委不是一个实体机构，挂靠在民政部，他的科技力量很弱；中科院可全力帮助国家减灾委开展科技减灾；

3. 在国家减灾委各部委中，他们都有自己承担的某些灾种的减灾任务，只有中国科学院和国家教委可以抽出力量全力帮助国家减灾委从事全国综合减灾的任务。而中科院更有条件集中力量做点大事。

这一想法有不少人反对，但是主管这一工作的孙鸿烈副院长却全力支持，他认为中国科学院应当为国家减灾事业做出大的贡献。

会上成立了"中国科学院自然灾害研究委员会"，施雅风院士任主任,孙广忠(地质所国家重点实验室主任)、张丕远(地理研究所副所长)和我(大气物理所云雨物理研究室主任)等为副主任,领导开展全院减灾工作。"中国科学院自然灾害研究委员会"第一项活动是在短短的四个月里从院内各相关研究所组稿、编排、修改、出版了国内最早全面介绍自然灾害的《中国自然灾害》一书。由孙广忠、张丕远和我等著,1990年初由学术书刊出版社出版发行。

看来这是个偶然的机会,但也是一个必然的结果。自1963年起的海河大水灾的震惊,到1975年河南大洪灾的首次上书中央,至1988年初回国,27年的酝酿,让我储备了充分的能量,像火山爆发一样,在防灾减灾事业上喷发出来。从此,我便有了正式的名分,走上了为中国、也是为世界减灾事业而奋斗的道路。

讨论题 10.2

您已有或将有什么理想和梦想吗?打算怎么去做?

第三节 "现代减灾"行动的开始

几十年酝酿的理想,让我储备了充分的能量,像火山爆发一样,在防灾减灾事业上喷发出来。"现代减灾"行动从"中国科学院自然灾害研究委员会"开始,走向中国国家减灾十年委员会。

一、中国科学院的减灾战略

中国科学院自1949年成立以来,到1989年的40年里已有100多个研究所,其中与各种灾害及相关技术有关的研究所,达40多所,这在国内外都是不多的。但其研究却很分散,就某一灾害而言,都不如相应的部委局。

在全世界"国际减灾十年"全面开展的形势下,中国国际减灾十年委员会成立后,中国科学院的减灾战略是什么呢? 上一节提到,得到了孙鸿烈副院长大力支持的三点意见成为"中国科学院自然灾害研究委员会"的共识,也就是:我们中国科学院全力支持中国国际减灾十年委员会工作,出人出力把国家的事做好;发挥我院多学科、多灾种、综合性强的特点,在中国和世界防灾减灾事业上发挥中国科学院的特点和优势,走出一条新路来。

二、孙鸿烈副院长送我们到国家减灾委

战略确定了,我们立即就行动起来。

一天,孙鸿烈副院长把孙广忠、张丕远和我三位"中国科学院自然灾害研究委员会"副主任叫到他的办公室,告诉我们他已与中国国际减灾十年委员会联系好了,现在就送我们到国家减灾委去。

中国国际减灾十年委员会副主任兼秘书长、民政部副部长张德江先生热情地会见了孙鸿烈副院长和我们。孙鸿烈副院长开门见山地对张德江副部长说:"我们中国科学院作为中国国际减灾十年委员会的成员,今天给减灾委送来几位科学家,作为你们工作的成员,希望他们能为中国的减灾事业做出贡献。"张德江副部长非常高兴地接受了中国科学院的大力支持,说道:"中国国际减灾十年委员会才刚成立,万事开头难,我们非常需要大批人员,几位科学家的来临对我们来说真是求之不得,是我们的宝贝。我们一定发挥好他们的作用。"同时,他把中国国际减灾十年委员会办公室主任、民政部救灾救济司陈虹司长(后为民政部副部长、国家民委党组书记)介绍给我们。从此,我们开始了在国家减灾委的工作。

我们来到当时在北京西皇城根的国家减灾委时,其办公条件十分简陋。但一进入工作,我们就感到进入了一个广阔的全国防灾减灾新天地,与全球的"国际减灾十年"事业紧密相连。对于我这个长久想从事国家防灾减灾大事业的人来说,到了这里就像"旱天的鹅见了水"一

样,精神十足。这里不仅有许许多多的防、抗、救灾的大大小小战术性的具体科学技术,更有不少亟待解决的防灾减灾的全局性、战略性的大政方针和科学技术问题。来到这里,与一些只想争点课题、做点具体研究的人不同,我倒觉得是来到了一个尚未开拓的巨大宝库,这让我非常兴奋,并下定决心大干一场,把这个与亿万人民生死攸关的防灾减灾事业做好。

三、国家减灾委办公室和专家组

国家减灾委有许多急迫要办的事情,但人手不够,而且民政部的同志多是行政人员,而防灾减灾里许多事是与科学技术密切相连的。所以,我们的到来,的确是"雪中送炭"。国家减灾委成立了办公室,民政部救灾救济司的陈虹司长任办公室主任,主持全面工作。从部里调来了十几位同志,包括几名新分来的大学生,他们主要负责日常事务和行政工作,我们则以防灾减灾的科技工作为主。

陈虹司长是位能力很强、对人友好、善待同事的领导,对我们科学院来的几位科学家十分尊重和信任。几位处长、副处长和年轻人更是与我们相处很好,大家都把这个新的事业当成共同的事业,特别想听科学家的高见。20 年后,我对当年共事的史专员、大徐、小钱、小康等等都还有深刻印象,听说当年的小伙子康鹏现在都已经当了司长了,真令人高兴,每每回忆起那创业的时代总让人兴奋不已。

看到国际减灾和国内减灾事业,因全球的"国际减灾十年"的兴起,秘书处的设立和中国国际减灾十年委员会的建立而急速发展,涉及洪水、地震、台风、海啸、火山、风暴潮、滑坡、泥石流、雷电、冰雹、森林火灾、农业病虫害、林业病虫害、荒漠化、水土流失等各项灾害,急需各方面的专家来协助工作,于是我们马上建议国家减灾委尽快成立专家组,以应对工作需要。经过研究和各部委推荐,一个二十多人的专家组成立了,我被选为中国国际减灾十年委员会专家组组长,并连任 3届,共 15 年。

专家组来自各个部委,中科院作为最早进入和发起的单位,除我外,老孙、老张的职位都换了年轻人,大气所、地质所、地理所等都有几位人员参与;地质部、水利部、建设部、国家教委、邮电部、林业部、地震局、气象局、海洋局等都派人员参加。邮电部派了梁碧俊高级工程师参加,我邀请了我所李吉顺高级工程师参加,他俩是与我一起坚持了十五年的少数专家。他们为中国减灾事业做出了巨大贡献。

在国家减灾委成立早期,专家组与办公室经常是合作办事,很难分得那么细致,大至国家减灾的大政方针的建议,小到鸡毛蒜皮的事,我们都得及时处理。专家组本来就很松散,所以不少人只在有大事时来一下。实际上,我们常来的十来位专家和大家一样,都是兼职的。在减灾委既无工资又无项目,大家完全是凭为国家减灾事业无私奉献的信念来支撑的。每周一半时间在家搞项目、管人员、争经费;一半时间为国家减灾事业做贡献。而当时谁也不知道这样做会有什么结果。但是,我是充满信心的,跟我合作和在我项目里搞研究的几位成员是会跟我一起坚持下去的。

四、跨出“中国减灾十年”行动的关键一步

联合国“国际减灾十年”秘书处成立后,1989 年就开始与一些国家加强联系和促进减灾工作。除了一般行政的来往文件、报表、统计等事项外,最早要求的就是上报各国的《减灾大纲》。经过专家组努力,我们很快拿出了一个初稿,经过上报、修改、定稿后,报给了联合国。由于《大纲》很有条理,非常规范,要求精练,所以难度不大,也算专家组的第一项工作。

当时除了日常工作外,我们思考得最多的就是如何改进中国现有的单灾种减灾的弱点与难处。“国际减灾十年”虽然促成了全球减灾这件大事,引起了各国政府的高度重视,也有不少国家像中国一样建立了多部门组成的“国家减灾十年委员会”,但下一步做什么? 如何做? 这些都是非常现实和具体的问题。

就中国的情况而言,解放以来中国政府十分重视防灾减灾问题,先后根据需要逐步建立了农业部、水利部、民政部、林业部、气象局、海

洋局、地震局等与灾害有密切关系的部门,在应对水灾、旱灾、台风、地震等重大灾害时取得了很大的成就。使灾害造成的经济损失从刚解放时占国民生产总值(GDP)20%减少到20世纪80年代的10%以下,90年代减少到3%~6%。当然这与减灾成就有关,但也得益于改革开放后国民生产总值的快速增长。

但是,90年代初,我国的GDP总值不足20 000亿元人民币,国家财政收入仅3 000亿元,而每年自然灾害损失却高达700~800亿元,大概占GDP的4%~5%,为国家财政收入的1/4。因此,灾害问题的确是国家一项大问题。联合国的"国际减灾十年"提出了这个重大问题,并给出了一些原则性建议,也介绍了一些成功减灾的实例。但是,作为一个拥有十多亿人口的大国,我们应该怎么做,必须靠我们自己来寻求道路。

根据我国实际,首先在国务院领导下,通过国家减灾委把国内与灾害和减灾相关的部委局组织起来,开展综合减灾,这是最易行的重要途径。其次,实施综合减灾就得搞一批项目。第三,搞项目就得有资金。所以,综合减灾、项目和资金就成为我们跨出"中国减灾十年"行动的关键一步。

五、十二项国家重大减灾项目

"综合减灾"很容易为大家接受,因为中国是个大国,任何一次大灾都不是任何一个主管部委能管得了的,需由中央、国务院亲自主持负责组织各相关部委及所在省市去战胜灾害。"综合减灾"就是要逐步把这个有效的办法形成固定的机构和组织,从而发挥更大、更有效的作用。"国家减灾委"能否从软性联络、协调逐步做到实体管理运行,这就要通过一系列国家重大减灾项目来做到。

根据国家减灾的实际需求,经过长期思考和征求多方意见,1989年底中国减轻重大自然灾害工程的十二个项目被提出、修改和上报。项目包括为实施"综合减灾"的"中国减灾中心"、"减灾卫星"(地面工程),加强部委减灾能力的洪水预警、地震测报、气象灾害监测预警,以及若干地方的综合减灾项目,如长江三角洲、四川、华北、山东的减灾项目等。最初的计划为 28 亿元,在当时算是大胆推出的防灾减灾国家计划。这些计划得到了相关方面的热烈响应,特别是地方政府,他们不但派人送来省政府的正式公文,还指派专家(特别是中科院分院的专家)协助国家减灾委落实具体技术方案。但项目资金是关键。

六、为国家减灾委找"钱"

中国国际减灾十年委员会刚刚建立,很多事情急需去做,资金就成了能否做成大事的关键了。当时,减灾委是国务院下的部级协调机构,除了不多的办公费外,是没有大量资金的。所以,减灾委的领导和专家们都希望通过努力争取到国家专有拨款渠道,有一批国家防灾减灾的专款,能引领这一领域的事业发展。

减灾委领导的第一个建议就是:经过努力和向上争取,把减灾事业的"防灾、抗灾和救灾"中,每年预定给"救灾"费用的百分之五,移给"防灾"(或"减灾")。显而易见,"防灾"重于"救灾",应"以防为主";钱用于减灾,效益是明显高于"救灾"的。但是,由于复杂的原因,这事没能成功。

第二个建议就是:国家减灾委协助国家计委(现在的"国家发展和改革委员会")来管理与防灾减灾相关的事情,特别是项目。这样可以更全面、更专业地安排全国的防灾减灾事业及其发展。这也是一厢情愿的事,国家计委当然不希望出现一个专管防灾减灾的"小计委"。

有一次,我们得到一个令人兴奋的消息:中国人民保险总公司每年总保险额高达上万亿元,但赔付量较小,所以他们每年盈余额巨大,并上缴国库。为了表达对国家防灾减灾事业的支持,他们董事长打算拿上亿元用于减灾事业。在初步确认了这一说法后,国家减灾委副主任兼秘书长张德江副部长决心预约会见中国人民保险总公司董事长,并通知我随行。那天,我们抱着希望来到北京阜成门中国人民保险总公司,张部长与董事长详谈了这事,所有事情都属实,但想动用这笔款项却不是他力所能及的,无论是多么重要的事情,大钱动用必须经过财政部,而他们自己能批复动用的经费只能在百万元量级,但对全国防灾减灾的大事来说,这点经费就没有争取的必要了。

为国家减灾委找"钱"是这项事业能否大规模发展的关键。十多年来,我们一边开展"国际减灾十年"的各种国内和国际活动,一边在设法争取经费。

七、省市长们的减灾意愿

中国国际减灾十年委员会的诞生,对很多受各种自然灾害困扰的地方政府来说,非常高兴,因为国家又多了一条应对灾害的途径。开始,大家也不知道减灾委掌握了多大财力和权力,但对那些与本地重大灾害密切相关的减灾计划和项目却是十分上心的。

1990年我们在山东开会,有机会和时任山东省副省长的王乐泉同志等主管农业和灾害的官员商讨山东减灾问题,他们最着急的减灾事项是"防止海水入侵"和"引黄(河)入烟(台)"。因为山东省的海岸线长,海水入侵已造成沿海不少农田盐碱化,成为发展农业生产的一大障碍。而"引黄入烟"将为发展山东北部经济做出重要贡献。后来,我们把这些急迫的需求列入国家减灾项目和计划之中。

朱镕基同志任上海市长期间,对长江三角洲的减灾项目很感兴趣,作为上海市、江苏省和浙江省的联合减灾项目,他代表上海市签批了项目申报书。不久之后,他升任国务院副总理,来到北京。在一次会议期间,他还专门向国家减灾委的领导同志问起长江三角洲的减灾项目一事,表现出极大的关心。

我的中学同学黄寅逵,时任成都市市长,"国际减灾十年"开始后不久,他在北京专门约了我,因为他知道我在国家减灾委任职,所以专门来了解中国国际减灾十年委员会的情况,探讨能否为成都的减灾做点事情。我向他介绍了国家减灾委的背景、组成、机构、任务等,谈到了国家减灾重大项目及申报情况。他当时立即谈到成都正在筹划治理府南河,有无可能申报的问题。我想了想说,估计可能性不大,因为国家减灾工作才刚开始,连国家治理长江、黄河等大江大河都还在计划之中,成都的府南河肯定排不上,只有地方财政想办法了。但作为一市之长,他时时想到减灾大事,还是令人感动的。后来,他邀请我回成都为市政府相关部门做了一个"国际减灾十年"报告,不久经过批复,成都在全国省会城市里率先成立了成都市国际减灾十年委员会,促进了地方减灾工作。

在 90 年代初,国家减灾委刚成立时,不少省市主管减灾的领导会见过我,包括回良玉副省长、王乐泉副省长等。他们为老百姓减轻灾害的深切意愿令人感动,也成为我们努力搞好国家减灾事业的巨大动力。

讨论题 10.3

"万事开头难",做大事的开头就更难。您说呢?

第四节 向"现代减灾"迈进

向"现代减灾"迈进,既与"国际减灾十年"的全球环境有关,更与中国减灾事业的实际需求分不开。特别是严重影响中国现代化发展的大灾大难,促使中国政府和人民加速了"现代减灾"的进程。

一、中国减灾中心

现代综合减灾的核心就是要在现有的各个与防止和减轻灾害有关的部门及省市之间,用最现代化的科学技术武装起来,形成一个高效、快速和强有力的综合减灾体系。中国减灾中心就是这个体系的中枢和实体。

自 1989 年 4 月中国国家减灾十年委员会建立,我国的"现代减灾"开始迈出第一步,因为她的组织形式就是国家统一领导的多部门综合减灾机构。所以,自国家减灾委成立以来,我们所提出的所有计划和减灾项目里,"中国减灾中心"作为减灾委的唯一运行实体,一直列于显要位置。这既是减灾委各单位的共同愿望,也是专家们的一致意愿。十多年来,我们为之付出了极大的心血。"中国减灾中心"是减灾委专家组成立后最早建议的项目,于 1989 年秋提出,1990 年 2 月成文。十多年时间修改十余次,21 世纪初才初步建立。中国现代减灾的重要事件将在下一章中专门讲述。

二、1991 年的江淮大水灾

严重影响中国现代化发展的大灾大难,特别是 20 世纪 90 年代的六次大洪水及其他灾害,促使中国政府和人民加速了"现代减灾"的进程。1991 年的江淮大水灾就是第一次冲击。

1991 年汛期,江淮流域提前一个月进入梅雨期。从 5 月中旬至 7 月上旬,连降暴雨,强度大,持续时间长。江苏的常州、兴化,安徽的全椒,湖北的武汉等局部地区 30 天降雨量接近或超过百年的最高纪录。江淮地区的暴雨洪水,使河南、安徽、江苏、上海、浙江等 5 省市大面积受灾,受灾面积 1 258 万公顷,成灾 818 万公顷,倒塌房屋 381.91 万间,受灾人数约七千万人,死亡 1 444 人,直接经济损失 547 亿元人民币。受灾及成灾面积分别占当年全国总数的 51% 和 56%,倒塌房屋数及直接经济损失分别占全国总数的 77% 和 70%。

与此同时,长江上中游的贵州、四川、湖北、湖南等省受灾面积 563 万公顷,成灾面积 315 万公顷,死亡 1 966 人,倒塌房屋 69.55 万间,直接经济损失 141.8 亿元。形成中国东、西两个部分的严重水灾区域,引起全国及世界的重视。

由于国家减灾委的成立,国务院加强了各部门和各地方的协作和综合减灾。中国政府通过中国国际减灾十年委员会秘书长、民政部副部长陈虹向国内外发布了江淮大洪水灾情,并首次代表中国政府直接呼吁国际社会提供救灾援助,表示中国将接受国际的救灾捐助。于是很快就形成了一股强劲的国内外救灾捐助热潮。国内各界群众,包括老人、小孩都积极捐款。一时间在国家减灾委、民政部大院里捐钱的群众人山人海、门前道路水泄不通。香港艺人们发起了救灾大义演，感动了全港数百万人，大批捐赠的善款汇向灾区；台湾、澳门同胞也积极行动起来。在中国政府正式表示接受国际救灾捐助后，美国、英国、加拿大、澳大利亚、丹麦、荷兰、德国、新西兰等国都提供了救灾援助。这次国内及国际总计捐款达 23 亿元人民币，而其中港、澳、台的捐款就占了四成。总捐款量为一般正常国家救灾费的 2.3 倍。

1991 年的江淮大水灾是联合国发起"国际减灾十年"以来，全世界第一次大灾难，而中国国际减灾十年委员会也是在这次大灾中向国内外突出的亮相，得到了世界各国和全国人民的认可。成为"现代减灾"中一个成功的"国际救灾"范例，打破了"闭门自救"的旧有模式。

三、国际减灾会议频频

"国际减灾十年"以来，国际减灾会议频频。因为联合国的"国际减灾十年"许多活动都是通过会议来交流和促进的。作为国家减灾委专家组组长及中国科学院自然灾害研究委员会副主任，我代表国家和中国科学院出席了不少会议。如：

1990 年 8 月，在美国夏威夷参加了第二届东亚减轻自然灾害会议；

1991 年 2 月，陪同陈虹副部长出席了在泰国曼谷召开的联合国"国际减灾十年"的亚洲区域会议；

1992 年 10 月，在中国黄山参加了国际暴雨洪涝灾害研讨会；

1992 年 10 月，在中国北京出席了由联合国教科文组织和世界气象组织联合举办的"国际热带气旋灾害研讨会"；

1993 年 3 月，在泰国曼谷，参加了"改进热带气旋预警及防灾研讨会"；

1993 年 6 月，在北京负责组织了"中国灾害管理国际会议"及其研讨会；

1993 年 8 月，在青岛联合主持了"第五届国际自然和人为灾害会议"；

1994 年 5 月，出席了在日本横滨举行的第一届"世界减灾大会"；

等等。

这些会议不少在中国召开,由我们组织或主持,大大提高了中国在"国际减灾十年"活动中的作用,也促进了我们国家的现代减灾事业。

四、江泽民主席的贺信

"中国灾害管理国际会议"及其研讨会是我们国家减灾委员会第一次正式组织的大型国际会议,1993 年 6 月 25 日到 7 月 2 日在北京国际会议中心举行。国际大会会期两天,其后几天是全国各部委、各省市代表参加的减灾研讨会。

国际会议开得十分隆重,规格很高。国家主席江泽民同志发来贺信,主管国家减灾工作的国务委员罗干参会,并代表国务院致辞,联合国"国际减灾十年"的艾罗主任出席并做大会报告。"国家减灾委"30 多个成员的部长、副部长们出席大会,世界各国的一批专家参会并作报告,中国减灾的顶级专家们与会并做大会报告。盛大的晚宴在五洲大酒店举行。

会议受到中央高层的重视,指示将由国家主席江泽民同志发贺信,于是我们按规定呈上了贺信代拟稿。那几天,我们一边在准备会议,一边在等着贺信的批复。这次会议,贺信十分重要,所以我们已经安排好以代拟稿为基础的印刷准备,一旦得到贺信正稿,立即开印,马上送到会场,会议的日程才能按原来顺序正常进行。6 月 23 日,我们就开始着急了,24 日一天把我们急坏了,万一批不下来,会议很多程序都得变了,我们也做了另一手准备。谢天谢地,24 号下午 7 点钟,中央办公厅来了电话,通知我们马上去取。我们立即去取回批复件,当我们在中南海取到贺信批复件时,天已黑了。于是,我们马上看修改情况:代拟稿上有江泽民主席的圈阅和他的亲笔签名,时间是 6 月 24 日。我们兴奋极了。与印刷厂联系时,他们已下班了。经商议,第二天一早印刷,九点送到会场。

第二天,"中国灾害管理国际会议"于九点准时开始,会议主席首先宣布宣读《中华人民共和国江泽民主席给大会的贺信》,读毕,全场掌声雷动。贺信是由时任民政部救灾救济司的姜力司长宣读的,由于印刷件还没送到,所以姜司长和外交部的同声翻译都只好用复印件为稿宣读。这个消息一出,记者们马上涌向我们,索要印刷稿,以便晚间及次日头版头条报道。我们只得如实告知。半小时后,粉红色纸印的《中华人民共和国江泽民主席给"中国灾害管理国际会议"的贺信》(中文版和英文版)发到了与会代表和新闻记者的手中。

1993年6月25日中央电视台的晚间新闻、各种晚报及第二天的各大报刊、中央电视台等各电视台的新闻都以头版头条播放和刊登了《中华人民共和国江泽民主席给"中国灾害管理国际会议"的贺信》,以及《中国灾害管理国际会议隆重召开》的重要消息。这是中国防灾减灾历史上的重大事件。

五、首获国际减灾奖

1993年8月,"第五届国际自然和人为灾害会议"在青岛召开。这个国际会议是由国际自然灾害协会与中国科学院联合举办的,具体由中国科学院青岛海洋研究所承办。会议双主席是国际自然灾害协会主席穆罕默德·伊丽莎白(M.I.El－Sabh)和中国科学院孙鸿烈副院长,由于孙副院长不能出席,院里便委托我代行会议双主席的中方主席之职。

中国科学院青岛海洋研究所的同志们早已做好了会议准备,所以会议一切顺利。国外代表有四十多人,中方也有一百五十多人。大会邀请了联合国"国际减灾十年"科技委员会主席布鲁斯(Bulus)、世界气象组织主席、中国气象局邹竞蒙局长等做特邀报告。会议共收到199篇论文,大会和几个分会进行了广泛的学术交流,与会代表的热烈研讨给人们留下了深刻印象。

在此届大会上,国际自然灾害协会向全球的中国、加拿大、俄国、孟加拉、新西兰、希腊等国的8位科学家颁发了6个奖项。十分荣幸的是我被国际自然灾害协会授予了6项中的最高奖——国际自然灾害协会科学贡献奖。这也是我首获国际减灾奖。

六、中华人民共和国减轻自然灾害报告

当联合国"国际减灾十年"委员会决定于 1994 年 5 月 23～27 日在日本横滨举行第一届"世界减灾大会"后,要求各国完成自己的《国家减灾报告》。中国政府积极地响应这个要求,立即开始了起草工作。

这项工作落实到国家减灾委专家组,我们建议邀请各部委的相关领导和专家共同来完成。于是,从 1993 年下半年开始,我们首先拿出一个提纲,再和各部委的有关领导和专家共同商议和修改这个提纲,第一步完成了《中国国家减灾报告》大纲。然后请各部委回去组成一个小班子,就大纲中的各部委相关内容,完成自己部委的内容。同时,国家减灾委专家组也就全国减灾总体工作部分完成初稿。一段时间之后,多数初稿都已完成,我们召开了国家和各部委初稿的交流及研讨会,对有争议、有矛盾和要增删的问题进行了处理,再请各部委完成自己的修改稿。这样,我们进行了第二步,即初稿的分部委工作。

最关键的是第三步,即《中华人民共和国减轻自然灾害报告》全文整合。经商议和请示后,我们邀请国家减灾委专家组全体专家和办公室部分同志、各部委的相应领导和专家,共 30 多人,集中到湖南省驻京办事处,进行了长达约三周的统稿工作。在国家减灾委领导亲自指导下,通过全体参加统稿工作同志的一致努力,一本全面论述中华人民共和国减灾事业历史、现状、发展与规划的《中华人民共和国减轻自然灾害报告》终于完成了,并正式上报国家减灾委和国务院。再经由国务院转发各部委领导征求意见、修改,最后由国务院正式批准。

《中华人民共和国减轻自然灾害报告》成为我国在全球正式发布的少数国家报告之一。在第一届世界减灾大会前的一次重要国际会议上,《中国减灾报告》的首次亮相就受到与会者的热烈欢迎,特别是不少发展中国家更是将其作为他们国家减灾报告的范例和样板。

七、第一届世界减灾大会

随着"国际减灾十年"的蓬勃开展,1994 年 5 月 23 日～27 日,联合国在日本横滨召开了第一次世界减灾大会。会议总结了减灾十年

前五年的丰硕成果,提出了后五年的任务。参加这次大会的有 140 多个国家和地区的官方代表团(有 50 个国家是部长级官员任团长)、各国际机构、非政府组织、科技界代表,共 2000 多人。日本当选为会议主席,我国和其他 24 个国家的代表当选为副主席。开幕式上,日本皇太子德仁殿下出席并讲了话,日本首相羽田孜派员宣读了他的贺词,播放了联合国秘书长加利、美国副总统戈尔祝贺大会召开的讲话录像。会议期间,除大会一般性辩论外,另设立了主要委员会和技术委员会,分别就区域和若干问题进行了讨论,会议形成最终文件,最后还举办了介绍各国减灾活动的展览。

这次会议的目的是对"国际减轻自然灾害十年"进行中期评审,总结交流经验,制订今后的战略和行动计划。会议经过各方共同努力协商,通过了最终文件,即《横滨声明》和建立更安全世界的《横滨战略》。这两个文件一致指出:近年来自然灾害对人类生命财产造成的损失仍在继续增加,而减灾问题还没有引起各方面,特别是决策者和广大公众的足够重视,因此必须进一步推动"减灾十年"的深入开展,以实现全球持续发展,建立更安全的世界。文件也有一些新的提法,如:把减灾概念扩大,包括了环境和技术灾害;强调开展区域减灾合作。

中国政府十分重视第一届世界减灾大会,派出了一个五十多人的代表团出席了大会,包括政府代表团,非政府代表团和科技顾问团。会上中国报告受到了各国的一致好评。中国代表团范宝俊团长当选为大会副主席。中国代表在大会及分会发言中,介绍了我国减灾成就和经验,并与有关国家进行了多边和双边会谈。中国代表团专门制作了有关我国减灾的模型、图片和《中国减灾》等印刷品。在展览厅中,中国减灾展受到了普遍欢迎。会上会下活动使联合国和各国都对中国减灾工作有了深入的了解,一致认为中国防灾减灾工作获得了显著成绩,是"国际减灾十年"开展得较好的国家之一(彩图 14)。在本次大会上,我们学习了世界各国防灾减灾的宝贵经验,也进一步推动了中国防灾减灾工作更深入地发展。

八、建立中国科学院减灾中心

自从1989年4月中国国际减灾十年委员会成立以来,我们中国科学院就开始投入相当大的力量为国家减灾做事,不少研究所介入其中。我们国家减灾委专家组酝酿"中国减灾中心"以来,更希望有一个运行实体来支撑国家减灾委的大量繁重的任务。但是,由于前述的种种原因,这不是短时间能办到的。于是,我就一直在想能不能找到别的办法呢? 想来想去,最容易的就是我们中国科学院先搞个实体来代行"中国减灾中心"的部分任务,并逐步促成"中国减灾中心"的建成。

建立"中国科学院减灾中心"就成为当时的理想。那时,我同时担任中国科学院大气物理所云雨物理研究室主任,研究室一开始有四十多位同志。从"八五"科技攻关后,队伍在扩大,仅跟我进行防灾减灾研究的就达四十来人。同时,中国科学院遥感所、地理所、卫星地面站、成都山地所等都有一些人在长期从事防灾减灾研究,如果中国科学院把这些力量集中起来,建立"中国科学院减灾中心"的实体必将为国家做出重大贡献。于是,从1992年起,我就在院里尝试这个想法的可能性。与各所有关同志谈,有的支持,有的反对;向院领导的建议迟迟得不到反应;看来,这一动作太大,无法实现。于是,我们改而求其次,将"中国科学院减灾中心"变成一个松散"联合体",各单位联合组成,原编制不变,以项目组织起来,为国家减灾服务。这一建议,终于获得成功。于是,我们就扛上"中国科学院减灾中心"这面大旗,进行了十几年卓有成效的工作。

1995年9月14日中央电视台《晚间新闻》播出了"中国科学院减灾中心"成立的消息,说它由中国科学院近40个研究所联合组成,将为中国和国际减灾事业做出贡献。中国科学院任命我为"中国科学院减灾中心"主任,挂靠大气物理研究所。院内许多研究所都积极参与了"中国科学院减灾中心"的减灾工作。"中国科学院减灾中心"成立大会非常隆重,中国科学院、国家减灾委、民政部、国家气象局、国家科委、国家计委等部门的领导出席大会并在会上致辞。中国科学院参加

"中国科学院减灾中心"的四十多个单位的代表们共庆它的诞生,表达了中国科学院将为中国和国际防灾减灾事业奋斗并做出贡献的决心。

1995年中国科学院路甬祥院长专程来参观了中国科学院减灾中心,表达了他对中心的支持与关心(彩图15)。在整个减灾事业中,我们的工作除了得到院领导的支持帮助外,也得到了当时任中国科学院大气物理研究所所长的洪钟祥教授和党委书记任丽新教授的长期大力支持,没有他们的帮助,我们是难以成功的。十几年后,回忆起这些无声的援助与支持都让人十分感动。

九、《中华人民共和国减灾规划》制定的四年历程

第一届世界减灾大会的一个重要成果就是促进了《中华人民共和国减灾规划》的制订。世界减灾大会后,联合国开发计划署进一步加强了与中国政府的减灾合作,双方签订了项目协议,以促进《规划》的制订。

在国内,根据国务院的要求,1994年8月中国国际减灾十年委员会与国家计划委员会联合主持了《中华人民共和国减灾规划》的编写工作,目的是将《减灾规划》正式列入1996年开始的国家"九五计划"和2010年的长远规划,以确保减灾工作和项目全面纳入国家计划,得到国家财力、物力和人力的支持。

鉴于大家对防灾减灾的高度期望,所以几十个部委和省市组成专门班子编写了各自的《减灾规划大纲》和《优先项目提纲》,提出了大批的减灾项目和工程。这些素材集中到我们《国家减灾规划》常务编写组,经过认真地编写、多次修改、几经反复,终于完成了《中华人民共和国减灾规划》。《规划》包括前言、正文和附件。其中附件的重点是"第一批减灾优先项目",是从上报的228个项目中选出70个项目组成的。《国家减灾规划》注意了与《中国21世纪议程》的衔接。这些工作从1994年8月开始,直到1996年2月,《中华人民共和国减灾规划》(送审稿)才正式上报国务院。后来,又经历了几次审议、修改,最终稿于1997年12月18日仅将正文上报备批,附件为《正在实施的减灾项目和备选减灾项目(略)》。1998年4月29日国务院正式批准《中华人

民共和国减灾规划(1998～2010 年)》,历时近四年。

当年我力主国家减灾委与国家计划委员会(现国家发展改革委员会)联合主持《中华人民共和国减灾规划》的编写工作,的确受到了国家计委的高度重视。从"十五计划"起,不少部委与地方的减灾项目开始被列入国家计委的计划之中。"十一五计划"为国家减灾委的八个项目安排了 31 亿元经费。减灾事业进入国家计划,有了国家大批经费的支持,才有了今天的发展。我们曾经的多年努力,常常是在经费十分紧张的条件下进行的,那些成果经常是在十年、二十年或更长时间才能发挥作用,那时我们已无法享受了。我们对此永远是无悔无怨的,因为我们并不是为了个人利益去工作的。只要是对人民有益的事,我们就会义不容辞地去做。几十年来的防灾减灾工作,正是我们这个崇高理想的体现。

讨论题 10.4

对"前人种树,后人乘凉",您有什么感想?

立志是一件很重要的事情。工作随着志向走，成功随着工作来，这是一定的规律。立志、工作、成功，是人类活动的三大要素。立志是事业的大门，工作是登堂入室的旅程，这旅程的尽头就有个成功在等待着，来庆祝你的努力结果。

——巴斯德

第十一章

首试综合减灾系统

1995年,王昂生与老师陶诗言院士讨论减灾工作

1994年,王昂生主持"八五"科技攻关的减灾学术会议

自从我们在国家减灾委提出"中国减灾战略"和建设"中国减灾中心"以来，我们就想做一个具体的试验。只有一个试验的成功，才能让人们有信心去逐步建设"中国现代防灾减灾体系"。所以，我们一直注意寻找这样的机会。

第一节　首试的机遇

"苍天不负有心人"，就在我们不停地寻找一个能进行"综合减灾系统"试验机会的时候，国家科委（现国家"科技部"）给国家气象局（现"中国气象局"）、中国科学院和国家教委（现国家"教育部"）安排了一个科技攻关项目，它成为我们首试综合减灾系统的重要机遇。

一、国家急需综合减灾系统

从 1963 年河北大洪水以来，减灾思维已深入我的脑海。1975 年首次提出"现代减灾"的思想后，我苦苦地寻找这条可使人民大众减少生命财产损失之路。1981 年起出国深造和学习各国先进经验的十年，是我"酝酿"和"充电"的阶段。直到 80 年代中后期，"国际减灾十年"兴起，特别是中国国际减灾十年委员会成立，我才有了用武之地。

这个时候，我几十年积累的"减灾"能量，就像火山爆发一样，在各种各样的场合，发表了许多与众不同的思维、想法、观点、意见和计划。总起来说就是要用人类最先进的科学技术来武装"中国现代防灾减灾体系"，大大减少各种自然灾害对中国和人类的危害。

无论是我在中科院减灾会上提出的"中国科学院减灾战略",还是在国家减灾委建议建立"专家组",完成《中国减灾大纲》,试图设立"十二项国家重大减灾项目",为国家减灾委"找钱",建立"中国减灾中心",发射"中国减灾卫星"……这一个又一个的建议,都是朝着逐步实现"现代减灾"这个目标去的。因为我们国家急需现代综合减灾体系,第一步应先建立一个示范性的综合减灾系统,让人们看到它的重要性、可行性和必要性。

二、"八五"科技攻关的机遇

"八五"科技攻关是国家科委在 1991～1995 年的第八个"五年计划"期间安排的一系列科学技术重要项目,以"攻克关键问题"的形式进行。其中,给国家气象局、中国科学院和国家教委安排了一个以中国重大气象灾害"台风、暴雨"为主题的"八五"科技攻关项目。对台风、暴雨这两大灾害的探测、预报和减灾等重要的科学问题,要组织三个部门的科学技术人员,经过五年"攻关"方式,集中兵力打歼灭战,希望取得重大进展。

于是,在国家科委的领导下,国家气象局、中国科学院和国家教委组织了一批专家,就这个项目进行了研究、设计和安排。几经周折,拿出了可行性报告。该项目安排了十大课题,涉及全国这一行业的方方面面。多数基于气象本学科的台风、暴雨的探测、预报等课题,经过研究都得以顺利通过,但作为防灾减灾的新课题遇到了比较大的困难,因为在这一方面我们还缺少经验。在新形势下没有这一课题显然是不完整的。于是,大家把注意力集中到当时担任国家减灾委专家组组长、中国科学院自然灾害研究委员会副主任——我的身上,并寄予希望。

对我来说,这是一个求之不得的极好机会。如上所述,一两年来把我这几十年积累的"减灾"能量已在国家减灾委等诸多场所爆发出来,提出了很多建议,其核心就是要建立"中国现代防灾减灾体系"。作为第一步,应先建立一个示范性的综合减灾系统,让人们看到它的可行性、重要性和必要性,进而去逐步建立"中国现代防灾减灾体系"。而眼前这个"台风、暴雨"的减灾任务正是一个极好的机会。第一,台风、暴雨都是我国最重大的灾害,也是世界性的大灾害,做好这个减灾工作对全球减灾具有重大意义。第二,气象部门拥有良好的现代化技术系统,如卫星、雷达、通信、计算机系统等,也有接近世界先进水平的气象队伍,有利于实现现代减灾试验。第三,这是我所熟悉的领域,便于领导和开展这项示范研究。于是,我大胆地承接了这项任务。

虽然这是一项十分艰巨的任务,但也是我们必须跨出的第一步。因为只有实施了中国减灾的示范系统(如台风、暴雨示范系统),才能让人们看到防灾减灾的光明未来。所以,在国家"八五"计划中,我们一边从事"台风、暴雨减灾"的示范研究,一边不停地争取着国家减灾体系的建设(包括"中国减灾中心"和"中国减灾卫星"项目等)。

三、二十个单位的二百多科技攻关人员

我们的科技攻关课题是由国家气象局、中国科学院和国家教委的二十个司局级单位的二百多名科技攻关人员组成的。我们科技攻关课题的全名叫"台风、暴雨预报警报系统和灾害评估预测技术方法及减灾对策研究",这个名太长,在本文里我们就简称为"台风、暴雨减灾"课题吧!

由于这个课题的重要性,吸引了不少科研人员的兴趣,但由于这个课题的艰巨性,也让不少的人望而生畏。不过,还是有一批勇敢的科研人员聚集在这个相当有难度、但充满创新和意义重大的课题之下,我们共同奋斗五年,为国家防灾减灾事业做出了开拓性的成绩。

二十个单位的二百多名科技攻关人员分别来自国家气象局、中国科学院和国家教委。有的长期从事国家台风、暴雨的探测预报,有的长期从事国家台风、暴雨的研究,有的长期从事国家台风、暴雨的教学,有的长期从事台风、暴雨的地方工作,我们还专门邀请了一些从事防灾减灾的专家参加这一课题。总之,我们这个"台风、暴雨减灾"研

究课题具备了基本的科技攻关人员和相应的能力,下一步就要看我们能否有本事去做出创新性的成绩了。

讨论题 11.1

人的一生会有许多机遇,您学会抓住机遇了吗?

第二节　合作者们

现代事业中,大到国家革命,小到科研课题,不论是政治、经济、科学,还是军事等,只要从事一番事业,就少不了合作者。合作是当今事业成功的必由之路。我们攻关的成功就是合作的结果。

一、国家气象局的合作者们

国家气象局是我国气象事业的主管部门,它拥有五万多名职工、30多个省市局和2700多个县站,从事着中国960万平方公里辽阔国土的气象探测、观测、预报、预警和科研等诸多工作。新中国成立以来,它由小而大地发展,为中国的社会主义建设事业和国防事业做出了重要的贡献。

"台风、暴雨"本来就是国家气象局气象探测、观测、预报、预警和科研等的重要对象。几十年来,他们已经进行了大量工作,取得了不少成绩。但比之于国家人民的要求来说,还有不小差距。因为每年台风、暴雨给人民带来巨大的经济损失和大量人员伤亡。所以,国家科委在1991~1995年的第八个"五年计划"期间安排了一个以中国重大气象灾害"台风、暴雨"为主题的"八五"科技攻关项目,而且由国家气象局牵头主持,并承担了多数课题的主持工作。

但这个项目的"台风、暴雨减灾"课题,则是由我们中国科学院牵头主持,由我负责,国家气象局和国家教委参加,共同合作攻关的。国家气象局十分重视这项课题,派出了中央气象台、气象科学院和六个省市局台的强大队伍。由长期从事气象预报,富有台风、暴雨工作经验的中央气象台李兆祥台长担任本课题副主持,气象科学院的王继志教授等知名人士参加,各地方也配备了精兵强将。他们的合作,保证了这项重要课题的顺利进行和全面完成。国家气象现代化系统成为本示范系统的基础和进一步发展的保证。

二、国家教委的合作者们

国家教委拥有全国高校众多人才的优势,不少大学在气象、减灾和系统建设等方面有其特长,他们的加盟与合作对这项课题的开展带来了很大的帮助。高校教授们的智慧和才能为课题的完成做出了贡献。

南京大学是我国著名的高等学府,也是我国气象界培养人才的最高学府之一。近百年来,特别是新中国成立以来,为中国气象事业做出了重要贡献。为参加这一工作,他们派出了以原南京大学党委书记陆渝蓉教授为首的教授组参与"台风、暴雨减灾"攻关。五年里,他们为积极促进课题工作做出了自己的贡献。特别是陆渝蓉教授,作为课题的副主持,在历次课题工作总结时,大家都希望她代表我们来完成这个任务,因为她的总结总是条理清楚、主次分明、总结全面并鼓舞我们前进的。五年来,她以老大姐的身份给了我们许多帮助,让人难以忘怀。

国家教委还派出了成都科技大学(现四川大学)滕福生教授等科技专家、成都气象学院(现成都信息工程学院)卢敬华教授等气象专家参与了这项课题,他们在减灾系统集成、暴雨成因等方面做出了贡献。

三、各地方的合作者们

虽然我在 20 世纪 60 年代和 70 年代曾分别与四川省气象局和山西省昔阳县气象局的地方同志们合作,从事过人工降水和人工防雹工作,但那毕竟是各自分别开展工作,仅仅在业务上有联系而已,关系比较松散。但 90 年代的科技攻关,我们与各地方的合作者们关系就密切多了。为了更好地开展台风、暴雨的防灾减灾工作,我们不仅要做已有的台风、暴雨预报,还要开展台风、暴雨预警,并与地方政府一起进行台风、暴雨的防灾减灾工作。这对各地方的气象合作者们来说也是一项必要而全新的课题。由于台风、暴雨灾害并不是每个地方年年都有的,所以我们挑选了 6 个省市气象局作为地方的合作者,其中台风灾害选了多灾且条件较好的广东省和上海市,而暴雨灾害则选了多灾的四川、湖北、江苏和河南省,这几个省在防灾方面的基础条件也比较好。

由于国家气象局和相应各省市局的重视,6 个省市局都选出了得力的骨干来承担这项攻关任务,并有对应的现代化系统支持,不少地方气象局的子专题负责人就是省局气象灾害负责人、省中心台负责人等。这些部署和人员选定,保证了我们"台风、暴雨减灾"课题的顺利进行。

四、中国科学院的合作者们

如前所述,"台风、暴雨减灾"课题是由国家气象局、中国科学院和国家教委的二十个司局级单位的二百多名科技攻关人员组成。与多数课题由中国气象局主持不同,这个课题是由中国科学院主持,具体来说就是由我负责。

中国科学院的合作者,首先就是中国科学院大气物理所我所领导的、从事减灾研究的三十几位同事。他们长期从事与灾害相关的云雨物理研究,在成云降水方面多有成就。有的人从事着云雨物理理论和数值试验研究,有的人从事着云雨物理的观测和实验工作,有的从事气象雷达等观测装备研究,有的从事暴雨、台风的研究,等等。但是,随着防灾减灾事业的兴起和科学发展的需要,我们必须在原有科研的基础上,向新兴的防灾减灾学科迈进。这一变化是十分困难的,它的前景也是不明朗的。但是,只有勇敢地探索才有可能走出一条新路来。既然大家信任我,我已担任了国家减灾委专家组组长、中国科学院自然灾害研究委员会副主任,又创办了《中国减灾》(Disaster Reduction in China)的中英文杂志,多年来又提出了一系列国家防灾减灾的建议,必须逐步地去实现"现代减灾"的目标。"台风、暴雨减灾"正是我们必须跨出的第一步,因为只有实施了中国减灾的示范系统(如台风、暴雨示范系统),才能让人们看到防灾减灾的光明未来。所以,即使有再大的困难,我们也要努力去克服。这种思想,经过大家的多次研讨,最终成为全体同事的共识,这是我们成功的关键。

此外,中国科学院的合作者还有中科院大气物理所其他研究室的同志。他们从事过暴雨或台风的研究,也有中科院成都山地所的研究人员,他们在滑坡、泥石流的防灾减灾方面有所建树。他们的加盟,在其研究领域增强了减灾的力量,形成了较大规模的"多兵种"作战格局。

五、科技攻关课题的核心合作者

我们科技攻关课题的核心合作者除了我与国家气象局李兆祥台长、南京大学陆渝蓉教授3位主持人外,还有4个专题的4位负责人。

国家气象局王继志教授,国家减灾委专家组专家、邮电部(现为"工业信息部")梁碧俊教授,国家减灾委专家组专家、中科院大气物理所李吉顺高级工程师和中科院大气物理所徐乃璋高级工程师等四位专家出任了我们课题的四个攻关专题的专题负责人。

应当说,在科技攻关课题里,最繁重的攻关任务主要压在了他们身上。五年来,几位专题负责人全心全意地扑在攻关工作上,与各专题的同志们一起想方设法,千方百计地克服困难,完成了一个又一个任务。他们是完成防灾减灾开拓性研究的功臣,我们会永远记住他们。

讨论题 11.2

您在学习和工作里有合作者吗?合作得怎样?

第三节 大战初捷

有了目标,有了任务,接下来就是组织大家一步一个脚印地逐步攻关,做出成果来。两年多的努力,让我们看到了希望。1993 年的大战初捷,促进了各方面的工作,使我们对防灾减灾事业充满了信心。

一、成都会议鼓舞了我们

在每年一度的总结、检查之后,我们都会看到课题攻关的进展与不足,对第二年的工作提出新的希望和要求。两年之后,我们决定于 1993 年 4 月在成都召开中期攻关工作交流汇报会。来自全国的近百人参加了成都会议。

成都会议各类报告的成果鼓舞了我们。国家气象局深入研究、改进和完善了台风警报服务系统,尝试进行了暴雨警报服务,对在以前只能进行暴雨预报而难以实行暴雨警报服务来说,这是一大进步。中国科学院进行了台风、暴雨减灾信息系统的研究和建设,初步完成了台风、暴雨减灾的综合数据库,并开展了台风、暴雨减灾信息系统研制。6 个地方省市的台风、暴雨减灾系统的建设比我们原定计划进展得快,他们根据当地防灾的实际需要,结合自身条件,加速调用仪器装备,初步建起减轻台风、暴雨灾害的地方系统,并在灾害来临前实施运转,取得了可喜的减灾成绩。其他的研究机构、大专院校等也取得了阶段性的成果。

最令人鼓舞的是,"台风、暴雨减灾"整个系统,从中央到省市,已初步形成,并在实践中显示出它的生命力。在有限的几次台风、暴雨灾害中,从中央到地方的正确气象预报、预警,特别是与地方政府的密切配合,采取了防灾减灾的具体行动。当台风、暴雨来临前,在最危险的时间和地点,我们主动转移人员和物资,让人民的生命和财产损失大大减少。据这几次数据统计,县政府以上减少的灾害损失达到四亿元以上。

短短两年多的时间，减灾系统初步建立并运转，取得了令人鼓舞的成绩，这让我们决心沿着这条路加快步伐走下去。参会的同志们都受到这些事实的鼓舞，都愿意为防灾减灾做出更大的贡献，特别是 6 个省市的地方同志，相互交流经验，决心回去大干一场。

二、系统运行，尝到甜头

"台风、暴雨减灾"系统的初步建立，很快就开始运行。系统在国家气象局中央气象台原有的"台风、暴雨预报"系统基础上，加入了警报和减灾部分，使新系统部分更接近实际需要。6 个地方系统在得到国家台风、暴雨的预报、警报和减灾信息后，立即启动自己的地方系统，首先深入进行本省市的台风、暴雨预报，再进行具体的警报。同时与省市政府商讨防灾减灾对策。随着灾害的来临，台风、暴雨警报工作进一步细化，并协助政府开展防灾减灾的具体行动。

与此同时，中国科学院的台风、暴雨减灾综合数据库和减灾信息系统也随之运行。它们不断提供有关减灾的人口、经济、交通、地理信息、水文、历史背景等诸多信息，为省市气象部门和当地政府的减灾工作提供帮助。

作为课题的重要窗口，台风、暴雨的电视预报、预警和减灾服务覆盖了国内外 7 亿多人次/日的观众，取得了良好的社会效益。

成都会议之后，1993～1995 年的夏季和秋季都连续不断地进行系统运行。一次又一次的成功，让我们尝到了甜头。地方政府和人民群众的满意和表扬，让 6 个省市气象局的领导和参加课题的同志们深深感到气象减灾系统的应用与运行是十分必要和有益的。

三、遥感飞机项目送来奖金

在"八五"科技攻关项目中，为了及时、快速地侦查自然灾害，国家科委安排了一个遥感飞机和卫星项目，利用高科技方式帮助减轻自然灾害。这个项目由中科院遥感所等单位承担，遥感所的遥感飞机在快速侦查洪水灾害方面做了很多准备。从仪器研制、调试到运用，从遥感飞机的多项装备安装、测试到空中观测,他们取得了一个又一个的成功。

20世纪90年代,正是中国洪水频发的年代。1991～1999年共发生了6次全国大洪水,其中1998年发生了长江、松花江—嫩江的世纪大洪水,引起了全世界人民的关注,全国人民都动员起来共同抗击特大洪灾。

1994年,遥感飞机和卫星项目经过几年的攻关,已具备利用飞机对洪水灾害进行快速观测研究的能力。不过,这项研究要求有一定的条件:第一,要知道洪水灾害的区域,才能快速准确地飞去;第二,灾区上空不能有雷电区,否则飞机极其危险。由于当时没有经验,这年夏天,他们从中央电视台得知江西发生洪水后,立即准备,花了三天时间才从北京飞去,结果虽然取得了一些资料,但丢失了洪水时期的关键资料。

后来,他们听说我们的"台风、暴雨减灾"科技攻关研究可以提前预测、预报暴雨、洪水灾害,就主动与我们联系,请求帮助。但因联系得比较晚,这年夏季南方暴雨、洪水灾害已经发生过了,所以,我们只能注意北方的暴雨洪水灾害。1995年7月底,中国的暴雨系统移向东北的辽宁、吉林,中期预报已见这个趋势,我们的"台风、暴雨减灾"系统立即跟踪这个天气过程,同时通知"遥感飞机和卫星项目"进行准备。我们逐日跟踪,对暴雨过程进行预报、预警。由于双方的密切配合,遥感飞机提前进行了准备,并及时飞抵东北的辽宁、吉林暴雨、洪水灾区,首次顺利地完成了利用遥感飞机对洪水灾害的快速观测研究,获得了十分宝贵的资料,为完成任务奠定了良好的基础。

事过不久,遥感飞机项目的负责人专程来到我们实验室,表达了真诚的感谢,并送来了奖金。其实,"台风、暴雨减灾"课题在这类工作中已具备了相当的能力,在减轻台风、暴雨灾害方面已经开始发挥作用,特别是6个地方系统更是各具特色,为减轻灾害发挥了不可替代的作用。

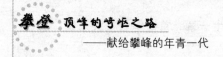
四、六个地方系统各有特色

湖北、四川、江苏、河南、上海和广东六省市的同志们在接受了课题后，立即组织了以气象台为主的强有力的攻关组，结合各省市实际，建立各有特色的运行系统，一边研究、一边运行、一边服务。几年来，他们为防灾减灾做出了实实在在的成果，受到了各级政府和人民的表彰。

先以暴雨减灾为例，湖北省直接服务于长江三峡、南水北调、荆江分洪、葛洲坝等重大水利工程，任务繁重。他们建起了湖北暴雨警报服务系统，直接、快速地向全省各地县分发 14 大类、260 幅天气产品，全天候地为重大暴雨、洪水灾害及其减灾服务，取得良好的经济和社会效益。四川省是多暴雨和洪水灾害的地区之一，他们针对这里暴雨频发、洪灾严重，地方政府要求全过程、全系列防汛服务的需求，建立了"中期预警、短期消息、临近警报、应急体制"的"四度设防"系统。几年来抓住了所有重大暴雨、洪水灾害过程，提前服务、过程跟踪、减灾应急，获得很多卓有成效的减灾成果。江苏省发挥其雷达技术和暴雨数值模拟的优势，建立了该省暴雨短时预报、警报服务系统。在大中尺度的长期和中期预报后，着重做好暴雨数值预报和短时预报，更用雷达连续实时跟踪暴雨过程，从而完成暴雨、洪水的预报预警，同时配合政府进行减灾应急任务，在江苏暴雨、洪水减灾方面做出了好的成绩。1975 年的"75·8"特大暴雨、洪水造成了巨大灾难，让人们久久难以忘怀，所以把河南省列入暴雨减灾课题是很自然的。承担任务后，他们建立了河南省暴雨监测、通信、预报服务系统，从事了解暴雨信息的数据采集、加工处理和产品分发服务等工作，取得了减轻暴雨、洪水灾害的显著成绩。以上 4 个省的暴雨、洪水减灾成果，为国内各地做出了示范。

同样，台风减灾研究在上海市和广东省进行。他们都是在应用国家台风警报服务系统的基础上，在两地进行了示范应用研究。两地都研制了自己的台风灾情历史库、台风灾害实时库、台风各类客观预报方法集成、台风灾害评估等项目，在防台减灾中广泛应用。有关台风的预报、预警、减灾防台信息都通过现代化通信网络,实时地与省市政府、三防办公室、铁路、航空、航海、能源等单位联系,共同应对台风,大大减轻了台风造成的灾害,受到各方面的好评。

讨论题 11.3

一项重大工作获得初步成功后,您的心情怎样?

第四节　走出自己的路

经过五年的努力,我们终于从毫无把握地接受任务,经过"摸着石头过河",进而找到规律,直至走出自己的路,取得胜利。应当说,"台风、暴雨减灾"示范系统的成功是国内外减灾史上的一件大事,它表明我们完全可以用现代化的科学技术建立"中国现代防灾减灾体系",应对灾害,造福人类。

一、1995 年全部系统在运转中

从 1991 年我们勇敢地承担了"台风、暴雨减灾"任务,到两年后成都会议受到很大鼓舞,再到 1993 年、1994 年的深入攻关研究,1995 年成为决战的一年,全部系统都在运转之中。

这一年,200 多位攻关的同志,从中央到地方,大家都努力地工作。从夏初开始,暴雨、洪水就从两广到江南,再到长江、淮河,北上黄河、海河,最后在 8 月造成了辽宁、吉林水灾。同样,台风也由南海、东海,直向黄海进发。

与此同时,我们的"台风、暴雨减灾"系统一直进行着连续的工作。国家台风预报警报服务系统、国家暴雨预报警报服务系统和国家台风、暴雨减灾信息系统在国家层面的运行,为 6 个地方系统提供了大背景下的台风、暴雨重要情报。各地都及时地运转自身系统,做出及时跟踪和详尽的预报警报。同时,国家台风、暴雨减灾信息系统及国家台风、暴雨综合数据库为各地提供了大批历史和实时的防灾减灾信息,包括人口、经济、交通、地理、物资等诸多信息,帮助当地政府和气象部门应对灾害。这些工作都远远地跨越了气象部门原有的工作,直接与地方政府结合,成为用现代化科技直接服务政府和人民的减灾部门,所以受到各地政府和人民的极大欢迎。

在服务基层的同时,上述各类台风、暴雨的预报警报、减灾信息都通过政府专线或网络等现代技术向国务院、国家减灾委、国家计委(现"国家发改委")、民政部、水利部、中国科学院、国家气象局等多个领导部门报送。

作为本课题的重要一环,每天实时的电视台风、暴雨预报警报,向全国人民报告重大台风、暴雨的路径、强度和灾害,其最大覆盖面高达7亿多人次/日。我们课题组的人员在运用上述科技成果,立即制作台风、暴雨预报警报电视和发布台风、暴雨防灾减灾新闻等方面做出了重要贡献。

1995年我们课题组的200多位同志的辛勤劳动和全部系统的运行,顺利完成了本任务,交出了最好的答卷。

二、减灾成果令人鼓舞

总结五年来我们"台风、暴雨减灾"课题中4个专题、25个子专题,涉及20多个单位的200多位科技人员的成绩,可以简述如下:

研究和完善了国家台风、暴雨预报警报服务系统;

研究和完善了6个省市的台风、暴雨预报警报服务系统;

研究建立了全国台风、暴雨减灾信息服务系统;

研究建立了全国台风、暴雨综合减灾数据库和一批专用数据库;

完成了台风、暴雨灾害评估研究和若干减灾对策研究;

发表论文、报告250余篇。

以上系统的建立和运行,取得了实质性减灾的重大成绩。减灾成果令人鼓舞的关键是上述的这些系统一边建立、一边在运行,并且直接面对台风、暴雨防灾减灾的需要,跳出了原有气象部门预报的框子,与政府和人民的需求密切结合起来,全程跟踪和服务于台风、暴雨和洪涝灾害的防灾减灾的需要,取得了重大成就。几年来,我们在各地直接得到了县政府以上单位开出的减灾效益证明 170 多份。在历次台风、暴雨和洪水灾害中,由于及时预报、警报和协助政府的减灾工作,累计减轻灾害损失高达 16 亿元人民币。

"台风、暴雨减灾"八五科技攻关课题中,一系列现代化系统的建立和顺利运行,出乎我们的意料。它们为未来"中国现代防灾减灾体系"做出了示范,是在中国和国际上的首次实践。更令人意外的是,在这个思路指导下的各类系统直接为台风、暴雨防灾减灾服务产生了巨大的经济效益,这 16 亿元的减灾效益更给了我们极大的鼓舞。它意味着未来的"中国现代防灾减灾体系"将给中国和世界带来巨大的减灾效益,让我们看到了一个极其光明的前景。

三、连连获奖

经过层层筛选,"台风、暴雨减灾"八五科技攻关课题进入了中国科学院 1996 年科技进步奖的最后评选。它的科技前沿性、创新性、为减灾服务的巨大成效,终于征服了全体评委,大家一致评选"台风、暴雨减灾"课题为中国科学院 1996 年科技进步一等奖。

在当年的 10 月,国家计委、国家科委和财政部又经过多方评选,把这项工作评为"国家'八五'科技攻关重大科技成果"。

1997 年,这一课题作为"我国台风、暴雨灾害性天气监测、预报业务系统"的一部分被国家科委评为国家科技进步二等奖。

四、向建设"中国减灾中心"前进

"台风、暴雨减灾"攻关的成功对我们的最大鼓励是:我们终于通过五年努力,一起在实践中摸索出一条可以逐步实现"中国现代防灾减灾体系"的现代化减灾示范系统——"台风、暴雨减灾"系统。

而"中国现代防灾减灾体系"的核心就是我们多年来倡导的"中国减灾中心"。只有建设这样一个实体性的、专门进行各种灾害综合研究和管理的机构,才有可能成为国务院、国家减灾委有力的减灾执行单位。他将代表国家与分散在各部委的、分门别类而与灾害密切相关的几十个中心(如气象中心、气候中心、气象卫星中心、水利部遥感中心、水利部减灾中心、中科院遥感中心、中科院卫星地面站、海洋预报中心等)密切联系,组成国家共同应对各种大灾大难的现代化防灾减灾新体系。

几十年来中国一次又一次经历灾难的现实,促成了我为防灾减灾事业奋斗的决心和行动;国内外的学习和增长见识,让我蕴藏了极大的减灾能量;"国际减灾十年"的兴起和行动,让我的减灾能量得以爆发和针对中国实际提出一个又一个主张及建议;"台风、暴雨减灾"八五科技攻关的成功,让我对实现"中国现代防灾减灾体系"充满了信心;而这一体系的第一步就是要建立"中国减灾中心"。

向建设"中国减灾中心"前进,是我继现代化减灾示范系统——"台风、暴雨减灾"系统成功后的下一个目标。

讨论题 **11.4**

您在走出自己的路中,一个又一个目标是什么?

第十二章

中国减灾中心

中国减灾中心大楼

2000年,中国科学院路甬祥院长(前右)与国家减灾委多吉才让部长(前左)签订合作协议

1975 年,我首次提出"现代减灾"理念,"中国减灾战略"和"中国现代防灾减灾体系"在实践中被提出。"中国现代防灾减灾体系"的核心之一是建立"中国减灾中心"。

第一节　背　　景

祖国几十年来经历了多次大灾大难,我们这些从事防灾减灾工作的人员都应该对此进行认真地思索。长期的思索总有人会提出建议,有的建议最终会成为减灾行动。幸运的是,我的建议变成了行动。

一、经历多次大灾大难的思索

从 1963 年的"63·8"海河大水灾、1966 年的"66·3"邢台地震、1975 年的"75·8"河南大水灾、1976 年的"76·7"唐山大地震到 1987 年的"87·5"大兴安岭森林大火灾等大灾大难,让我们这些从事防灾减灾工作的每一个人都在认真地思索,并试图为人民做些有益的防灾减灾的实事。

每次大灾之后,政府、老百姓、科学家都在思索、想办法,大家都希望能找出一个好办法,以减轻自然灾害给人民造成的损失。气象界、水利界、地震界、林业界、海洋界等众多人士,一次又一次,一年又一年地苦苦思索着、努力寻求着。虽然大家的不断探索促进了科学的进步,各种台站网络、灾情信息更有利于防灾减灾,但距真正防止大灾大难还有相当远的距离。

我也是为中国防灾减灾事业苦苦思索和寻求新路径、新办法、新思路的一员。经过几十年的思索和努力,我曾三次给中央写信(到1987年为止),提出"现代减灾"新理念,并开始提出若干新办法。

二、给小平同志信中的建议

如前所述,在1987年5月中国大兴安岭森林大火后,我给小平同志的信中所提出三项建议的第一项就是:"建议将中央防汛总指挥部扩大成中央防灾领导小组(或委员会),像军委、总参总管防止外敌入侵一样,指挥各部委、省市严阵以待,防止重大灾害。"

两年后,随着联合国"国际减轻自然灾害十年"的兴起,1989年4月中国国际减灾十年委员会成立,国务院田纪云副总理任主任,由中央28个部委组成,各部委的部长或副部长任委员。国家减灾委已渐渐实现上述建议,但要"像军委、总参总管防止外敌入侵一样,指挥各部委、省市严阵以待,防止重大灾害",却还有很长的路要走。

三、国家减灾委专家组的重大减灾工程项目

1989年4月国家减灾委的成立,开拓了中国减灾的新纪元。从此,中国政府有了跨部委协调的防灾减灾机构。虽然它还不是一个实体机构,但已向多部门联合减灾跨出了一大步。

作为国家减灾委专家组的成员,我努力想把国家减灾委变成国家减灾事业上真正的实体机构。所以,从一开始,我们就在1989年底上报了12项国家减轻重大自然灾害工程项目,共28亿元。由于时间紧迫,文稿是由我手写的,经由国家减灾委副主任张德江副部长批示,打印后报送国家计委,争取立项。

国家减灾委专家组的重大减灾工程项目的第一项就是成立"中国减灾中心"及其相应系统,经费近2亿元。我认为这是中国减灾事业的重中之重。

讨论题 12.1

　　任何大事都有其背景,您能举一个例子吗?

第二节 方　案

"中国减灾中心"之所以被我们如此重视,是因为:第一,国家综合减灾必须有一个总管的实体;第二,现代化减灾必须采用现代化高科技的各类系统。

一、"中国减灾中心"项目方案

1990年的"中国减灾中心工程"项目方案,建议部门是中国国际减灾十年委员会,主持编写单位是中国国际减灾十年委员会办公室,编写单位是中国科学院大气物理研究所、中国科学院地理研究所、冶金部建研院,防灾抗震研究所和邮电部电信传输研究所。立项论证报告由我主持编写,于1990年2月上报。

立项论证报告包括:立项总况,立项依据和必要性,方案、工程项目及可行性,投资预算及资金来源,经济和社会效益。项目包括了:中央灾害通信系统,国家灾害通信系统、国家卫星遥感监测处理分析系统、中央灾情评估与辅助决策系统、计算机网络系统和中国减灾中心建设工程等。

通过"中国减灾中心"项目,国家减灾委将以先进科学技术把与灾害有关的各部委、各省市密切联系起来,使其共享各类大灾大难的预报预警和防灾减灾信息。同时,由"中国减灾中心"与各部委、各地方各类中心密切联系,形成共同应对灾害的强大科技体系,使其直接服务于各级政府。"中国减灾中心"在国家减灾委和国务院直接领导下,上传下达,综合减灾,成为服务国家和人民的减灾实体。

二、洪水促进"中国减灾中心"立项

1991年汛期,江淮流域提前一个月进入梅雨期。从5月中旬至7月上旬,连降暴雨,强度大,持续时间长。江苏的常州、兴化,安徽的全椒,湖北的武汉等局部地区 30 天降雨量接近或超过百年一遇。江淮地区的暴雨洪水,使河南、安徽、江苏、上海、浙江等 5 省市大面积受灾,受灾面积 1258 万公顷,成灾 818 万公顷,直接经济损失 547 亿元人民币。

由于国家减灾委的成立,中国政府通过中国国际减灾十年委员会首次直接呼吁国际社会提供救灾援助。于是很快就形成了一股强劲的国内外救灾捐助热潮。这次全国及国际总计捐款高达 23 亿元人民币。

这是联合国组织开展"国际减灾十年"、中国成立"国家减灾委"以来所遇到的最大的灾害,也是中国在遭受大灾之后,首次得到国内外巨额的捐赠。所以这次灾害和事后的捐赠都影响到很多人,当然也包括国家计委那些管理和审批项目的官员,他们深切体会到"中国减灾中心"是关系到国家利益的大事。这样,建设"中国减灾中心"的事在国家主管项目单位被提上日程,并予以重视。我们高兴极了,以为很快就可能成功。

三、遭遇困难

我们得知成立"中国减灾中心"有希望后,国家减轻自然灾害管理中心的新项目报告以中国国际减灾十年委员会中减字[1991]第 01 号文件(共 24 页)的形式,于 1991 年大灾后又一次上报国家计委。这个正式文件以"红头"文件上报,并盖有中国国际减灾十年委员会的大印。

根据国家计委的意见,1991 年 10 月底,一份 21 页的关于建立"国家减轻自然灾害管理中心"的补充报告又送到了国家计委。

其后又以中国国际减灾十年委员会中减字[1991]第 24 号文件,上报了关于调整"国家减轻自然灾害管理中心"立项规模及基建投资意见的报告。报告中对中心规模、投资经费都做了压缩。

第五稿在 1992 年 2 月,再次修改中心立项。1992 年过去了,除了让写写补充材料外,还是没有新消息。1993 年又有消息传来说,有的部委有看法,国家计委下不了决心。1993 年,我们努力筹备着"中国国际减灾会议",并为江泽民主席准备了贺信草稿。那时,也希望这些大举动能打动国家计委的主管部门,能为"中国减灾中心"放行。然而,我们却遭遇了很大的困难。

四、《21世纪议程》和国家"九五"规划

"中国减灾中心"的建设真是好事多磨,从1989年提出开始,到1993年还是没有眉目,我们十分着急。但是,我们坚信这是国家必须建立的机构,总会有办法促成。这时,我们八五攻关"台风、暴雨减灾"的初步成果鼓舞了我们。

"东方不亮,西方亮。"在遭遇挫折时,我们也寻求其他机会。1993年下半年,国家科委、国家计委等单位根据国际兴起的《21世纪议程》,在国内掀起了《21世纪议程》热潮。正好防灾减灾是《21世纪议程》的核心内容之一。我们机不可失地将"国家紧急灾害信息管理系统"总体建议书送上,经历了1994年的修改,1995年列入中国《21世纪议程》优先项目8－8A,项目定为"中国重大自然灾害评估及综合减灾对策系统",并赴挪威寻求国际合作资金。

1994年秋到1995年,国家第九个五年计划开始制订。我们立即抓紧时机,根据具体要求,连连以"中国国际减灾十年委员会"、"中国国际减灾十年委员会办公室"、"中国科学院"等名义写出了"九五"国家重大项目"中国国家减灾中心"、"国家紧急灾害信息管理系统及减灾培训中心"、"中国综合科技减灾决策系统研究"等项目建议稿。

总之,我们毫不放弃,抓住一切机会,猛攻国家计委、《21世纪议程》、国家科委和中国科学院。相信总有一个机会、总有一个项目会把中国减灾的大事促起来,让中国防灾减灾事业逐步生根立足。

五、挪威之行

作为国家《21世纪议程》8－8A项目,与其他类似项目一样,都需要寻求国际贷款和援助。当年我们国家还不具备支持众多项目的能力。那时,一些西方发达国家也通过《21世纪议程》为发展中国家的防灾、环保、农业等项目提供国际贷款和援助。国家《21世纪议程》的减

灾项目是 8—8A"中国减灾中心"项目和 8—8B"上海浦东新区减灾中心"。那时,挪威政府愿意向中国的减灾项目提供国际贷款和援助。所以,两个代表团的 14 位同志同赴挪威去争取国际帮助。为了更有利于使"中国减灾中心"立项,我建议国家计委派一位同志参加"中国减灾中心"访问团,这个建议为其后"中国减灾中心"立项起了重要的推动作用。

1995 年 6 月,我们来到挪威。在东道主的安排下,我们参观了挪威首都奥斯陆等地,访问了与防灾减灾有关的单位和研究所。我们也参加了 6 月 18 日~21 日在奥斯陆举行的"国际灾害紧急管理和环境技术会议",并做了报告。最后,关键的是"向中国减灾项目提供国际贷款和援助"的实质性谈判。两个项目各几百万美元贷款都不是问题,其贷款利息和偿还年限等都可接受,但难以同意的是这笔贷款必须购买挪威的仪器、装备、物资,聘用挪威的专家和人员,然而在防灾减灾领域,挪威的这一切并不先进。我们借钱、还贷都可以,但借了钱后,用钱的主权应当是我们说了算,哪能让他们指手画脚呢? 所以,挪威之行的最后结果只能回国再定。这次与我们同行的国家计委同志也深有体会,他也坚决反对这样苛刻条件的贷款。

讨论题 12.2

做成一件大事是不容易的,您有体会吗?

第三节　"中国减灾中心"八年十三稿

"中国减灾中心"的磨炼,真可谓是"只要功夫深,铁棒磨成针"。此建议从 1989 年提出,1990 年 2 月第一稿,到 1997 年 4 月的第十三稿,整整八年。

一、十三稿概况

回顾起来,从"八五"计划开始的"中国减灾中心"项目建议书是我们多年希望实现"中国现代防灾减灾体系"的长期思索和酝酿的必然结果。它作为"中国现代防灾减灾体系"的核心,当然是要第一个提出来。不过,我万万没想到的是,这样一份重要的"中国减灾中心"建议书竟拟改了前前后后十三稿,花去了我们八年的时间。

如前所述,从 1990 年 2 月的"中国减灾中心工程"第一稿,到 1992 年 2 月 10 日的第五稿,是拟写"国家减轻自然灾害管理中心"的报告,花了三年时间。这三年是在敲门、摸索、修改、再修改。

1993 年底,开始了"东方不亮,西方亮"的寻路历程。既在《21 世纪议程》投石问路,又在 1994～1995 年的国家"九五"计划里寻找新路。从 1993 年底的《21 世纪议程》优先项目的第六稿,到"九五"计划的各种各样申报稿,直至第十稿。1996 年 6 月,得知可能向港、澳、台筹资,我们立即将中心项目分划成 11 个分项目,哪怕一个一个分项目筹集也比按兵不动好。

这样,七年来,我们完成了十一稿。但是,"中国减灾中心"好像还在纸上谈兵。不过,我们的另一个战场——国家"八五"科技攻关的"台风、暴雨减灾"的成功示范给了我们巨大的鼓舞。

二、国家计委重视"中国减灾中心"项目

1995 年到 1997 年是"中国减灾中心"获得重大转机的时期。

中国在 90 年代的多次灾害(如 1991～1996 年连年的洪水灾害)引起了国家对自然灾害的重视,国家计委的领导们不得不面对这个严峻的现实。

1993 年 6 月 25 日,"中国灾害管理国际会议"上《中华人民共和国江泽民主席给大会的贺信》表明了国家最高领导人对减灾事业的重视。

从 1994 年世界减灾大会后,在联合国开发计划署的促进和资助下,国家减灾委启动了《中国减灾规划》的编写。我和一些专家坚持邀

请国家计委共同主持。其后减灾委三十多个部委都参加了编写工作。国家减灾委和国家计委共同领导制订《中国减灾规划》，使国家计委更加重视中国减灾事业。

1995 年 6 月我们与国家计委同志一同赴挪威，"中国减灾中心"贷款未成功的事情很快被国家计委的领导得知，决定由我国自己解决。1995 年 8 月底，国家减灾委副主任、民政部副部长范宝俊专程会见国家计委陈同海副主任，就"中国减灾中心"项目等事项进行了深入沟通，落实了若干重要问题，并请国务委员、国家减灾委主任李贵鲜批示。在此基础上，1996 年春，按国家计委要求，我们把"中国减灾中心"主要资料送交北京市城建设计研究院，以便按计委项目规定完成申请报告。几经讨论和修改，1996 年 11 月，由他们完成了"中国减轻自然灾害中心"的《预可行性研究报告》(共 49 页及一批附图、附件)。这是中心的第十二稿。1997 年 4 月的第十三稿是一个补充材料。

至此，"中国减灾中心"立项的十三稿用八年时间终于走完了漫长的申报之路。

三、中国国际咨询公司的评估审定

走完了漫长的申报之路后，最关键的一关是中国国际咨询公司的评估审定。中国国际咨询公司是国家计委重大项目指定的最终评审机构。

1997 年秋季的一天，秋高气爽，我们做好了充分准备，早早地来到中国国际咨询公司，打算进行"中国减轻自然灾害中心"的论证和答辩。在我们心中，这是旷日持久的八年申报战的最后决战。中国国际咨询公司邀请的各方面专家也陆续来到会场，他们中的多数人，我们不认识，但也有几位是曾经在一些会上见过面的，于是大家相互握手致意，以示友好。

很快，中国国际咨询公司的评估审定会议开始了。致辞、报告、提问、答辩、争论、休会。再补充报告、提问、答辩、争论、协商、再休会。最后，我们暂时离开会场，由中国国际咨询公司邀请的专家们评估审定。原来以为要用相当长的时间才能评估完，结果不到半个小时就让我们回到会场。评估委员会主席以"一致同意"的结论,宣布了"中国减轻自然灾害中心"项目的诞生。

四、立项成功

1997 年 11 月 11 日国家计划委员会以计投资[1997]2165 号文件印发了《国家计委关于中国减轻自然灾害中心工程立项的批复》。文件"原则同意中国减轻自然灾害中心工程立项",并对经费等事项做了安排。至此,"中国减灾中心"历经八年的立项任务终于完成了。

回顾八年的历程,那些"现代减灾"理念变成"中国减灾中心"蓝图的兴奋时刻,那些"中国减灾中心"一次次报告出炉和上报的日日夜夜,那些"中国减灾中心"方案被退回或被冷落的可悲日子,那一次又一次的灾难痛击我们之后又鼓起勇气再次上报"中国减灾中心"修改案的画面……一件件事情、一幕幕画面,就像一部大部头的电影在我脑海里放映。我看着面前"中国减灾中心"的第一稿到第十三稿的报告和文件,万般思潮涌上心头。也许这些报告和文件,在全国所有人中只有我一个人保存得最完整,因为这是用我一生心血所浇灌的重要成果之一。

> **讨论题 12.3**
>
> "坚持不懈、百折不挠"是办成大事的秘诀,对吗?

第四节　建　设

"中国减灾中心"正式立项之后,国家减灾委和民政部加快了有关事项的准备,经过了众多的批示,完成了财、物、人等的筹备工作,终于开始着手建设。

一、《中国减灾中心大楼方案》

"中国减灾中心"的地址选在北京市南城的白广路,这里是民政部的地皮,原有单位统一安排迁走后,专门建设"中国减灾中心"大楼。1998 年开始,这里就着手各种基建的准备。除了房屋拆迁外,水、电、路等各类建设的前期准备都得着手进行,部里的基建班子已开始工作。

"中国减灾中心"大楼建设的关键是《中国减灾中心大楼方案》和《中国减灾中心技术总体方案》的制订。这都是国家减灾委和民政部领导要优先决定的大事。因为只有有了中心大楼方案和中心技术总体方案才能制订设计建设方案及进行施工。

《中国减灾中心大楼方案》在国家计委与民政部商讨中,已确定国家及部里投资共建大楼,上边为中国减灾中心,下边为民政部。原定为 13 层,后改为 15 层,面积约两万平方米。上边部分每层高达 4 米多,安放"中国减灾中心"大型仪器装备。一楼为服务层,配楼用作餐厅、会议厅、报告厅等。1998 年初,中国减灾中心大楼经招标和竞标,由北京凯帝克建筑设计有限公司设计,中国地铁建筑公司承建。国家减灾委和民政部领导、国家减灾委专家组等多次审查、修改设计,希望它能符合今后工作的需要。

二、《中国减灾中心技术总体方案》

《中国减灾中心技术总体方案》由国家减灾委委托中国科学院减灾中心设计。1998 年春,中国科学院减灾中心接受任务后,立即组织全中心同志全力以赴去完成这项工作。我作为中国科学院减灾中心主任、国家减灾委专家组组长、"中国减灾中心"的倡导者,全面主持和负责这项任务责无旁贷。同时,请中国科学院减灾中心总工程师、国家减灾委专家组委员、"中国减灾中心"的倡导者之一梁碧俊教授出任《中国减灾中心技术总体方案》的总设计师和执笔人。中心主要骨干全力参与相应任务,其他同志配合有关工作。

在上述"中国减灾中心"十三稿的基础上,根据科技的发展及现时的需要,我们经历了近十个月的奋战、内研外调、多次易稿,最终于1998 年 12 月完成了近百页的《中国减灾中心技术总体设计》。

《总体设计》除了目的意义、目标任务、经费分配、仪器报价等外,还具体完成了可实施的八大系统,即灾情信息综合平台、中央灾情信息系统、国家灾情信息系统、灾情信息处理系统、灾害预测评估及辅助决策系统、紧急救援系统、灾害信息分发系统和通信系统等八大系统。

这个方案广为发放,以争求各部委、各省市的意见。而这一方案的流传也成为国家应急体系建立后,一些省市甚至国家相应机构建设现代化减灾应急体系和系统的重要参考。这是我们没有想到的意外贡献。

三、奠基和建设

经过两年多的充分准备,1999 年 12 月 27 日,"中国减轻自然灾害中心"大楼的奠基仪式在白广路举行。中国国际减灾十年委员会副主任、民政部部长多吉才让主持了奠基仪式,各位副部长、各司局负责人、国家减灾委专家组代表、施工方代表等出席了仪式。从此,"中国减轻自然灾害中心"大楼进入热火朝天的快速建设时期。

奠基仪式后不久,奠基区挖开了很宽很大的十几米深的大坑,运来成批的钢筋、大量的水泥,不久就打好了结实的地基和建好了地下室。在中心大楼建设的日日夜夜里,工人们辛勤地劳动,让大楼一层一层地加高。一座雄伟的大厦,在白广路矗立起来,让我们多年的梦想逐渐变成现实。

在中心大楼建设中,我们也不时地去看看大楼的进展。为了"中国减轻自然灾害中心"建设能更符合今后科研的需要,也为了让基建与中心《总体设计》相符合,我们专门派了徐乃璋高级工程师作为专门的联络员,每周去工地查看一次。他与基建工地的联络,确保了科研对基建的要求。

四、《技术总体方案》论证

《中国减灾中心技术总体方案》在 1998 年底完稿后,发向有关各方面征求意见,并不断修改。2000 年 5 月完成最后稿后,于 5 月 26 日进行了论证。

中国国际减灾十年委员会和民政部组织了"《中国减灾中心技术总体设计方案》论证会",并由国家减灾委副主任兼秘书长、民政部范宝俊副部长主持。会议地点就在"中国减轻自然灾害中心"建设工地旁的中民大厦。出席论证会的有:中国科学院卫星地面站、中国科学院网络中心、中国科学院减灾中心、中国科学院地理研究所、中国科学院大气物理研究所、中国气象局气象中心、中国农业部、国家环保总局、中国地震局分析预报中心、中国地震局地质研究所、航天技术总公司 503 所、国家减灾委办公室、民政部救灾救济司等单位的专家和管理人员,共三十多人。论证会议聘任陈述彭院士任主任委员、任阵海院士和陈联寿院士为副主任委员,近 20 位教授、研究员为委员。

论证会议由陈述彭主任委员组织,我代表中国减灾中心技术总体设计组做主旨报告,报告后大家提出很多评述、看法和问题。我、梁碧俊教授和李吉顺高工等技术总体设计组的成员分别做了回答或解释。经过一整天的报告、论证、答辩和评审,论证会议的全体成员对《中国减灾中心技术总体设计方案》给予了很高的评价,基本肯定了这个方案。同时也提出了很好的建议和意见。最后,由主任委员和副主任委员签署了《中国减灾中心技术总体设计方案》的论证评审意见。

根据《中国减灾中心技术总体设计方案》的论证评审意见,我们再次进行修改,2000 年 6 月完成最终版。《中国减灾中心技术总体设计方案》最终版向国务院、国家计委、国家减灾委各成员部委及相关省市发送。考虑到国务院及各部委领导的需要及时间限制,我们又专门缩写了供领导阅读的简本。至此,《中国减灾中心技术总体设计方案》告一段落。它成为后来"中国减灾中心"建设、购买仪器设备、线路铺设、安装调试、系统运行等的重要依据。它也成为几年后国家应急体系建立时,一些省市甚至国家相应机构建设现代化减灾应急体系和系统的重要参考。

五、部长和院长的协议

"中国减灾中心"的建立与多年来中国科学院专家们的努力是分不开的。为了让现代化、高科技的"中国减灾中心"建设得更好,有必要恳请中国科学院领导更加重视"中国减灾中心"并给予具体地帮助。

由于我在国家减灾委工作十年,长期担任专家组组长,1998年又与多吉才让部长共同荣获世界防灾减灾最高奖,所以与才让部长很熟悉。另一方面,我是中国科学院的一员,是院领导派驻国家减灾委的人员,又是中国科学院减灾中心主任,所以国家减灾委的大事我都会向院领导汇报。荣获世界防灾减灾最高奖后,路甬祥院长还专门给我发来了贺信。因此,作为部长与院长在共建"中国减灾中心"的沟通上,我是最合适的人选,经过多方斡旋,促成了此事。

1999年11月8日才让部长致函路院长倡议双方共建"中国减灾中心"。路院长于12月2日复函才让部长深表同意。由此开始了双方具体的协商。2000年夏,路甬祥院长应多吉才让部长邀请,亲自率领中国科学院相关领导来到白广路,首先参观了"中国减灾中心"建设工地,然后部长与院长进行了深入的商谈,最后双方签署了合作共建"中国减灾中心"意向书。由此,开始了中国科学院与国家减灾委及民政部的更密切的合作。

六、中央编制委员会定编

正当"中国减灾中心"大楼加紧建设的时候,《中国减灾中心技术总体方案》的完成,为中心系统软硬件购置及系统建设打下了基础。同时,"中国减灾中心"的人员及编制也提上了日程,民政部杨衍银副部长主持了这一工作。

"中国减灾中心"是国家减灾委(挂靠在民政部)的下属机构,它的人员及编制必须向中央编制委员会申报及批定。由于国家机关经过精简后,各部委的编制都很紧,比如,民政部原为400多人,精简后仅为250人左右。所以,"中国减灾中心"定编申报是一桩大事。"中国减灾中心"是一个"事业型"的业务单位,所以,申报人员需求及相应业务只能由我们专家组来承担。

根据"中国减灾中心"的任务和人员需求,我们分部门、分任务,一个人、一个人地安排,一次又一次地修改。最后,我们列出了大、中、小三个方案,即:148人、128人及98人方案。

2001年夏天,民政部杨衍银副部长主持了有国家减灾委专家组、国家减灾委办公室、中国气象局、国家地震局、中国科学院减灾中心等单位参加的"中国减灾中心"人员及定编会议。杨部长讲了会议的目的、意义后,我代表国家减灾委专家组作了"中国减灾中心"人员及定编建议的报告。会上大家热烈地研讨了大、中、小方案的必要性和可行性,并提出了若干修改意见。会议决定,经修改后,报国家减灾委及民政部,再上报中央编制委员会。

最终,中央编制委员会根据中国防灾减灾的实际需要,批准了中心85人的编制。这是很不容易的,也是对中国减灾事业的大力支持。

七、中法减灾合作添砖加瓦

1998年夏秋的中国世纪大洪水,政府动员了全国人民的抗洪之举,也震惊了世界各国。继1991年江淮大水之后,1998年中国大洪水又掀起了国际救灾的热潮。欧盟、德国、法国、美国、泰国、澳大利亚、日本等国都纷纷解囊,伸出援助之手。其中,法国总理宣布向中国提供3 000万法郎的援助。

由于种种原因,法国这笔款一直没到位,但后来法国总理访华时,还一再提起此事,希望能将这3 000万法郎用在中国减灾事业上,加强中法友谊。正好,"中国减灾中心"建设既需要经费,又需要科技合作。这样,经过中法一再沟通,达成中法减灾合作协议,开展了为期三年的合作。

合作的第一步是法方专家来华举办三次"Spot"卫星讲座与培训;第二步是中方代表团访法及派员赴法学习;第三步是为"中国减灾中心"购置法方的大屏幕显示器、法方为中心及湖北提供近千万法郎的仪器装备;第四步是为中心提供"Spot—4"卫星的大批历史和灾时资料(说明:"Spot—4"卫星资料是很贵的),用以研究1998年大洪水及以后的重大灾害。中法减灾合作为中国减灾事业添砖加瓦,对中心建设也做出了贡献。

八、殷切的希望

在本章中,读者会发现"中国减灾中心"有时为"中国减轻自然灾害中心",有时叫"中国减灾中心工程",有时又叫"国家减轻自然灾害管理中心",等等。这都是由于历史原因造成的,敬请原谅。

我们本意所希望建立的是一个"中国减灾中心",它应当是在国务院、国家减灾委领导下的一个有权威的、强有力的、中国的防灾减灾的中心。它可以随时通过现代化防灾减灾体系和网络沟通水利部的防汛抗旱总指挥部、信息中心、遥感中心、减灾中心;中国气象局的气象中心、卫星中心、气候中心;国家地震局的预报中心、减灾中心;国家海洋局的预报中心;国家林业局的森林防火总指挥部;中国科学院的减灾中心、卫星地面站、遥感中心等机构和单位,随时做到灾情共享。依据重大灾害的预测预报,及时综合分析出重大灾害的预警及应对。为国家和地方提供及时的、实时的防灾减灾服务,为最大限度减轻各类自然灾害而尽心尽力。

当然,这个中心的建立是很不容易的。就国家减灾委和民政部建立的中心而言,在中央编制委员会审编定员时,其"中国减灾中心"名称就受到质疑,多数部委都认为国家减灾委是一个部级协调机构,不是实体,而民政部则只管救灾救济,既无权力管理国家各种灾害预报预警,也无能力管理国家各种灾害预报预警。因此,这个中心最后定名为"民政部国家减灾中心"。

另外,在民政部救灾救济司主管下,"民政部国家减灾中心"不是由科学家主持管理的,而是由司长任中心主任,处长任部门主任。这样"民政部国家减灾中心"的行政性太强,就会偏离"中国减灾中心"的意义。不过,从2008年5月12日四川汶川大地震发生后,"民政部国家减灾中心"的快速反应及其后续工作,并每日持续地向国务院汶川地震总指挥部提供卫星资料、灾情、余震变化、灾区人口、交通实况、滑坡泥石流状况、堰塞湖分布等重要资料,对国家抗震救灾指挥提供了及时有力的帮助,这是其他中心做不到的。就这方面来说,"民政部国家减灾中心"已经在开始发挥"中国减灾中心"的作用了。

当然,我们国家更需要的是"中国减灾中心"。所以,我殷切地希望,有朝一日,这样一个中心能真正担负起国家人民期望的防灾减灾的重任,通过现代化防灾减灾体系和网络沟通各部委、各省市,实现信息共享、资源合用,为防止和减轻国家重大自然灾害做出更大的贡献。

讨论题 12.4

建设"中国减灾中心"的路程是漫长的,我们还要努力吗?

生活赋予我们的一种巨大的和无限高贵的礼品，这就是青春：充满着力量，充满着期待、志愿，充满着求知和斗争的志向，充满着希望、信心的青春。

——奥斯特洛夫斯基

第十三章

中国减灾卫星

1996年,卫星减灾系统项目专家评审会,左一为王昂生,左二为陈芳允院士

1996年,王昂生在评审会上做报告

"中国现代防灾减灾体系"中"中国减灾中心"和"中国减灾卫星"是两项核心工程。在上一章"中国减灾中心"之后,本章主讲"中国减灾卫星"。

第一节　我们要搞减灾卫星

自从 1957 年人类第一颗人造地球卫星上天以来,全球已有几千颗卫星遨游苍穹,各自承担着自己的使命。今天,人类的生存与发展已经离不开各式各样的卫星,现代科技体系都与卫星相连,"中国现代防灾减灾体系"也是如此。

一、"王昂生要搞星球大战"

1990 年春季,我在中国科学院地学部学部大会上(现在的院士大会)作"中国重大自然灾害的战略研究"报告时,用了至今我还在用的《中国减灾战略示意图》。图的中央是国务院、国家减灾委及其领导下的中国减灾中心,通过现代防灾减灾体系联结各部委、各省市应对大灾大难。图的上部是各种卫星,包括气象卫星、地球资源卫星、通信卫星和减灾卫星等,它们都是已有的在轨卫星或将要发射的卫星,可以直接服务于全球防灾减灾事业。20 年前,地学部有些老先生对卫星很陌生,一听说减灾要搞卫星就认为不可思议。正好前不久美国总统里根提出了"星球大战",于是我们防灾减灾的卫星就被说成"王昂生要搞星球大战"了。

当时,老院士这句话对我产生的压力还是蛮大的。不过,我的建议是正确的,所以还是有点自信和敢于不理闲言碎语的精神的。今天看来,那张图上用的都是已有的在轨国内外卫星,但是它启发了我们中国也要搞减灾卫星。

二、现代减灾离不开卫星

现代防灾减灾根本离不开各种各样的卫星。

不说今天,就是在 20 年前的 1990 年前后,无论是台风、暴雨,还是干旱、大雪等重大气象灾害,都离不开气象卫星的实时观测。有了气象卫星实时观测的数据,并结合台站网络、计算机模拟、雷达探测等,才能为大灾大难做好预测、预报和预警。气象卫星功不可没。

地球资源卫星除了地球资源探测外,它对地球、地质等灾害探测、预报、预警也有重要作用。比如,对水土流失、荒漠化、滑坡、泥石流等灾害的监测和预报等。此外,它的很多信息也可为其他灾害服务。

通信卫星更是今天人们应用极广的卫星之一。在大灾大难时刻,通信卫星成为人们救灾救难的关键工具。2008 年四川汶川大地震时,海事卫星让中央掌握了很多地震"死区"的信息,为国家救灾立下了不可磨灭的功劳。

科学家们正通过高分辨卫星观测地球板块运动,卫星观测震区的红外辐射及热效应,卫星观测震区电磁波异常等先进科技,去攻克地震预测预报的世界难题。

所以,客观地说,现代防灾减灾根本就离不开各种各样的卫星。

三、航天部与减灾委相商减灾卫星

世上真有无巧不成书的事,就在说"王昂生要搞星球大战"的两三个月后,航天部(现为航天工业总公司)的同志来到国家减灾委商谈减灾卫星的事。但是,那天我不在,一位搞救灾的行政同志接待的,他根本不懂什么卫星或减灾卫星,只知道救灾救济,三下五除二地就把人家打发了,好在还留了个心眼,记下了电话。

等我得知此事后,后悔极了,好在还有个电话。于是,我马上把电话打了过去,大致知道航天部的来意后,马上过去了解详细情况。原来,航天部的同志们根据国家各方面事业发展的需要,对各种卫星排了个队,他们认为继科学卫星、气象卫星、通信卫星和地球资源卫星等之后,减灾卫星应当提上日程。一方面中国灾多灾重,国家和人民急迫需要;另一方面,很多与灾害相关部委都有发射卫星的要求,但由国家减灾委领头发射减灾卫星,可以同时满足多个部委的要求,又好又省;第三,减灾卫星将拥有光学和微波(雷达)波段,中国以前发射的卫星都是光学卫星,而减灾卫星的雷达星将使航天部门事业上一个新台阶,这也是他们愿意与减灾委合作的重要原因。

于是,我迅速将这个情况向陈虹司长和张德江副部长进行了汇报,特别强调了发射减灾卫星的重大科学意义,建议专家组保持与航天部门的密切联系,在条件合适时与航天部共同向国家提出立项。这个建议得到了他们的同意与支持。由此,我们在进行"中国减灾中心"建议与立项的同时,又踏上了"中国减灾卫星"的漫长征途。

讨论题 13.1

"我们要搞减灾卫星",应不应该?对不对?

第二节　中国减灾卫星大有希望

从"王昂生要搞星球大战"的应用其他卫星到中国要发射自己的减灾卫星是一个本质性的变化。在这一两年里的变化,让我们看到中国减灾卫星大有希望。

一、十几个部委都要用卫星

航天部与国家减灾委的合作是希望共同来促成减灾卫星的国家立项。如果成功,航天部将承担减灾卫星的研制、发射、管理和发回数据等任务。而国家减灾委则将作为用方代表,负责接收、处理、应用和分发减灾卫星资料等任务,让众多需要应用减灾卫星资料的部委和省市共享成果。

这个方案得到了多数部委的支持,因为要每个部委都去申报发射卫星既是不可能的,也是不可取的。而国家减灾委统一办理是最合适的,一则要用卫星的多数部委都是国家减灾委的成员单位。第二,大家要求发射卫星的性能、分辨能力等都很接近,减灾卫星基本可以满足多数部委的需要。

统计下来,有十几个部委都有应用卫星的需求。比如,水利部、地质地矿部(现国土资源部)、农业部、林业部(现国家林业局)、民政部、中国科学院、国家气象局(现中国气象局)、国家地震局、国家海洋局……于是,以国家减灾委为首的十几个用户单位,由国家减灾委出面,与航天部合作,迈出了"中国减灾卫星"十几年的艰苦历程。

二、京郊会议频频

从1992年起,航天部与国家减灾委的合作以一次又一次的会议方式进行。有时在白石桥路的航天部五院进行,有时到京郊航天部的培训中心召开。会议主要由国家减灾委和十几家用户单位提出各自对减灾卫星的需求,航天部及其五院的同志们听取意见,并商讨这些需求的合理性、必要性、可行性等等。过一段时间,航天部及其五院的同志们根据用户意见,就会拿出一个初稿。然后大家又开会研讨。这样的会议在1992到1994年间,于北京郊区航天部的培训中心反反复复地召开了不少次。"中国减灾卫星"就在这样的方式下不断地前进着。

在十多年后的今天,航天部门的同志们经过不懈努力,做出了不少成绩。他们不仅成功地发射了众多的中外卫星,还完成了一次次的神舟飞船和载人飞行任务,中国的绕月飞行的成功举世瞩目。但是,我们也记得20世纪90年代初,他们也遇到了不少困难。在我们的会议期间,不时地会听见他们的总工或领导人员为当年的"风云卫星"(气象卫星)或其他卫星的发射着急,有时是发射的卫星的朝向偏了,有时是通信联络时有时无……在会议中或会外不时传来一些不利的消息，我们也时时为他们捏把汗，常常在会下问他们一些情况，有时也安慰他们几句。那时，我最希望的是航天部同志们赶快提高技术、精益求精，在发射"中国减灾卫星"时，一切顺利。

三、24 位院士评审"中国减灾卫星"

几年的准备时间很快过去了。1995 年听说要评审"中国减灾卫星"了，直到 1996 年夏天才迎来了 24 位院士评审"中国减灾卫星"。评审会议在北京动物园附近的一座会议厅内召开。

为了这次评审，航天部和国家减灾委都做了充分的准备。航天部同志全面论述发射"中国减灾卫星"的目的意义，技术方案，性能指标，卫星特点和攻关难点等。国家减灾委由我代表十几个部委用户做"中国减灾卫星"的需求报告，这是我们几年来共同商议的结果。为了开好这个会，争取一次性通过，航天部和国家减灾委都开了专门会议进行了预演，会后又一次次的修改，直到大家满意为止。

由 24 位院士组成的"中国减灾卫星"评审团是一个强大的阵容。航天部和国家减灾委也派出了大批人员参加会议，以国家减灾委为首的十几个部委的用户阵容也堪称壮观。这一切都说明，各方面都对"中国减灾卫星"评审的高度重视。

"中国减灾卫星"评审会议准时开始。致开幕词、领导讲话、评审团组成介绍、评审团主任主持评审、航天部的"中国减灾卫星"报告、国家减灾委的"中国减灾卫星"需求报告、评审团提问及答辩、休会；评审团讨论评审意见，复会；评审团主任宣布评审结果、致闭幕词、会议结束。

满满四个小时的"中国减灾卫星"评审会议，顺利结束。由 24 位院士组成的"中国减灾卫星"评审团一致同意"中国减灾卫星"立项。同时，对"中国减灾卫星"项目提出了许多修改意见，建议修改后上报主管的国防科工委立项。至此，"中国减灾卫星"的七年立项之路终于成功完成。我们的兴奋之情难以言表，"中国减灾卫星"将在"中国现代防灾减灾体系"中发挥重大作用，我们急切期待这一天的早日到来。

四、"尖兵五号"为国防服务

从"中国减灾卫星"评审团一致同意"中国减灾卫星"立项那一刻起,我们就时时盼着"中国减灾卫星"项目的启动。等呀等,一直没有消息,难道是"泥牛入海"?

过了相当长的时间,传来消息,雷达卫星还是要搞,但不再是"中国减灾卫星"了。根据国家的安排,将首先为国防服务,包括微波波段的雷达卫星,将由总参谋部有关部门负责,卫星将"军民共用"。一两年过去后才知道,军方卫星叫"尖兵五号",它主要是为国防服务的。

讨论题 13.2

"中国减灾卫星"和很多大事一样,都不是一帆风顺的。对吗?

第三节　减灾小卫星星座

从"中国减灾卫星"(也就是我们说的"大卫星")转成军方"尖兵五号",坦白说我们是好长时间都想不通的。但是,国家利益和国防需要高于一切! 所以,我们忍痛割爱全力支持军方工作。减灾卫星只得另辟新径了。

一、陈芳允院士建议搞减灾小卫星群

就在这个关键时刻,"两弹一星"元勋之一的陈芳允院士根据世界各国卫星发展的动向和趋势,从 1995 年起就主张大力发展"小卫星"。所谓"小卫星"是相对发射的"大卫星"而言的。我们以往发射的气象卫星、通信卫星和地球资源卫星等都是几吨重的大家伙,所以发射它们的火箭也都得用大火箭。随着科学技术的快速发展,卫星里的许多

元器件、电子设备、计算机和其他东西都大大减小了尺寸和重量，诸如大规模集成电路，仅仅一平方厘米大小的集成片就比以前的大块头的仪器功能还强得多。"小卫星"重量轻、尺寸小、可靠性强，而且发射火箭也小。同样功能的减灾卫星，"大卫星"几吨重，而"小卫星"只需二三百公斤，是大家伙的十分之一。因此"小卫星"成为人类卫星发展的必然方向。陈院士在国际宇航会议上就这个重要创见和观点进行过报告，并发表了论文。

陈芳允院士建议搞"小卫星"，正好遇上减灾卫星的事。他了解"减灾大卫星"的全过程，并且他也是24位院士评审"中国减灾卫星"人之一。所以，他建议搞"小卫星"就从搞"减灾小卫星星座"开始。于是陈老先生就四处呼吁，积极地提出"减灾小卫星"方案。他主动去航天部和国家减灾委建议和商量，并几次开车来到中国科学院减灾中心找我。由于我是国家减灾委专家组组长、也是"减灾大卫星"申请报告人之一，所以，我也主动与他一起去促成这个重要的建议。在"减灾大卫星"结束申报后，我们正为此事发愁时，陈芳允院士的建议让我们豁然地看到一片广阔的前景，于是航天部和国家减灾委又重新紧锣密鼓，打起精神，再次向"中国减灾小卫星星座"奋战！

后来，陈芳允院士谦虚地写道："我们提出全球综合防灾减灾卫星系统建议，是中国减灾中心王昂生教授、北京大学马霭乃教授、中国科学院姜景山研究员和我们于1997年共同提出的。"应当说明：在这件事上，陈芳允院士是立首功的。

陈芳允院士等建议的"中国减灾小卫星星座"，是发射一批小卫星（比如，七颗或八颗），组成减灾小卫星群或减灾小卫星星座，采用四颗光学卫星和四颗雷达卫星，组成全球覆盖的小卫星星座。它们可以每日两次观测世界各地的灾害，分辨能率达30米左右。这样，减灾小卫星群能形成相似气象极轨卫星的高时间分辨率，而优于其空间分辨率。它又有接近地球资源卫星空间分辨率，而远优于其时间分辨率。它更有其他卫星没有的微波波段的雷达卫星，可以穿云破雨地进行观测。同时，减灾小卫星群的专用灾害探测是它们最大的优势，也是其他卫星无法取代的。由于"减灾小卫星"每颗造价低廉，发射成本也低,所以,即使是八颗"减灾小卫星星座"及其组网,其总计投入也仅与一颗"减灾大卫星"相近。但它们的时间和空间分辨率却远优于"减灾大卫星",这个建议受到各方面的重视。

二、中意合作想走新路

在这个时候,国际上也出现了类似的"减灾小卫星星座"计划。当时,意大利就在牵头搞一个"七星计划"。当得知对方打算搞"减灾小卫星星座"时,我、意双方都立即通过外交渠道进行联系,很快达成合作共识。不过,"七星计划"是由意大利牵头,他们实力也不是很强,所以又在寻找其他合作者,如印度、巴西等。中国方面由航天部与他们联系,开过一两次会,会议情况都及时与我们国家减灾委及专家组沟通。

"七星计划"由意大利牵头,再由一些发展中国家各自负责一颗卫星的任务,进行组网联动。接收卫星信息后,处理分发等等。这里有很多问题是难以协调一致的,更不用说减灾工作必需的高效快速了。最终的破裂是由于牵头的意大利,虽然能力有限,但总想主宰一切。在方案中要求"七星计划"由意方总管,所有的七颗减灾卫星的联网资料都汇集于意方总部,后根据灾情分发相应国家。这样,中国这样一个大国,在突发灾害紧急的情况下,也得受制于一个远在万里外的国家。这样的合作完全达不到我们的目的,因此,不久我国就退出了这个计划。主管航天工作的国防科工委关注着这一切,也逐步重新考虑"中国减灾卫星"的事。

三、环保总局加盟减灾卫星

虽然"减灾大卫星"因为国防需要转为"尖兵五号"立项去了,但是中国作为一个大国、一个自然灾害频繁而十分严重的国家,是必须要有自己的减灾卫星的。从国内来说,国家减灾委及其十几个部委的用户群也是足够庞大的应用群体,就中国已经发射的各类卫星来说,有这么多用户的卫星还是第一个。所以,无论航天部门,还是它的上级主管的国防科工委,都一直在想补上这个窟窿。在他们的支持下,对中、意等国的"减灾小卫星星座"给予了极大的重视。也是在他们的决策下,毅然决然地退出了多国"减灾小卫星星座"的合作。这时,内部高层已隐隐约约地传出:中国不能受制于外国,要搞"减灾小卫星星座",就我们自己搞。

在中国"减灾大卫星"和"减灾小卫星星座"剧烈变动的那一两年中,国家环境保护总局出于中国环境保护的需要,正式向国家减灾委申请加盟为"减灾卫星"的用户。当时,为了促进"减灾卫星"办成,大家都欢迎环保总局的加盟。随着"减灾小卫星星座"的发展,国家环保总局认为中国环保事业与中国减灾事业一样,对国家和人民都很重要,进而建议国家减灾委与国家环保总局共同申请"中国减灾环境小卫星星座",以增加分量和力度。由于近七八年卫星事项的不顺利和急迫需要,几经商议,最后达成合作申请的协议。从此,"中国减灾环境小卫星星座"的申报单位变为:中国国家减灾十年委员会(后改为中国国家减灾委员会)、国家环境保护总局和中国航天科技集团三家。客观地来说,国家环保总局的加盟的确有利于"中国减灾环境小卫星星座"的办成。

四、清华大学小卫星的启迪

这段时间有一件事是值得说说的,那就是清华大学搞的小卫星。

大约在1996年前后,一位留英的原中国科学院地球物理研究所的同志,从英国回来找到我,谈到英国一所大学一直在搞教学用的小卫星,很有兴趣与中方合作,对方在这方面很有经验和实力,对中国大有好处。因为我不搞卫星,只是把她推荐去找院里的有关人员,但没有结果。于是,她去找了清华大学,当时的校长王大中院士十分重视,经过几次反复联系、访问、商谈。最后清华大学决定:重整清华航空航天雄风,投资5 000万元,由五个系和学院集中38位人员,组建清华大学航天中心,与英方合作开展"小卫星"研究。

不久,我参加了清华大学航天中心的成立大会。其后,他们走上了航天教育和"小卫星"研究之路。至今,我并不了解他们的发展情况,但当年他们这种思维和精神是值得肯定的。中国需要有这样一大批人和一批单位勇敢地去闯去拼,只有这样才有可能加速我们的现代化进程。

五、给中国科学技术大学的一个建议

1998 年 9 月,就在我们荣获世界防灾减灾最高奖的前夕,我的母校中国科学技术大学 40 周年校庆在安徽合肥举行。收到母校邀请,我代表中国科学院减灾中心和中国科学院大气物理研究所出席了中国科学技术大学 40 周年校庆的各项庆祝活动并参观了新校区。

其中有一项活动就是由中国科学技术大学校长朱清时院士主持、中国科学院主管中国科学技术大学的白春礼副院长出席,邀请各贵宾单位代表参加的座谈会。会议目的是听取大家对今后中国科学技术大学发展的建议和意见。座谈会参加者发言踊跃,言辞恳切,目的是想把中国科学技术大学办好。因为历史原因,造成学校从首都北京迁校至安徽合肥,给中国科学技术大学带来了巨大而难以弥补的损失。由此,中国科学技术大学已从当年中国顶尖大学的前茅退到中国顶尖大学的中游,这是大家都不愿看到的痛苦现实。因此,与会者都慷慨陈词,希望后发有力,改变现状。

会上,我给中国科学技术大学的一个建议是:学习清华大学建立航天中心的思维和魄力,至少到那时为止,中国还没有一所大学敢去想和敢去做发射"小卫星"的事,然而 21 世纪"小卫星"将是航天事业的重头戏。中国科学技术大学必须尽快找到和发展几个类似"小卫星"的 21 世纪重大科技生长点,并走在全国和全球的最前列,才有希望重整当年雄风。

讨论题 13.3

当您事业遇到挫折怎么办?能像搞减灾卫星那样坚持奋斗吗?

第四节　中国有了自己的减灾环境卫星

历经了种种困难和变化,最后中国减灾卫星终于开始了以"灾害与环境监测预报小卫星星座系统"的名义,正式立项和研究。2008年中国的减灾环境卫星终于成功发射,中国终于有了自己的减灾环境卫星。

一、中国要搞自己的减灾卫星

在前一节我们再三提到中国减灾卫星从1990年提出起,经历了一次次磨难,如果没有坚定的决心很难让它诞生。但是,中国要搞自己的减灾卫星不是哪一个人的主观意愿,而是整个时代发展的必然,也是中国要战胜严重自然灾害的迫切需求。这批人不提出"减灾卫星",那批人也会提出"减灾卫星"。我们只不过是时代的幸运者,此时此刻看到这个重大需求,而又处在那个位置上,为中国要搞自己的减灾卫星尽了一份力,同时,我们坚持不懈地努力和上级的大力支持也是成功的关键。

20世纪90年代是中国改革开放后快速发展的时期,改革的春风给全国人民极大的鼓舞,让大家看到小康社会的美好前景,都愿奋发图强地努力建设我们伟大的祖国。但是,老天总是故意与中国人民作对,在90年代,中国先后发生了6次大水灾、3次台风灾害、几次地震和其他许多灾难,给我国造成了巨大的经济损失和众多的人员伤亡。特别是1998年夏秋的长江、松花江和嫩江的特大洪水成为我国20世纪大洪水,江泽民主席等中央领导亲临防灾减灾第一线,直接指挥千军万马抗洪救灾,这鼓舞了全国人民战胜大灾大难的斗志,让全世界人民刮目相看。

正是这些重大事件和客观需求,各方面都一致提出"中国要搞自己的减灾卫星"。于是,水到渠成,顺理成章。

二、减灾环境卫星立项

1998 年长江特大洪水后,减灾卫星的立项明显加快了速度。在我们近十年各类减灾卫星报告和立项的基础上,加上国家环保总局的加盟,"中国减灾与环境卫星"的立项又进入一个新时期。于是,各种各样的调研、研讨、报告起草和会议等活动频频进行。减灾环境卫星成功的希望很大。

2000 年 7 月,中国国家减灾十年委员会、国家环境保护总局和中国航天科技集团起草的"灾害与环境监测预报小卫星星座系统"综合论证报告正式上报国家主管航天事业的国防科工委。报告全面论述了建立中国"灾害与环境监测预报小卫星星座系统"的意义与必要性、任务与指标、卫星性能要求、小卫星星座方案、小卫星总体方案、地面应用系统方案(包括地面应用总体结构、接收分系统、预处理分系统、通信分系统、运行管理分系统、减灾应用分系统、环境应用分系统等)、地空支撑体系、进度与经费、效益分析等等。

报告又根据各方面专家和领导的意见,几经修改,最终定稿。次年,在国防科工委组织下,中国国家减灾十年委员会、国家环境保护总局和中国航天科技集团提交的报告,通过一批院士和专家组成的评审团正式评审后,得到了国家的认可。2003 年由国务院批准正式立项。中国减灾卫星 14 年的立项之路终于完成,这既标志着中国减灾(包括环保)事业将上一个新台阶,也标志着中国航天事业将迎来微波波段(雷达)测地的新时代。

三、卫星的地面减灾接收系统

紧接下来便是极为繁重的"灾害与环境监测预报小卫星星座系统"实施准备。根据分工,卫星研制、发射、运行和管理等都是中国航天科技集团的任务,国家减灾委员会和国家环境保护总局主要承担卫星地面应用系统等任务。2002 年开始了小卫星星座的各项实施准备工作,等到国务院正式批准立项,就可以抓紧时间全面开展工作了。

国家减灾委员会和国家环境保护总局承担卫星地面应用系统任

务。首先就是拟定卫星地面应用系统建设方案。它包括三大部分：地面接收、传输和预处理，减灾应用系统，环境应用系统。经商定，卫星地面接收、传输和预处理任务由中国科学院卫星地面站和中国航天科技集团的503所完成。减灾应用系统则由国家减灾委员会交由中国科学院减灾中心完成。环境应用系统则由国家环境保护总局完成。

这样，我们中国科学院减灾中心又一次开始了卫星的地面减灾应用系统的研究。在十多年研究成果的基础上，我们提出了卫星数据应用处理系统、中央灾情信息系统、国家灾情管理系统、信息平台及综合数据库、灾情信息处理系统、灾害跟踪预警系统、灾害评估及辅助决策系统、紧急救援系统、灾害信息分发系统、灾害信息网络系统和通信系统等11个卫星地面的减灾应用系统。我们提出了1.74亿元的建设经费估算，并于2003年6月汇总上报。由于一些复杂的原因，后来"中国灾害与环境监测预报小卫星星座"改名为"中国环境与灾害监测预报小卫星星座"。我们并不特别注重其名称，只愿其真正能为国家、为世界做出贡献。

四、环境与减灾卫星升空

2008年9月6日，历时近20年努力争取的减灾卫星升空。从1990年减灾卫星的开始酝酿，到1996年"减灾大卫星"评审通过；从1997年的小卫星星座提上日程，到2003年国务院正式批准立项；再到2008年的首批小卫星发射成功。近20年的漫长过程，让我们深深感受到一件大事的成功是多么不容易！

环境与减灾卫星现在的全称是"中国环境与灾害监测预报小卫星星座"。它是中国专用于环境与灾害监测预报的卫星，其A、B星于2008年9月6日以一箭双星的方式在太原卫星发射中心由长征二号丙火箭发射升空。

"环境与减灾卫星星座"于2003年由国务院批准立项，由A、B两颗中分辨率光学小卫星和计划于其后发射升空的一颗合成孔径雷达小卫星C星组成首批发射星，最终为四颗光学小卫星和四颗合成孔径雷达小卫星组成小卫星星座打基础。它主要用于对生态环境和灾害进行大范围、全天候的动态监测，及时反映生态环境和灾害发生、发展过程，对生态环境和灾害发展变化趋势进行预测，对灾情进行快速评估，为紧急救援、灾后救助和重建工作提供科学依据。它采取多颗卫星组网飞行的模式，每两天就能实现一次全球覆盖。待八颗小卫星上天并组成星座后，可以做到每天两次实现全球覆盖，让我们更好、更快地观测、警戒地球的大灾大难。

"中国环境与灾害监测预报小卫星星座"将全面服务于中国的环境与减灾事业。因为它有全球运行及观测能力，所以也将为全球、特别是亚太地区的环境与减灾事业做出重要贡献。

五、光辉的前景，艰巨的任务

"中国环境与灾害监测预报小卫星星座"具有八星升空组网、形成多星多轨绕地的特点。因此既有每天两次实现全球覆盖的密集时间分辨能力，又有 30 米左右的高空间分辨能力，还有四颗微波波段雷达卫星的穿云破雨能力，成为已有其他在空卫星无可取代的、专用的环境与减灾卫星，所以前景一片光明。

但是，"中国环境与灾害监测预报小卫星星座"的任务也是异常艰巨的。因为我们发射卫星不是目的，目的是为中国和全球的环保和减灾服务。但"环境与灾害监测预报小卫星星座"如何做到这一点，还有很长的路要走。就以环境保护而言，星座拥有 128 个波段的光波分辨力，这是以前光学卫星没有的，性能优越是其优点。但是，如何应用如此密集波段去识别和解决环境保护、生态灾害、大气污染、水体污染、固态污染等棘手问题，还亟待研究和分析。

在防灾减灾方面，虽然我们已为减灾卫星奋斗了 20 年，但真正应用如此优越性能的专用卫星来为防灾减灾服务，也只能在拥有了这一星座后来具体实践。这几十年里，虽然人们没有如此性能优越的专用卫星，但各种气象卫星、地球资源卫星、海洋卫星等，都早已为从事防灾减灾的人们广泛应用，并取得了重大成就。例如，大家所熟悉的台风灾害的预报预警，卫星功不可没；暴雨、洪水灾害时，人们就不停地观察分析卫星云图，看看雨区及其移动方向，为防洪救灾服务；就连人类最困难的地震预报,人们都用卫星测试地热、地球板块运动等办法,试图找到新的预报方法。总之,性能优越的专用减灾卫星仅仅为我们提供了防灾减灾的一个重要手段,更重要的是要求人们认真研究,找出一整套办法来进行防灾减灾,达到减轻灾害,降低损失的目的。所以说,即使有了专用卫星,我们的防灾减灾任务还是十分艰巨的。让我们继续努力奋斗吧!

讨论题 13.4

中国有了自己的减灾卫星,防灾减灾任务就完成了吗?

第十四章

达到光辉的顶点

1998年,王昂生在中国南方洪涝灾害应急管理研讨班上做报告

1994年,王昂生在世界减灾大会的各国旗丛中

人的一生,如果能够通过奋斗而达到事业的光辉顶点,那将是对祖国、对人民的一大贡献,也是对世界的奉献。

第一节　1998 年特大洪水灾害

1998 年夏秋,我国遭遇了 20 世纪 90 年代第 5 次大洪水,也是其中最为严重的一次灾害,惊动了全中国和全世界。

一、1998 年大洪水

1998 年我国气候异常,长江、松花江、珠江、闽江等主要江河发生了大洪水。长江洪水仅次于 1954 年的洪水,为本世纪第二位全流域型大洪水,长江上游一共出现了 8 次洪峰,中下游也爆发了洪水,最终成为全流域大洪水。长江流域面平均降雨量为 670mm(1998 年 6 月~8 月),比多年同期平均值偏多 37.5%。松花江洪水为本世纪第一位大洪水,松花江上游的嫩江流域面平均降雨量 577mm(1998 年 6 月~8 月),比多年同期平均值偏多 79.2%。珠江流域的西江洪水为本世纪第二位大洪水。闽江洪水为本世纪最大洪水。

这场洪水范围广,持续时间长,最终造成损失情况极为严重。涉及省、市、自治区、直辖市达 29 个,其中江西、湖南、湖北、黑龙江、内蒙古和吉林等省受灾最重。农田受灾 2200 万公顷,成灾面积 1378 万公顷,直接经济损失 2551 亿元人民币。

二、特大洪水的预测

1998 年刚来临不久,在二、三月份就有几位专家向国家减灾委提出今年可能出现大洪水的预测。但由于距夏季洪水到来还有相当长的时间,所以预测也不太具体,算是一类超长期的预报。我们也将其意见告诉了相关部门,大家时时注意灾害可能出现的苗头和加强防灾减灾工作。

为了防止和减轻洪水灾害,国家减灾委和联合国开发计划署在六月上旬于湖南长沙召开了南方各省减灾负责人的国际研讨会,共同商讨应对可能来临的洪水灾害。说来也巧,我们会议期间,湖南的水灾就开始冒头了。来开会时,我们下了飞机,乘车经过浏阳河大桥,但会议结束后,再去机场就只能改走别的路了,因为浏阳河大桥已被洪水淹没。

等我们回到北京,南方水灾的趋势越来越明显,长江、珠江洪水水位逐日攀升,闽江、松花江及嫩江也出现不祥的兆头。看来,1998 年可能出现大洪水的预测是应验了,我们早已做好准备,全力以赴防灾减灾。

三、全国人民共同抗击特大洪灾

1998 年 6 月 30 日,由于 6 月中下旬长江发生 1954 年以来第二次全流域性洪水,国家防汛抗旱总指挥部发出《关于长江、淮河防汛抗洪工作的紧急通知》,要求各级领导立即上岗到位,切实负起防汛指挥的重任,迎战洪峰,战胜洪水。

8 月 9 日,朱镕基总理亲赴湖北长江抗洪第一线,察看长江大堤防守情况。朱镕基总理传达了党中央和江泽民总书记最近关于长江抗洪抢险工作的指示,强调当前长江防汛形势十分严峻,沿江各地要把长江抗洪抢险作为头等大事,全力以赴抓好。要坚决严防死守,确保长江大堤的安全,不能有丝毫松懈和动摇。随后,朱镕基总理又到九江市抢险现场,察看 8 月 7 日长江南岸防洪墙决口处的堵口抢险工作。8 月 12 日下午,九江长江大堤决口实现了堵口合龙。

8 月 13 日,江泽民主席亲赴湖北长江抗洪抢险第一线,看望、慰问、鼓励广大军民,指导抗洪抢险斗争。8 月 14 日,江泽民在武汉发表重要讲话,就决战阶段的长江抗洪抢险工作做总动员。江泽民说,现在长江抗洪抢险到了紧要关头,处于决战的关键时刻。只要坚定信心,坚持坚持再坚持,就能够取得抗洪抢险的最后胜利。但是,这一段时间也最容易发生问题,稍有不慎,就可能功亏一篑,造成无法弥补的严重损失。因此必须加倍努力,把动员、组织、落实工作做得更好。8月16日下午,江泽民主席向参加抗洪的人民解放军发布命令:沿线部队全部上堤,军民团结,死守决战,夺取全胜。同时要求地方各级党政干部率领群众,与部队官兵共同严防死守,确保长江干堤安全。

9月29日,中共中央、国务院在北京人民大会堂隆重举行全国抗洪抢险总结表彰大会。10月8日,中央军委在北京人民大会堂举行全军抗洪抢险庆功表彰大会。事实表明,在以江泽民同志为核心的党中央坚强领导下,广大军民发扬"万众一心、众志成城,不怕困难、顽强拼搏,坚韧不拔、敢于胜利"的伟大抗洪精神,在800万人民和30万军队的三个多月奋战下,依靠建国以来建设的防洪工程体系和改革开放以来形成的物质基础,抵御了一次又一次洪水的袭击,保住了长江、松花江等大江大河干堤,保住了重要城市和主要交通干线,保住了人民群众的生命财产安全,最大限度地减轻了洪涝灾害造成的损失,取得了抗洪抢险救灾的全面胜利。中国人民战胜特大洪灾成为全球战胜重大灾难的又一成功范例。

四、给中央的建议信

面对1998年夏秋全国各地防洪的严峻形势,我于1998年7月21日给江泽民主席和朱镕基总理发出了建设"中国现代防灾减灾体系"的建议信(第四次给中央的建议信)。信中写道:

······

第一,我国拥有了从中央到地方的单一灾种(如水灾、地震、气象、海洋等)的灾害系统,但重大灾害却是跨部门、跨地区、跨学科的事件,往往突然来临,只得中央政治局过问。我国缺少强有力而常备不懈的综合减灾领导机构(国家减灾委只是跨部门的临时协调机构),因此我国应当设置精干的机构(如美国设有联邦紧急事务管理局(FBMA)）。

第二，虽然我国已投入 1 万亿元的巨大防灾减灾经费，但还没形成体系，效率不高，应当充分应用各类高科技手段，以少量投入去调动上述投资，这就需要建设中国现代防灾减灾体系。……

根据长期总结的经验，我们认为，如果国家总投入 10 亿元初步建立这一体系，可以达到每年减灾 5%～10%，即每年减少 100～200 亿元的损失；如果总投入 30～50 亿元建成这一体系，则可以每年减灾 10%～20%，即每年减少灾害损失 200～400 亿元。……

这封信很快送达中央，引起了高度重视。由于那时正处在长江等各大江河洪水灾害严峻的时刻，温家宝副总理常驻武汉指挥抗洪；8 月 7 日九江长江决堤，朱镕基总理立即飞赴南方；8 月中旬，江泽民主席亲临长江指挥抗洪……就在这样紧急的情况下，他们都阅读和批示了这封信。朱总理是 8 月 6 日批的，温副总理是 8 月 16 日批的。据当时负责国家减灾委工作的司马义·艾买提国务委员说，王教授的信在国务院内引起了很大的震动。不久，国务院办公厅通过国家减灾委要求我就建设"中国现代防灾减灾体系"的具体建议写一份详细材料。9 月 25 日我将一份 22 页的中国现代防灾减灾体系建议书送交给国务院。内容包括：

一、建立"中国现代防灾减灾体系"的目的和意义；

二、"中国现代防灾减灾体系"框架简述；

三、建立"国务院防灾减灾信息和决策系统"；

四、建立"中国减灾中心"；

五、建立"中国现代防灾减灾体系"等五部分及几张附图。

讨论题 14.1

全国人民战胜 1998 年大洪灾，您有什么感受？

第二节 攀抵光辉的顶点

1998年10月14日是我人生最难忘的日子。这一天,我在瑞士日内瓦联合国总部万国宫,为祖国人民赢得了世界防灾减灾最高奖——联合国灾害防御奖,达到事业的光辉顶点。

一、联合国减灾委的高度评价

随着20世纪中后期中国减灾事业的快速发展,我们一生为之奋斗的防灾减灾事业得到了升华。在不断与国际专家交流的基础上,中国科学院减灾中心成为一个对外联络与展示的窗口。中国科学院减灾中心的几个专用实验室既配置了先进的装备,又有中国减灾工作的现场演示,还有大批精制的中国及中心减灾事业成果的彩图和印刷品。当时,国外来华访问的防灾减灾代表团及专家,几乎都会来中国科学院减灾中心参观访问,而且都会给他们留下深刻印象。这样,中国科学院减灾中心成为国家减灾委的重要外事基地,促进着中国减灾事业的国际化发展。

1996年夏天,联合国减灾委的艾罗主任访问了我们减灾中心,并给予了高度评价(彩图16),他写道:

"你们在减轻自然灾害方面的杰出工作给我留下很深的印象,它对中国乃至世界的"国际减灾十年"活动都是一个重要的贡献。"

他的后任,联合国减灾委的布雷主任于1998年9月再次参观访问了我们的实验室,并进行了近两小时的专门座谈(彩图17)。临走时留下了如下书面评论:

"我在这里所参观的工作给我留下了极其深刻的印象。我认为对这里从事的许多研究和分析工作进行国际投资是必要的,这对全世界减灾事业大有好处。在许多方面,这里所从事的工作对众多灾害易发国家而言是开创性的。也许，中国科学院减灾中心现已开始的工作本身就对宣传这项工作大有帮助。我盛赞他们所有的研究和进展，对其献身精神和工作质量深表钦佩。我保证联合国减灾委员会将同中国科学院减灾中心保持紧密合作，并将尽力为这个中心争取资助。"

联合国减灾委两任主任的高度评价及愿为中心争取资助的承诺，是我们攀抵顶峰的美好的信号和不竭动力。

二、新华社日内瓦(1998 年)10 月 1 日电

《人民日报》于 1998 年 10 月 3 日刊登了重要消息：

"据新华社日内瓦 10 月 1 日电(记者严明)　记者 1 日从联合国获悉，中国民政部部长多吉才让和中国科学院王昂生教授获得了 1998 年度联合国预防自然灾害奖。这是联合国对中国政府在今夏特大洪水中为减少洪涝灾害损失作出努力的肯定。

据联合国人道主义协调中心发言人穆利纳·阿塞维多女士介绍，由各国专家组成的评奖小组在众多的候选者中挑选出两名中国人给予这一奖项，是为了表彰中国政府在今夏为减少洪涝灾害损失所作的努力。她说：'如果没有中国政府的得力措施，洪水造成的损失将大得多。'

据联合国方面发布的材料说，多吉才让在中国预防自然灾害国家计划中发挥了重要作用，他参与并领导了中国国际减灾十年委员会和全国范围内的自然预报和评估系统的建立；王昂生教授是中科院大气物理研究所的科学家，因致力于加强预防自然灾害工作在中国和世界上都享有声誉。"

这篇报道迅速被国内许许多多大报小报转载。中国人赢得世界防灾减灾最高奖的消息传遍祖国大地。

三、联合国万国宫颁奖盛典

于是，就有了本书开始第一章那些飞往日内瓦、在联合国万国宫颁

奖盛典的各项议程。每当我回首十多年前攀抵顶峰的时刻,似乎历历在目。

"最后,我佩带着中国科学技术大学40周年纪念章走上台领奖。当我从主席台中央走向大厅中心时,我心潮澎湃,五十多年的奋斗史一下涌入脑海,13岁在成都七中得奖的小本本在我眼前闪烁;看到全场世界各国的贵宾们,我更为我们伟大的祖国而骄傲;看到世界各国的记者们,我更为中华民族而自豪。我深知,我今天是代表13亿中国人民来领奖的,所以,我挺胸稳步、不卑不亢地走向德梅罗副秘书长,并从他手中接过联合国灾害防御奖的水晶奖杯和奖金支票(彩图4)。此时,联合国和各国记者、使馆和国内同事纷纷前来拍照和录像,闪光灯再次闪烁一片,气氛又一次推向高潮(彩图5)。这时,我站在大厅中央,高高地举起联合国灾害防御奖的水晶奖杯,似乎在向全世界宣告:中国人又一次赢得了世界最高奖! 我的眼睛模糊了。"

四、中国科学院路甬祥院长的贺信

从新华社的1998年10月1日的日内瓦报道,到10月14日联合国万国宫颁奖盛典的中外记者的全球报道,我们荣获世界防灾减灾最高奖的消息传遍了世界。来自国内外的祝贺源源不断,亲朋好友、各方同事、认识或不认识的同胞、海外友人等都以各种各样的方式,表达了共同的祝贺。直至今天,我也对这一切的祝贺表示深切的谢意。

这里,我仅以中国科学院路甬祥院长的贺信为代表,留下大家的祝愿吧! 路院长的贺信全文如下(彩图18):

"王昂生教授:

欣悉您荣获1998年联合国灾害防御奖,特致热烈祝贺。

我国幅员辽阔,自然灾害频发。利用科学技术有效地防灾减灾,是加快经济建设、保持我国社会持续稳定快速发展的重要工作,也是中国科学院和中国科技工作者的光荣职

责。希望再接再厉,为我国的减灾防灾工作做出更加卓有成
效的贡献。借此机会,再次向您表示由衷敬意。

　　此致

敬礼

　　　　　　　　　　　　　　　路甬祥

　　　　　　　　　　　　一九九八年十一月十日"

　　十多年过去了,大家的祝贺成为我继续前进的动力。全球和中国
的防灾减灾事业任重而道远,我们还有许许多多的事情要做!

讨论题 14.2
　　就算您攀抵了顶峰,您还要继续前进吗?

第三节　电视报道

　　当我们赢得世界防灾减灾最高奖——联合国灾害防御奖,回到北
京后,国内新闻界和电视台的采访不断。他们希望通过深度采访,用
人们喜闻乐见的电视和平面媒体的深度报道,让广大人民进一步了解
这个世界大奖和获奖者。

一、白岩松、董倩摄制《东方之子》

　　经中央电视台《中国报道》的著名主播王世林先生推荐,中央电视
台《东方时空》著名主播董倩和编导等来到我那两室一厅的住处,了解
获奖情况和进行摄制《东方之子》的准备,随行的还有一位美国同行。
察看了小居室后,认为房子太小,无法双机拍摄,最后商定在中国科学
院减灾中心摄制《东方之子》。

　　拍摄当天,中央电视台那位编导来电话说,董倩因有新任务,去了

泰国曼谷,所以那天由白岩松主持。下午,我们迎来了中央电视台著名主播白岩松先生一行六七人的摄制组,在中国科学院减灾中心开始了《东方之子》的摄制。事前,主持人白岩松与我简单交换了摄制注意事项及提问提纲,《东方之子》的素材摄制工作就进入拍摄了。回去之后,经过中央电视台《东方之子》摄制组编排、加工、审定后,很快就和广大观众见面了。

《东方之子》节目,由白岩松提问,我回答,配上大量与中国灾害、1998年大洪水、防灾抗灾、中国减灾系统、日内瓦获奖等相关的图像,来完成一个图文并茂的节目,让观众乐于观看。《东方之子》由1998年大洪水开始,谈及6月长沙国际防灾会议,7月21日我写给江泽民主席、朱镕基总理的急信,建议的"中国现代防灾减灾体系",未来减灾体系运行的光明前景等。最后,我们谈及人与自然的和谐相处问题。其中插播了1998年10月14日我们在日内瓦荣获世界防灾减灾最高奖的盛大颁奖典礼,让全国人民为此感到自豪和骄傲。

二、王世林主持的《中国报道》

我们从日内瓦刚回国,中央电视台《中国报道》最早请我去中央电视台做电视节目直播,行动之快令人惊异,其主持人就是著名主播王世林先生。根据电话联系,我和夫人梁碧俊带上世界防灾减灾最高奖的奖杯,赶到中央电视台《中国报道》演播厅外,与王世林见面。他迅速与我交代了提问纲要,我们很快进入《中国报道》演播厅,电视节目直播就开始了。虽然我来北京四十年,普通话还带着四川家乡音,但多次电视节目的录制,已使我"身经百战",所以能够比较好地应对电视拍摄及直播要求。

在演播厅的桌子上,摆放着我们刚从日内瓦获得的世界防灾减灾最高奖的两座奖杯(不知他们何时从才让部长那里借来了他的奖杯),背景是中国及周边国家的卫星图,显得气势很大。《中国报道》首先请我介绍了世界防灾减灾最高奖——联合国灾害防御奖及其获奖程序。其后,我们讨论了中国1998年大洪灾的成就与不足,中国防灾减灾事业与科学发展的关系,中国科学院减灾中心对暴雨洪水1~3天的灾害预报的突破性成就,洪水发生时的"管涌"问题及现代科技的应用,中外减灾科学技术的成果与差距,等等。

最后,他请我就中国防灾减灾前景做了展望。我认为:第一步,应当尽快形成国务院减灾信息系统,首先将国家级的二三十个各种各样的与灾害有关的中心联网汇集起来,做到灾害信息共享共用;第二步,在国务院及国家减灾委领导下,建立"中国减灾中心",加强国家减灾信息的管理和应用,形成国家灾害的快速反应和应对机制;第三步,建立中国现代防灾减灾体系,综合管理全国重大防灾减灾事业,应对和减轻中国的大灾大难,保护国家和人民的安危。

三、《走近科学——科学·人物·王昂生》

这是中央电视台在我获奖前拍摄的一个节目,《科学·人物·王昂生》是《走近科学》早期作品。节目编导给我参考的是最早拍摄的《走近科学——科学·人物·吴文俊》。事后不久,吴文俊院士荣获了第一届国家最高科学技术奖。按他们设计的摄制思路,就是个人的成长史。也就是把本书从大学起到获奖前的成长史,用丰富的图像、照片等组成生动的电视产品。

包括奠定基础的大学生活,如:"北京,我们来了!""'十三系'就是'川系'","大师们辛勤培育我们"等;初入社会的攀峰磨炼,如:"惊天动地的'63·8'大洪水","南京大教场的雷雨云探测","三喜临门"等;大洋彼岸故乡情,如:"改革开放掀起出国潮","飞向大洋彼岸","在美国的学术之旅","满载而归"等;升华在欧洲,如:"闯一闯欧洲","法国讲学","在山里学习的中国人","国际云和降水委员会执行委员"等;现代减灾情结,如:"大灾大难激出'现代减灾'","给小平同志的一封信","'国际减灾十年'兴起","十二项国家重大减灾项目","江泽民主席的贺信"等;以及首试综合减灾系统,如:"国家急需综合减灾系统","'八五'科技攻关的机遇","成都会议鼓舞了我们","向建设'中国减灾中心'前进!"等。这是一个内容丰富的节目,也简要地介绍了我的人生。

四、《中国财经报道》和《北京您早》等

那段时间,中央电视台各个频道和北京电视台根据自己的特点和观众对象的需要,就中国荣获世界防灾减灾最高奖拍摄了十几个长短不同、取材不同、方式不同的新闻片和专题片。少则几十秒,多达十几分钟。

比《人民日报》早一天报道获奖消息的是中央电视台 10 月 2 日的晚间新闻,在近一分钟的报告中,宣布了中国人的获奖情况。

《中国财经报道》分别以中国灾害、获奖为主题拍摄了短片,其中与财经有关的中国灾害与减灾资料还翻译成英文,在中央电视台国际频道(第四频道)播出,服务于国外观众和华人华侨。

北京电视台组织了一期《北京您早》节目,就我国 1998 年洪水大灾、获奖及防灾减灾做了一期近十分钟的电视节目,我作为主讲,穿插于整个节目之中。

总之,作为大众喜闻乐见的新闻媒体,电视以快速、直观、生动和图文并茂的形式而广受欢迎。所以,我们的获奖及防灾减灾的电视报道就得到了观众的广泛关注。

讨论题 14.3

您喜欢电视吗?愿从电视上了解国内外大事吗?

第四节　新闻媒体采访报道

自新华社日内瓦 1998 年 10 月 1 日电发回国内后,国内各中央报刊立即发布了中国人将要获奖的消息,其后各地方报刊及小报纷纷转载。10 月 14 日颁奖大会后,第二轮正式获奖的新闻又通过媒体传遍

中国,同时二十几家媒体的深度采访报道又将其推向高潮,本节仅选几段供阅读。

一、《人民日报》率先报道

1998 年 10 月 3 日《人民日报》率先刊登了新华社 10 月 1 日电讯的消息,引发了国人的特别关注。其标题是:《中国官员及专家获防灾奖》。

10 月 14 日日内瓦联合国颁奖大会后,10 月 16 日《人民日报》又刊登了《多吉才让王昂生获联合国防灾奖》的新闻,全文如下:

"据新华社日内瓦 10 月 14 日电(记者陆大生、严朗)联合国负责人道主义事务的副秘书长德梅罗 14 日傍晚代表联合国秘书长安南向两名中国人颁发了联合国预防自然灾害奖,以表彰他们防灾减灾等领域作出的贡献。

获奖者是民政部部长多吉才让和中国科学院减灾中心主任王昂生教授,他们是在联合国纪念'国际减灾日'时获奖的。

德梅罗在颁奖仪式上赞扬中国政府高度重视防灾减灾事业。他说,江泽民主席和其他中国领导人在今夏中国遭受特大洪涝灾害中采取了极为有效的措施,为减少灾害损失作了巨大的努力。"

二、《人民日报(海外版)》的《殊荣属于中国》

1998 年 10 月 27 日《人民日报(海外版)》发表了《殊荣属于中国》的赴联合国领减灾大奖纪实。其中最后一段写道:

"六点半,万国管理事厅灯火辉煌,日内瓦联合国各大机构及各国使节纷纷而至。隆重的颁奖仪式将在这里举行。联合国副秘书长里库·佩罗,联合国人权事务高级专员玛丽·罗宾逊女士及一批联合国官员,中国驻联合国大使吴建民及各国使节均来到理事厅祝贺大奖颁发。联合国副秘书长德梅罗宣布他代表安南秘书长将联合国灾害防御奖授予中国的多吉才让部长和王昂生教授时,全场起立,掌声雷鸣,电视摄影及拍照的银光闪烁不断,两名中国人代表着亿万中国人民举起了水晶精制的奖杯,向全世界展示中华的腾飞与奋起,向各国显示了中国防灾减灾的重大成就,向全球表明了中国迈向新世纪的信心与决心。"

三、《北京青年报》的《这是仅次于诺贝尔奖的世界大奖之一》

1998年10月27日《北京青年报》在《每日焦点》版以整版的篇幅登出《这是仅次于诺贝尔奖的世界大奖之一》的激动人心的新闻。

专版刊登了多吉才让部长和王昂生教授在联合国万国宫领奖典礼上的照片,及其他几张有历史意义的照片和中国减灾战略图。还有大量的防灾减灾的背景资料,以供读者了解。如联合国灾害防御奖、"国际减灾十年"、中华人民共和国减灾规划、中国主要的自然灾害,等等。

《北京青年报》专版还写了些与获奖相关的小故事,如:

"'那天我正在办公室里写方案,国家减灾委打来电话说,外交部通知我和多吉才让部长已经获奖。'王昂生教授坐在他家简朴的小客厅里告诉记者。玻璃茶几上放着一尊精制的水晶奖杯,上面的造型是联合国穗标托着'雷电'、'江河'等图案,基座上用金字镌刻着获奖者及国名。我们小心地将这尊奖杯放在地秤上,称出它约4.5公斤。王教授说:'它是属于国家的,应当放在国家博物馆里。'"

2002年,王昂生教授将世界防灾减灾最高奖的水晶奖杯等捐赠给中国国家博物馆。

专版还对王昂生教授从事的减灾事业进行了系统介绍,最后表达了一个重要的观点:"从1989年到1997年全国因自然灾害造成的直接经济损失约12820亿元,如果把其中的1%用于科技防灾,结果就会大不一样了。"

四、《科学时报》的《王昂生：辛苦数十载，今朝得殊荣》

经过一段时间的冷凝，1999年初，《科学时报》以几乎整版的版面刊出《人物新闻》，题目是：《王昂生：辛苦数十载，今朝得殊荣》。

除了较长的人物简介外，专刊全面描述了世界防灾减灾最高奖及中国人获奖过程，说明"今朝得殊荣"。向读者讲述王昂生教授的"辛苦数十载"的众多小故事。最后讲到"水到渠成"，我把它们汇集如下：

"1987年，联合国第42届大会通过第169号决议，决定接受当时美国科学院院长、总统科技顾问普雷斯先生的建议，确定1990～2000年为'国际减灾十年'，并且把每年十月的第二个星期三作为'国际减灾日'。实际上，王昂生在1975年给中央领导的信中就表达了与普雷斯相同的观点，但没有引起相应的重视。

联合国第169号决议的通过，推动了中国减灾事业的发展。1989年4月，我国成立了'中国国际减灾十年委员会'（简称'国家减灾委'）。作为我国研究减灾问题的资深专家、王昂生担任了专家组长。

此后的5年时间里，他组织中央和部分地方气象部门以及20多个研究所和大学，领导200多位科学家和工程师，首次在世界上建立了大气—水圈减灾的综合科学系统，并成功地对灾害进行了多次预报，该系统建设运行5年，减轻了约16亿元的经济损失，该项目被授予国家科技攻关重大科技成果奖、中国科学院科技进步一等奖以及国家科技进步二等奖等。

1995年，在他的多年努力下，中国和科学院减灾中心终于成立，该中心集中了科学院40多个减灾研究单位的优势，协助国家减灾委有关部门制定和贯彻国家减灾方针和规划，组织科学攻关；重点承担减灾研究中涉及交叉学科的基础理论及系统工程项目，组织开展多种形式的学术交流及国际合作。

1998年9月3日，"联合国减灾十年"委员会菲力普·布雷主任在参观完中国科学院减灾中心后做了很高的评价。他说:'这里所从事的工作对众多灾害易发国家而言是开创性的。我盛赞他们所有的研究和发展,对其献身精神和工作质量深表钦佩。'他对中国科学院减灾中心的美好印象,是该中心主任王昂生教授获奖的重要因素之一。"

五、《经济日报》的《王昂生的倾生之恋:现代防灾减灾体系》

这是我与记者以问答方式留下的十多年前的记录,选一段记录如下:

"记者(以下称记):这个体系(中国现代防灾减灾体系)挺复杂的。

王昂生(以下称王):是的。所以我主张分四步走。第一步,建立国务院防灾减灾信息和决策系统,就是把与灾害有关的 20 多个部委及机构的信息汇集到一起进行科学汇总分析后,为国务院的防灾救灾提供决策依据。第二步是建立中国减灾中心,经过 10 多年的呼吁,国务院已于 1997 年正式批准建立减灾中心,并拨建设资金 6 000 多万元,此中心正在紧张筹建中。第三步是用 5 年时间初步建立中国现代防灾减灾体系,这大概需要投入 10 亿元,但是可以每年减灾 5%~10%,约每年减少损失 100~200 亿元。第四步是再用 5 年时间完善中国现代防灾减灾体系,这大概需要增加 40 亿元的投入,其结果是可每年减灾 10%~20%。约每年减少损失 200~400 亿元。

记:这笔账算下来,让我巴不得立刻有人在您桌子上拍出 50 亿元,马上把体系建立起来。这么说,如果您设想的中国现代防灾减灾体系已经建起来的话,去年的特大洪灾的损失就会小得多了。

王:是的。

记:在国家机构大裁减的前夕,国务院拨款批准成立国家减灾中心,无疑是国家对防灾减灾的重视。但是,在机构大裁减的同时,您这儿却在紧锣密鼓地新建一个机构,反差是不是太大了点儿?

王:建国以来,国家在防灾减灾方面投入的资金并不算少,达到了 10 000 多亿元。其中工程建设花去 7 000 亿元,2 000 亿元用于救灾救济和保险,另有 1 000 亿元用于非工程建设,如科研、预测等方面。但是由于没有一个统一的管理机构,这 10 000 多亿元的投入没能发挥它应有的功效。我国虽然于 1989 年 4 月成立了国家减灾委,但它是部际协调机构,不是执行机构,很难从根本上解决防灾减灾问题。我建议成立国家减灾中心并进而建成现代防灾减灾体系,就是想有一个统一的权威机构来调动这 10 000 多亿元,充分发挥它们的功能。国务院机构大裁减是改革的需要,当减的就得减,但是该增的还得增。"

讨论题 14.4

当您取得成绩,获得荣誉时,应当怎样对待?

第五节 为中华争光 为世界做贡献

赢得世界防灾减灾最高奖是荣耀的、是令人鼓舞的,但是,面对全球严峻的灾害现实,我们还有很长很长的艰辛的路要走。

一、国际颁发相当于"国家最高科学技术奖"的奖

当我们从联合国荣获大奖后不久,10 月份世界银行就通过国家计委找到中国科学院,最后找到并会见了我,目的很令我很意外。原来世界银行在我荣获世界防灾减灾最高奖后,决定以减灾项目形式向我

提供科研经费,总额为 100 万美元(当时约合 826 万元人民币)。

经过了众多的立项申请、审定、修改、再上报、部院协调、世界银行批准等过程,项目于 2000 年终于立项成功。这样,我们从日内瓦领到了奖给个人的支票,又从世界银行获得项目。我们从国际获得了相当于"国家最高科学技术奖"的奖,而且早于国内最高奖。2000 年底,中国政府正式颁发"国家最高科学技术奖",每人奖金 500 万元人民币,其中科研经费 450 万元。

二、为国家争光、为世界添彩

当我们历经千难万险攀抵世界防灾减灾顶峰,获得最高奖后,是功成名就,全身而退呢,还是继续为国家争光、为世界添彩呢?我选择后者。因为中国和世界的防灾减灾事业还有很多工作需要我们去做。

世界银行项目把我们带入 21 世纪,新世纪的新变化、新任务将不断地向人类提出全新挑战,中国和世界和平与发展的路程还很漫长。

就自然灾害而言,我多年来倡导的观点是:"自然灾害对人类是残酷的,但又是仁慈的。任何大灾发生之前都会向人类提供大量信息,关键在于人类能否运用现代科学技术去获取这些信息。政府掌握信息后,能否及时反馈给公众,而迅速做出防灾减灾反应,这才能真正减少灾害造成的巨大损失。"我们希望这种观念能为更多有识之士认识,并付诸实践。当然,实施这一理念是一件非常艰巨的历史性任务,没有几代人的努力是难以完成的。想为中华争光、为世界做贡献的人们,让我们共同努力去为这个崇高的事业而奋斗吧!

讨论题 14.5

展望未来,我们应当怎样迎接新的 21 世纪?

第十五章

终身伴侣、坚强后盾

1987年,王昂生、梁碧俊夫妇访问欧洲

1985年,梁碧俊在瑞士日内瓦湖畔

人的一生有一个终身伴侣是极大的幸福,我就是这样一个幸福的人。在本书里,时时会出现她的身影,因为她对我一生事业的成功有着举足轻重的作用。

第一节　年轻的朋友

人生的婚恋有着各种各样的模式,我们属于那种长期守护的"永久"型模式,这桩"永久"的婚姻为我一生为之奋斗的事业做出了不可磨灭的贡献。

一、相识在自学小组汇演中

我和我的夫人梁碧俊都是四川成都人。1955 年春,因为国家教育的招生改革,初中毕业的我们都在家休学半年,我和她是在自学小组活动里相互认识的。本来我在成都七中、她在华英女中(成都十一中)读书,互不认识。自学小组的学习打破了原来学校的划分,而按住地组合,因此交往的面就拓宽了许多。加之,当时为了安抚失去读书机会的大批 55 级春的初中毕业生,成都教育部门和市区政府组织我们搞了不少活动,除了自学小组的读书自学外,还经常组织我们看电影、唱歌、体育比赛、文艺演出等,不同自学小组之间的交往也频繁起来了。

记得成都市组织了一次规模很大的全市自学小组的文艺比赛,各个自学小组都尽力组织节目,力争出线参赛。经过选拔,最后全市的自学小组的文艺比赛来了个大汇演。有幸的是我们两个自学小组的表演都进入了汇演。我们就是在这次汇演中相互认识的,那只是一面之交。

二、中学的友谊

说来也巧，在我被保送进成都七中高中后，梁碧俊也考入七中。更巧的是，在七中 58 级七个班里，我们都被分在三班。本来是一面之交，现在天天见面，所以大家很快就熟悉起来。中学时，我们都住校，只在周末回家，所以学校像个大家庭。一般来说，那时男女同学各有各的爱好，因此男生与男生在一起，女生与女生在一起是很自然的事。但同班同学里，男女生的一般交往也是正常的。

那时，我是成都七中的学生会主席，工作比较忙，与班上同学课外交往相对少一些。不过，我是七中足球校队的一员，总会活跃在足球场上。在整个中学时代的 6 年里，我与同学们的关系都是相当好的，因为不管是少先队的大队长还是学生会主席都是大家选出来的，如果大家不喜欢你，肯定会落选。特别是你所在的班，那是支持你的最重要的根据地，所以在成都七中 58 级高三班，无论男同学还是女同学都和我的关系相当好。

梁碧俊和几个女同学是班上最好问问题的，经常爱在下课时向老师提问。那时，我们住校，晚上要上晚自习。晚自习，一般是自己做作业、自己复习和预习功课的时间。有时下晚自习后，最好问问题的梁碧俊和她的"三人帮"就会找到我问各种问题，我也愿和她们讨论，有时可以争得面红耳赤。但这些讨论的确对我们的学习帮助很大，所以这种讨论在高中三年是经常进行的。高中这种友谊在生活中慢慢地播下了永恒相守的种子。

三、共同奋斗在北京

1958 年夏天，当我还没收到大学录取通知书时，梁碧俊已经先于我收到北京邮电科学技术大学（后并入北京邮电学院，即现在的北京邮电大学）的录取通知书了，她马上告诉了我。不久，我也收到了中国科学技术大学的录取通知书，我也跑到她家告诉了她。大家相约在北京奋斗。

在北京的五年里，我们共同奋斗在首都。她在北京邮电学院无线电系取得了优秀的成绩，我在中国科学技术大学应用地球物理系完成了新兴科学技术的学业。大学期间，我们相互鼓励、相互支持，共同促进学业进步。自从我们中国科学技术大学首届学生搬到中关村后，我们联系和见面增多，为共同生活打下了基础。

1963年大学毕业后，她被分配到邮电部邮电科学技术研究院，我被分配到中国科学院应用地球物理研究所。我们一起经历了"63·8"大洪水造成的巨大灾难，共同体验了往返京蓉的"五天五夜"和"七天七夜"。经过了两年多工作初始的磨炼后，我们在北京结婚了。

四、新婚之喜

前边我已讲过1966年初的"三喜临门"，就是：我们的婚礼、当选"先进工作者"和我们的"遥测遥感雷雨云"成果被评为"中国科学院重大成果"。这是我步入社会的重大事件。

新婚之喜是我们个人的一生的大事。但与那个时代的同龄人一样，我们的婚礼在今天看来是非常简单朴素的。当年也没有条件回到成都父母身边举行婚礼。在北京，临时向研究所借了间房子，把双方的被子（当然被面是新的）等合在一起，稍加布置，这就是新房。然后，请来单位的同事们，由司仪宣布进行了各项结婚仪式，新郎新娘唱唱歌，请大家吃吃喜糖、喝喝茶。于是，就"礼成"，完婚了。几天后，新郎、新娘各自"班师回朝"，照旧各住一方。

与今天不少年轻人的豪华婚礼无法相比。他们一来几辆、十几辆奔驰或宝马开道，在五星级饭店少则十几桌、甚至上百桌地宴请宾客。为了结婚，买房置地也是家常便饭。但是，婚恋最终绝不是看婚礼的豪华与否，而是一生是否幸福，这是我们几十年幸福婚姻的重要体会。

讨论题 15.1

年轻的朋友们，什么是幸福？您如何去赢得幸福？

第二节　生死之交的终身伴侣

人生路上有许许多多意想不到的事，生死之交是人生最大的考验。经历了生生死死的考验的人，还有什么战胜不了呢？

一、突发厄运来临勇敢面对

这不是一般人能做到的事：当突发厄运来临时，她勇敢面对。这就是与我相识 12 年，结婚刚半年的爱人梁碧俊在那个动乱年代、面对我的生死之际做出的唯一选择，支撑她的是 12 年的深刻了解和无比的信任。

前文讲到了中国的“文化大革命”动乱年代，1966 年夏季，由于一张大字报让我成了中国科学院 12 名“反革命”中年纪最小的一个，而且由中央主管科技的领导签发。当年看来，这就是铁案，永世不得翻身。

那时，梁碧俊还是个大学刚毕业不到三年的姑娘，她正在邮电部派出的“文化大革命工作组”的电台里工作。出事那天，我给她打了电话，说了主要情况，她也吓坏了，电话那端她哭喊道：“你不是反革命！你不会是反革命！”接下来，那一个个令人心碎的日子，让一个弱女子坚持下来是非常不容易的。12 年深刻的了解和无比的信任是她勇敢面对厄运的最大动力。她的信任是帮助我避免寻短见“跳楼”的精神支撑。突发厄运来临，我们共同勇敢地面对，这才有了 32 年后世界防灾减灾最高奖的中国荣获者。

二、共克时艰极其坚强

就在那样一个恐怖的年代，作为一位邮电部“文化大革命工作组”成员，她公然敢来看我这个被重兵看管起来的“反革命”，这对我是莫大的鼓舞。当着看守的重兵，我们表面谈些一般的事，但眼神里、动作里心领神会地相互表达了最大的信任和深深的爱。

就在"革命"期间的唯一一次见面时,她趁"重兵"不备,悄悄告诉我:她怀孕了。这像一个晴天霹雳,把我震倒了。一个中央定的"反革命",怎么能有孩子?孩子今后怎么活?碧俊这一生怎么办?一系列的问题在我脑海里排山倒海似的翻腾,在那时那地,我毫不犹豫地决定:为了妻子,为了孩子,我们必须不让小生命在这个极坏的时候诞生。我眼含热泪地向她示意:"不能要!"最后,这个小生命在那时离开了这个世界。

所以,碧俊与我共克时艰,极为坚强。

三、"九七"的解放

黑暗终将过去,光明必会到来。

1966 年的 9 月 7 日是我人生的重大转折时刻。当天,毛泽东主席亲自派周恩来总理来到中国科学院,在中关村大操场召开了万人大会,专门为我们 12 个中国科学院的"反革命"平反。

这一天,我和碧俊一起,早早地来到中关村大操场,张望着四周的大字报栏。不久前,那儿到处都有铺天盖地的大字报,"打倒反革命分子王昂生!"的标语、各种批判的大字报、我的被倒着写的名字和大红杠打在其上的纸张……今天,我们静静地来到这儿,回忆着这三四个月的天翻地覆,我们的大起大落和离去的可怜的孩子,让人不禁伤心落泪。

周恩来总理来到了中国科学院,代表党中央做了长篇演讲,为我们平了反,我们又走向了新生。深深感谢"九七"的解放。

四、"五七"干校的血吸虫病人

"祸不单行","文化大革命"给我们造成的祸害一个接一个,十年都不停。这和中华大地的灾祸一样,只有打倒了"四人帮",才会结束。

按照伟大领袖毛主席的号召,我们满腔热情地来到"五七"干校,进行"改造"。最终,我得了血吸虫病,而碧俊则得了肝炎。两位"运动员"以一身大病回到北京。开始,她先从邮电部的湖北阳新干校转到我们中国科学院的湖北潜江干校来和我一起"改造"。每天我们日出而作，日落而归，在那广阔的农田里耕种收获。直到我抗洪保粮得了血吸虫病，倒在了大田里。在那些日日夜夜里，除了校医室的打针吃药外，就全靠碧俊的精心照料了。

我清楚地记得：当我在大田挑粪，因血吸虫病发作而摔倒在地时，是碧俊把我扶起送到校医室；当我吃极毒的治血吸虫病新药时，她在身旁陪同；当我因新药而反应极大时，她想方设法帮我解除痛苦……总之，我从血吸虫病的大难中走出，没有夫人的精心照料是不可想象的。

五、看望"犯人"她敢吵

灾难一个接着一个。我这个在"九七"解放后赶快离开"革命"的小人物，也好像永远逃不出"革命"的惩罚。1971 年又掀起了批判"516"的高潮。中国科学院大气物理所那位紧紧把住大权的"左派"马上把我抛了出来。虽然我还在病床上，但大字报仍然铺天盖地。我被押送回京，并关了起来。八人专案小组管我一个人，一关就是八个月。

1972 年初，碧俊从四川带了四岁女儿来看我。那时，林彪早已摔死于温都尔汗，国内不少地方"516"的事都以"莫须有"的名义而终结。当她看到都那个时候了，还是八个人看管一个"犯人"，而看管的人跟她也挺熟，于是就到了办公室，先跟他们说外边形势，问他们为什么还不放王昂生？谈到激动处，她干脆和他们吵了起来，吵得"专案组"毫无办法。

没过两天，我就解放了。后来"专案组"的都说："梁碧俊好凶哇！"我想这"莫须有"的罪名加到你头上，关你八个月，我看你比她还厉害十倍呢。

六、不让"出国"很伤心

1977 年邮电部要派一个代表团去日内瓦开会，内定人选有梁碧俊。因为她是她们单位——邮电部邮电科学研究院传输研究所的业务骨干。当时，"四人帮"刚刚被打倒，出国简直是个了不起的大事。

我记得那年我有位同学被派出国,去了一次阿尔巴尼亚,当时大家都感到很不简单了。而她要去的是瑞士日内瓦,出席国际电信联盟大会,更不得了。所以,我们都满心欢喜地为她做准备。

突然有一天,她的所领导找她谈话,正式通知她:她不能出席瑞士日内瓦会议了,因为出国都必须政治审查,除了自己,还有家庭,还有你爱人的家庭。经审查你爱人家庭不符合出国条件,所以取消了你出国的资格。

不让"出国"让她很伤心,可更伤心的是我。因为,我自"三喜临门"以来的十年里,给她带来的全是一件又一件的大祸。这样对待一位美丽善良的姑娘,真是万分地对不起。十年来,她无怨无悔地跟我在大灾大祸、大病大难前同甘共苦,我已经感到非常内疚了。今天,又跳出一个"王昂生家庭不符合出国条件"阻挡了她的前程,我真是无地自容。

七、终身的伴侣

想到这一桩桩、一件件令人伤心的事,我总是感到对不起她。她真不该嫁给我,如果她跟了个出身好的,哪会吃那么多的苦,出国也就顺理成章,今后前途将是何等光明哦!想到这一切,我毅然决然地和她商量分手的事。

我含着眼泪对她说道:"碧俊,我实在对不起您,十年的大灾大难已经给您带来了巨大的灾祸。今天'我的家庭不符合出国条件'又阻挡了您的前程。我们分手吧,愿您今生能过上最美好的日子,我不能再耽误您了。"说着说着,想到这个温馨的家将要解体,我紧紧抱住了女儿,泪如雨下。

她没想到我会提出这么个让她难堪的议题,劈头盖脑地给我一顿狠批:"你给我闭嘴!你想什么呢?我们生生死死都过来了,出个国算什么事!今生今世你不许给我提这事。我们永远是终身的伴侣!"说到这儿,我们一家三口紧紧地抱在了一起。乖女儿还不大懂大人的事,也把爸爸妈妈抱得紧紧的。

从此,我更暗暗地下定决心,要一生奋发图强,要让碧俊过上好日子,让家庭永远幸福美满,做她的终身好伴侣!

讨论题 15.2

您愿有个生死之交的终身伴侣吗?

第三节　迎来改革开放新时期

打倒了"四人帮",迎来改革开放。我们的祖国走上了社会主义建设的新时期。我们也有了用武之地,能为祖国做出自己的贡献。

一、抢回丢失的时光

碧俊很久以来就一直有一个迫切的心愿,那就是:"抢回丢失的时光。"我是特别地理解她,也特别地支持这个想法。因为"文化大革命"让我们这一代人白白地丢失了整整十年的时间,从而影响了几代人。"抢回丢失的时光"不仅仅是一句口号,也是一大批人的行动指南,它鼓舞了许许多多的有志之士。

她大学毕业之后,第二年就参加了"四清运动",接下来是长长的"文化大革命",还去"五七干校"劳动。直到 1972 年回到北京,重新投入研究工作,那已是整整八个年头了。

回到研究所的她,跟许多丢失了宝贵时光的人一样,无比地珍惜一分一秒。无论白天还是晚上,她都开足马力,争分夺秒地查阅文献、整理资料、进行实验,把一天当作三天用。这段时间,我尽力地支持她,因为她需要加倍地努力去"抢回丢失的时光",争取早日攀上科研的制高点。

二、"同桌的你我"

我们那一室一套的小家,在 1972 年已是许多人羡慕不已的"豪宅"了。因为那时候,我们的许多同学还两地分居,不少人还住在"筒子楼"里呢!但我们的小一套里,除了居室外,厨房、厕所齐全,外加一个小过道。

我们奋战的主战场是一个两屉桌。"同桌的你我"不是小学的你我,不是中学的你我,也不是大学的你我,而是 33 岁,有了四岁女儿的梁碧俊和王昂生一家的你我。女儿上了幼儿园,爸爸、妈妈就各自在小桌一头拼命地学习和工作。当年她是从事图像传输研究的,而我则从事大气科学的研究。我们的研究之间差距极大,所以基本上我们是各干各的,互不搭界。

这个"同桌的你我"是当年"抢回丢失的时光"的你我,是奋发图强的你我。就在这个小桌上,我完成了我的第一本、也是唯一一本未出版的、几十万字的书:《强风暴物理学》。她在这儿实现了她的"抢回丢失的时光"的愿望,为不久后赢得邮电部奖和国家奖打下了坚实的基础。我们永远难忘那"同桌的你我"的美好时光。

三、荣获邮电部奖和国家奖

她从 1972 年开始"抢回丢失的时光"的战斗,经过几年的努力,初见成效。碧俊本是一位聪明的女孩,智慧过人,加上勤奋努力,很快就成为邮电部邮电科学研究院传输研究所的业务骨干。1977 年出国事件就证明她的实力。在出色完成多项任务后,一项重要的"国家彩色电视传输标准"的研究和制定的任务,交给了她和她的同事们。

1976 年她开始了这方面工作的国内外调研,由于我国没有开展这方面的工作,所以主要对西方发达国家进行调研,同时注意苏联和日本的工作。第二步,在定量分析的基础上,采用正交试验法,制定我国的"国家彩色电视传输标准"试验研究方案,即进行多批多人次的主观评价方案。第三步,依据方案的要求,研制了所需的设备,组成了主观评价实验系统。第四步,开展大规模"国家彩色电视传输标准"的多批多人次的主观心理实验，获得了上万个实验数据。最后找出了符合我国民族特色的规律，制定了"国家彩色电视传输标准"。它成为我国设计模拟电视广播网的重要技术依据。

以她为首的研究组经过几年努力后，取得了重大成果。先后荣获了邮电部科技一等奖和国家科技进步三等奖。

四、大洋两岸心相映

1981 年冬，我应美国犹他大学弗库塔教授的邀请，远赴大洋彼岸从事大气科学的合作研究。为了安定后方和保证碧俊的工作，我们邀请了她的父母来到北京，帮助管家。两位老人的辛勤劳动保证了国内"后方的安定"。

我在美国努力工作的同时，根据中美双方的政策和协议，正在办理她来美访问的事宜。因为，当时我国出国人员是少之又少，许多访美的学者都力争夫人能来访美，以增加我国访美人员和多为祖国培养人才。有不少学者的夫人来到美国，并得到了学习和工作的机会。

我当然也努力在办理。但是天不随人愿，就在我到美国后不久，发生了众所周知的"胡娜事件"，由于四川网球运动员胡娜的滞留，中美关系严重恶化。于是她来美的事便成为"泡影"。

虽然那时钱少，仅必要时才打国际长途电话，但是大洋两岸心相映，我们用频频信件保持了密切的联系。家书抵万金，促进了我们的努力和奋进。我一年多在美的丰硕成果，既为中华争了光，也为后来的防灾减灾事业打下了牢固的基础。

五、中国电信代表团一员

1985 年，"四人帮"早已被打倒，"文化大革命"也早就结束。我已经出国多次。所以，"王昂生的家庭不符合出国条件"这一极"左"的概念已不再有效了。作为邮电部邮电科学研究院传输研究所的业务骨干，凭她的实力，她再次被派出国，作为中国电信代表团一员前往瑞士日内瓦，时间近一个月。

她们去日内瓦的任务是出席国际电联第十一工作组大会和参加

国际彩色电视传输标准研究组（CCIR）会议，这是与她很对口的任务。国际电联会上采用同声翻译，所以减少了参加会议的语言障碍。碧俊生来爱提问，业务又熟悉，加之有同声翻译，所以在会上总会参与各种研讨，成为中国代表团里最活跃的一位专家，加之又是女士，就更受到其他国家代表的关注。

在我们家的相册里，她的日内瓦一行留下了许多照片，会议、联合国各大机构大厦、美丽的花钟、日内瓦湖边的喷泉、卓别林的铜像……改革开放初期的欧洲之行令许多人刮目相看，但对女儿来说瑞士的巧克力才是她的最爱。

六、丢失了极好的机遇

对代表团来说，梁碧俊丢失了极好的机遇才是令人遗憾的。原因是这样的：改革开放初期，由于中国的实力和科技水平有限，加之语言差异，所以在许多国际组织中的地位都不高。中国电信代表团此行任务之一是寻求可培养的苗子，争取进入国际组织，可这个打算只有团长知道。

真是无巧不成书。就在这次会议上，梁碧俊女士的出现，改变了会议对中国代表的一贯看法，原来中国也有很精通业务、还善于和敢于提出各种问题的代表。一天，她身着中式旗袍出现在会场，引来各国代表的阵阵好奇和夸奖。要知道，国际电联是由各国官方代表团和世界顶级大电信公司（如摩托罗拉、AT&T 公司、诺基亚等）组成。多天会议后的一次招待会上，国际电联第十一工作组的主席来找到她，通过翻译向她表示："你们图像专业组的主席将要离任，我认为作为中国代表的您是合适的人选，我将建议由您来接任这一职务，希望能得到您的认可。"首次出国、没经历过大世面、英语也不好的她，一听说要她接任主席，吓得不得了，连连拒绝，说了不知多少个"No, No……No!"过了好久，她才想起来向团长汇报。中国电信代表团团长一听，脑袋都大了：我们千方百计想找的机会，好不容易主席找上门来，却给你几个"No, No……No!"就报吹了。这样的大事也不及时报告，简直是无组织，无纪律！狠狠地批评了她一顿。但这一切都已无济于事了,因为那个位子已由美国专家接任了。

七、访意学者梁碧俊

1986年秋,我被意大利国家科学院大气物理和化学研究所普罗迪所长邀请来到意大利合作研究。由于五年前美国的教训,所以我一到意大利马上就办理她来意做访问学者的事。在普罗迪所长大力支持下,她顺利成行。

访意学者梁碧俊来到意大利博洛尼亚,与我在同一个所。我从事大气物理研究,而她则在普罗迪所长安排下,从事大气科学的雷达和卫星的技术研究。在意大利的工作让我们有了共同的兴趣,找到了合作的生长点。从此,我们在国家的防灾减灾事业上共同走出了一条宽阔的大道。

在意大利一年多的生活和工作里,有很多事情值得我们回忆,但印象最深的是我们共同省吃俭用的一个目标就是:为母校成都七中设立奖学金,鼓励年轻的同学们为中华的崛起而奋斗!那时,我们的晚餐多是"鸡汤面片",因为在肉类里,猪肉、牛肉都是鸡肉价格的四五倍以上。钱都是一点一滴地节省下来的。

八、米兰公园的争论

我们俩一生美满地工作和生活,很少争吵。但也有例外,那就是1987年夏天在意大利米兰公园的争论。本来,我们欧洲之行已安排好在6月经意大利米兰去瑞士苏黎世、日内瓦,法国克里蒙·费顿和巴黎等地进行访问讲学活动。但当我们行至米兰后,因顺访此地就到各处参观,特地来到米兰公园休息,而发生了争论。

如前所述,中国大兴安岭大森林火灾再次促成我给中央小平同志写信。这次到法国我将把这封信交给我国的驻法信使,由他送回中国。所以,在米兰公园,我满怀信心地给碧俊大谈中国防灾减灾的美好未来,决心从大气科学转向更为急迫而前程远大的防灾减灾事业。可她却冷冷地给我发热的脑袋泼了一瓢冰水,她认为:你给中央的建议很好,但今后做什么?怎么做?现在不能马上定。因为条件还不成熟。你在大气科学方面已走到国际前沿,可以深入开拓,而防灾减灾还没有一点头绪,项目和经费从何而来?没有项目和经费如何生存?

本来这些意见是客观和正确的,但是那时我头脑发热,听不得不同意见,结果我们吵了起来。吵得她很不高兴,一气之下,她就要回博洛尼亚去。这时我才意识到问题的严重性,这一搞不就闹成"国际问题"了吗?如果因为赌气,我们访瑞、法四地的计划岂不就"泡汤"了,信也交不成了。于是,以我认输而告终。

事后我仔细想想,那时"国际减灾十年"还没兴起,就算我已先知先觉,没有国内外的大形势我也是孤掌难鸣呀!的确她的意见是对的。

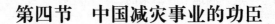

讨论题 15.3

如果您现在各方面还在中下游,您是否愿"抢回丢失的时光"?

第四节 中国减灾事业的功臣

一个人的功过不是自己说了算的,那是由客观的历史所决定的。我们说梁碧俊是中国减灾事业的功臣,也只能是由客观历史来决定的。

一、从给小平同志的信谈起

在意大利给小平同志的信,虽然是只署了我一个人的名,但整封信却是由我们夫妇俩在意大利博洛尼亚的家中完成的。

前面讲过,我们一起经历了"63·8"河北大水灾、"66·3"邢台大地震、"75·8"河南大水灾、"76·7"唐山大地震和"87·5"大兴安岭森林大火灾等一次次中国的大灾大难。我们都有相同的感受,每次我们俩都会认真地讨论和想办法。我主要从全局和战略上想，她则主要从技术方面想。我们相互配合，让总体思路不断完善，也让具体方案逐步成熟。这几十年，我们就是这样一步一步地走过来的。

在给小平同志的信中，我们只能非常概括地写明观点和扼要的建议，但我们在家里已策划了今后可能的发展了。其后二十多年的行动足以说明这一切。

二、国家减灾委最早的专家组成员

1989 年夏天过后，梁碧俊进入国家减灾委工作，1990 年成为国家减灾委最早的专家组成员。直到 2005 年工作结束，她也是在国家减灾委专家组工作时间最长的少数几位成员之一。

她一进入国家减灾委的重大工作就是起草"中国减灾中心"最早的方案——《国家减灾中心工程》，那是 1990 年 2 月完成的，编写单位里的"邮电部电信传输研究所"主要就是以她为代表。全部方案的主要技术部分都是她提出的。这个方案虽经多次修改，但基本东西一直保留下来，直到中心的建立。

国家减灾委建立之初，能毫不计较报酬来参加专家组工作的人本来就很少，而从事高科技的专家就更少了，所以很多重大的技术方案都得请她来做。除了起草"中国减灾中心"最早的方案外，国家减灾委的十二项"减灾工程"建议，"中国减灾卫星"等都有她的重要贡献。

三、"中国减灾中心"的创始人之一

她是"中国减灾中心"名副其实的创始人之一。国家减灾委"中国减灾中心"最早的 1990 年 2 月方案——《国家减灾中心工程》的主要技术建议是她完成的。后来，她一直伴随着这一方案，不断地努力和一次次地修改，最后赢得了成功。她是创建"中国减灾中心"的无名英雄。

从 1989 年提出"中国减灾中心"，1990 年 2 月第一稿，到 1997 年 4 月的第十三稿，整整八年。在这些建议稿中都会看到她关于技术提案的印迹。她参加了中国国际咨询公司关于"中国减轻自然灾害中

心"的论证和答辩,迎来了国家计划委员会的《国家计委关于中国减轻自然灾害中心工程立项的批复》,至此"中国减灾中心"历经八年的立项任务终于完成了。

此后,中国科学院减灾中心总工程师、国家减灾委专家组委员、"中国减灾中心"的倡导者之一梁碧俊教授级高工出任了《中国减灾中心技术总体方案》的总设计师和执笔人。国家评审通过总体方案后,她又参加了中心建设、装备设施购置、人员培训等工作,直到2005年中心建成,完成使命。

四、"台风、暴雨减灾"攻关的核心骨干

因为我们国家急需"中国现代防灾减灾体系",作为第一步,应先建立一个示范性的综合减灾系统,让人们看到它的重要性、可行性和必要性。国家"台风、暴雨减灾"攻关课题就是这样一个示范性的综合减灾系统。而她正是"台风、暴雨减灾"系统攻关的核心骨干。

在课题开展的初期,多数参加攻关的同志对"台风、暴雨减灾"数据库十分注重,所以花了不少力量进行工作。但是,经过技术研究调查后,梁总提出建立"台风、暴雨减灾"信息系统的新方案,这个信息系统包括灾情信息的接收、处理、存储、发送。该系统为全国提供台风、暴雨减灾服务,它能提前1～3天发出预警、预报。由于不少搞分析研究的人对这个方案不了解,所以产生了阻力。我们支持这个建议,最后的实践也证明"台风、暴雨减灾"信息系统在"台风、暴雨减灾"课题里的重要作用。

国家"台风、暴雨减灾"攻关课题不仅是"中国现代防灾减灾体系"的示范性综合减灾系统,通过它我们也得到了锻炼。这一切也为碧俊后来在"中国减灾中心"和"中国减灾卫星"工作中做出突出贡献打下了良好的基础。

五、中国减灾卫星的促进者

"中国现代防灾减灾体系"中"中国减灾卫星"是核心工程之一,现代防灾减灾离不开各种各样的卫星。"中国减灾卫星"提出后,统计下

来有十几个部委都有应用减灾卫星的需求。比如水利部、地质地矿部（现国土资源部）、农业部、林业部（现国家林业局）、民政部、中国科学院、国家气象局（现中国气象局）、国家地震局、国家海洋局等等。这个需求给了我们极大的鼓舞。

她作为专家组的核心技术专家，也是"中国减灾卫星"的坚定支持者，从一开始就和我一起出席各种卫星会议，并常常提出重要建议。她是减灾卫星地面应用系统的主要设计者，参加了 24 位院士评审卫星方案的大会，一直到 1996 年减灾大卫星的评审成功。

如上所述，历经了种种困难和变化，最后中国减灾卫星终于开始了以"灾害与环境监测预报小卫星星座系统"的名义，正式立项和研究。梁总担任了"小卫星星座系统"地面减灾应用系统的设计任务。有一次，陈芳允先生来与我和梁总讨论小卫星的事，偶然得知我们是一家人时，高兴地说："你们真是绝佳的一对！一个搞防灾减灾的总体战略，一个搞防灾减灾的核心技术，真是太好了！"得知当年小梁在邮电科学研究院听过他的课，陈先生哈哈一笑："我们还是'师生'呢！"

几经周折，2003 年国务院批准小卫星正式立项。这样，我们又一次开始了卫星地面减灾应用系统的设计。在十多年工作成果的基础上，提出了卫星数据应用处理系统、中央灾情信息系统、国家灾情管理系统、信息平台及综合数据库、灾情信息处理系统、灾害预警系统、灾害评估及辅助决策系统、紧急救援系统、灾害信息分发系统、灾害信息网络系统和通信系统等 11 个卫星地面的减灾应用系统。提出了 1.74 亿元的建设经费估算。最终，我们一直等到了小卫星的发射成功。所以，我们说梁碧俊是中国减灾卫星的重要促进者。

六、《中国减灾与可持续发展》的第一副主编

2004 年启动的《中国可持续发展总纲》大型系列丛书，由全国人大常委会副委员长、中国科学院院长路甬祥任总主编，科学出版社出版。应路院长的盛情邀请，我出任《中国减灾与可持续发展》卷的主编。我深感责任重大，决心努力完成任务，不辱使命。我们希望把全球减灾的成就，几十年防灾减灾的思想、成果和长远艰巨的任务以书籍的方

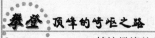
式留给后人。

梁碧俊教授级高工出任《中国减灾与可持续发展》的第一副主编。她完成了 82 万字著作的近三分之一。本书第六章"中国减灾系统试验、设计和模型研究"、第七章"中国综合减灾科学技术系统"和第八章"卫星遥感及其在减灾中的应用"等都是由她撰写的。也就是说,她完成了书中的主要减灾技术的论述,这对中国和国际减灾事业的科技发展都是一个重要的贡献。

七、"最高奖的军功章"也有她的一半

现在我们来说"'世界防灾减灾最高奖'的军功章"也有梁碧俊的一半(彩图 19)。因为:

她不仅在几十年的家庭生活中,默默地支持我;

在伟大祖国和世界的防灾减灾事业中,她是中国减灾事业的功臣;

她是国家减灾委最早的专家组成员,她也是在国家减灾委专家组工作时间最长的少数几位专家之一;

她是国家"台风、暴雨减灾"系统攻关的核心骨干;

她是"中国减灾中心"名副其实的创始人之一;

她是当之无愧的"中国减灾卫星"的重要促进者;

她也是重要著作《中国减灾与可持续发展》一书的第一副主编;

……

所以说"'世界防灾减灾最高奖'的军功章"也有她的一半,是当之无愧的。

讨论题 15.4

为什么说梁碧俊教授级高工是中国减灾事业的功臣?

第五节　坚强的后盾

以下的论述会从另一个角度让您了解，她对我一生的巨大支持和影响，所以称她为"坚强的后盾"是非常合适的。

一、不怕"穷"

我们每一个人都希望能过上幸福、美好和富裕的日子，我相信没人愿去过苦恼、悲伤和贫穷的日子。但是，上天并不能让你一生下来就决定自己的命运。我们年轻时正值解放初期，与 60 年后的今天相比，简直是天壤之别。

1840 年后，中国腐败无能的满清政府让中华丧权辱国、割地赔款、民不聊生。1911 年推翻清政府后，又是长期的军阀混战、国内战争、抗日战争和解放战争，国家一贫如洗。1949 年中华人民共和国的建立，祖国才迎来了改天换地的剧变。但是，在一个千疮百孔的旧中国烂摊子的基础上，要建设一个崭新的中国，谈何容易喔！我们就生长在这个新旧转折的年代。所以"穷"是那个时代的烙印，当年"富"一点的家庭也只是比"穷"好一点而已。

当年我家是贫穷的，上中学打赤脚是常事，领过"助学金"，上大学去做苦力挣学费，等等。但是，当时年轻人的思想中第一位的不是"穷"和"富"，而是思想进步不进步、学习好不好、这个人有没有前途。所以，当年我们的恋爱观主要是看人。

碧俊和我从认识到结婚有 12 年之久，所以对我是很了解的。跟我共同生活的第一关是不怕"穷"。她做到了，而且做得很好。我也不愿"穷"，但那是客观事实，但我们相信只要共同努力就能改变贫穷的境况。大学快毕业时，我们假日常在一起，因为"穷"，她总是在我去时才一起吃好的，平时自己买五分钱（最便宜）的菜，克己待客。又比如，我刚毕业时，母亲来信说，因我上大学，家里欠了 300 元（起码相当于现在 3 万多元)的账,她知道后,节衣缩食帮我还了账。那时,她还没过门,就有如此感人的行动,我决定一生一世和她在一起。

二、战胜"苦"

"穷"和"苦"是一对孪生兄弟,穷人总是和苦难分不开。由于"穷",没钱或少钱买食品,所以生活"贫";没钱或少钱买衣物,所以着装"差";没钱或少钱回家,所以假期打工"累"。"贫"、"差"、"累"都是"苦"的反映,这就是当年我们年轻时的写照,但这只是表面上的写照。

但是,从我们内心上来讲,我们却战胜了"苦"。因为,我们通过自己的奋斗看到了光明的前景,也看到了祖国辉煌的明天。碧俊是一个非常乐观且十分奋发向上的姑娘,所以那些"贫"、"差"、"累"的"苦",对她来说都算不了什么。她省吃俭用过日子,着装俭朴美丽。她所希望的是通过我们的努力,迎来一个美好的未来,把"穷"和"苦"扔到太平洋去。

三、敢对"冤"

对她来说,最难过的一关还是"冤"。在中国的五六十年代,也就是我们的青年时代,中国的极"左"思潮盛行,特别是"文化大革命",那真是要"人命"。

你看,像我这样,好不容易改造了十几年,一直担任少先队大队长、学生会主席、团委副书记等职,凭一个"重在政治表现"和极好的大学考试成绩,进入了中国科学技术大学,留在中国科学院工作。但是,一场乍起的"文化大革命",竟让我成了"反革命"。一会儿又让八位大员看管我并关了八个月,一会儿下干校,一会儿又血吸虫病缠身……真是"冤"!

出自少年时代的信任,源于 12 年的了解,她敢一次次地面对"冤"情,战胜那样大的政治压力,这不是一般女同志能做到的。她做到了,而且做得非常好!这是我一辈子都感激不尽的大恩大德。

四、两个孩子的妈妈

一晃几十年过去了，这一生我们有两个孩子，大女儿 42 岁了，在美国工作，小儿子也 31 岁了，在四川成都经商。这一生我对孩子们是多有愧疚的，如上所述的历史背景，她妈妈在孩子们身上花的功夫比我要多，还不算生孩子的巨大痛苦。当然，我们俩都特别感谢已离我们而去的爷爷、奶奶和外爷、外婆，他们在我们工作繁忙时，全力支撑了这个家，让孩子们健康成长。

作为两个孩子的妈妈，她很爱他们。她给女儿扎辫子、唱儿歌、做游戏，让她玩得高兴。她教儿子玩橡皮泥、画各种各样的动物、带他去动物园。总之，她一心一意要把孩子们培养成有作为的人。那时，她在城里三里河上班，无论骑自行车还是赶公共汽车，一天至少要花两三个小时。但无论每天怎样累，她一回到家，总是先亲亲孩子。几十年过去了，孩子们长大、成家了，她还是那么爱他们。女儿远在万里之外，每周她总要花一个小时，用越洋电话和女儿谈东论西，让孩子像在家一样。儿子近在同一个城市，但忙于工作，她总要他每周回家，而且做儿子最喜欢吃的，在家等他。她就是这样一个两个孩子的妈妈。

五、"大寨十年"的支持者

70 年代，我一去昔阳大寨就是三个多月，而且连续去了整整十年。当年，孩子又小，条件又差，真是太难为孩子的妈妈了。

记得有一次我到大寨出差去了，只能由她骑自行车去送女儿到中关村上幼儿园，平时还好一点，有一天下雨，她在泥滑的小路上（当年没有现今的柏油大道）滑倒了，女儿从自行车上摔了下来……当我从大寨回来，听到这个事儿，看到女儿摔破的腿，心中难过极了。这类故事还很多，但它告诉我们：我们十年大寨的成果和走出的路，都是像她一样的很多母亲支持的结果。

六、"驰骋欧美"的幕后英雄

当我在 80 年代驰骋欧美的时候，我可以在美国工作研究一年半，又可以在日本、美国、意大利开会、访问，还可以多次在欧洲多国讲学等，除了是国家改革开放的大政方针好外，关键还是有"驰骋欧美"的幕后英雄。

当时，夫人除了在家既工作又管家和孩子外，她还先后请来两家父母帮助我们，让我毫无后顾之忧，大胆地往前闯。十年的的确确为祖国闯出了一片新天地，并为 90 年代的大发展打下极其巩固的基础。

一般来说，碧俊与自己父母相处是容易的，但要与公公、婆婆搞好关系的难度就比较大，这也是人之常情。但是，在这个问题上，她处理得很好，这是十分不容易的。我的父母，从我女儿出生，到 90 年代初的二十几年里，来往于北京和成都之间许多次，他们和睦相处，连脸都没红过。

七、中国减灾的重要技术策划人

90 年代，碧俊与我们合作，其后几乎全力地投入中国防灾减灾事业。她是国家减灾委最早的专家组成员，是国家"台风、暴雨减灾"系统的核心骨干，她是"中国减灾中心"的创始人之一，是"中国减灾卫星"的促进者等。她是中国减灾的重要技术策划人。

她是从邮电部传输研究所的骨干转入中国防灾减灾事业的，经历了转行和不断重新学习的诸多过程，克服了常人难以想象的困难。一次采访中，她讲道：

"老王虽然在 1975 年第一次给中央领导写信时已经提出了现代防灾的设想，但真正形成一套体系，还是 1988 年从意大利回来以后的事情。那以后，他发现要实现自己设想的那一套现代防灾体系必须拥有现代通信技术，而老王是学理科的，对技术懂的很有限。没有技术支撑，他的设想只能是空想。于是他向我求援。我便开始利用业余时间给他提供一些力所能及的帮助，但那时并没有完全放弃自己在前邮电部的课题。90 年代初，我才全身心地投入减灾事业。因为跟这项事业接触得越多、了解得越深，就越觉得这项事业很伟大。从事减灾工作越多，越觉得自己的放弃是值得的。一场大灾就会使无数百姓失去家园,造成的损失动辄以数百亿元计,世界上还有多少工作比这个事业更伟大呢?而我恰好又能为这项事业做出重要贡献,所以我对自己的选择无怨无悔。"

综上所述,无论从防灾减灾事业上,她作为中国减灾事业的功臣、中国减灾的重要技术策划人,对我一生事业的巨大支持而言,还是从我曲折人生道路上的终身伴侣来说,或是家庭战胜"穷"、"苦"、"冤"等的坚强后盾事实上讲,都表明:梁碧俊对我一生事业的成功有着举足轻重的作用,是我的终身伴侣和坚强后盾。

讨论题 15.5

在您人生奋斗的征途中,希望能有坚强的后盾吗?

科学上没有平坦的大道，真理长河中有无数礁石险滩。只有不畏攀登的采药者，只有不怕巨浪的弄潮儿，才能登上高峰采得仙草，深入水底觅得骊珠。

——华罗庚

第十六章

21世纪减灾应急新目标

1999年,法国电视台采访王昂生教授

2001年,王昂生在国际会议的主席团会议上

20 世纪后期,世界各国人民都企盼着迎来一个"更加和平、安全的新世纪"。但是 2001 年美国"9·11"事件击碎了全球和平、安全的梦想。从而,它向人们提出了 21 世纪减灾应急的新目标。

第一节 21 世纪防灾减灾新任务

当人们刚刚跨入新世纪时,"更加和平、安全的新世纪"就被"9·11"事件重创,接下来十年的不平静,让我们担起新世纪防灾减灾的新任务。

一、严峻的灾祸现实

"9·11"事件之后,紧接着爆发阿富汗战争、伊拉克战争;小小的 SARS 爆发殃及全球许多地方;美加东部 29 小时停电造成 300 亿美元损失;2003 年 8 月法国两周高温致使 15 000 人死亡;2004 年初的禽流感又绷紧了人们的心弦;2004 年 12 月 26 日的印度洋特大海啸致使亚非十多个国家 30 万人死亡;2005 年 8 月卡特里娜飓风袭击美国,死亡 1 200 多人,使灾害损失再创全球新高——1 000 多亿美元,恢复重建更高过 3 000 亿美元;同年 10 月 8 日巴基斯坦地震造成 8 万多人死亡;2007 年美国次贷危机影响全球,2008 年形成波及全世界的巨大金融风暴,是 1929 年以来世界最严峻的经济危机;2008 年初春,中国南方的冰雪凝冻灾害危害巨大;同年中国四川汶川 8 级特大地震,造成 8 万多人死亡,损失 8451 亿元,再次震惊全球;2010 年 1 月 12 日海地地震,造成 22 万人死亡……浩瀚宇宙中,65 亿人口居住的地球面临着一

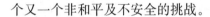

个又一个非和平及不安全的挑战。

二、中国减灾战略

应对各类自然和人为灾害,我们必须有一整套防灾减灾战略,而不能随意地应对。令人高兴的是,1990年我们建议的中国减灾战略,经历了20年的考验,正在逐步实现。其核心内容就是建设"中国现代防灾减灾体系"。

中国防灾减灾战略不是抽象的概念,而是应通过国家组织建设"中国现代防灾减灾体系"来实现,其中"中国减灾中心"和"中国减灾卫星"已经走出了可喜的第一步,而联结各部委、各省市、各项防灾减灾项目等的顺利运转才是应对各类大灾大难的关键。所以,从这点来说,实现我们中国防灾减灾战略的理念和建设"中国现代防灾减灾体系"都有很长的路要走。

三、国际减灾战略

20世纪最后10年,联合国进行了"国际减灾十年"的全球行动,给全世界注入了防灾减灾新动力,让全球看到了人类战胜灾难的新曙光。全世界有140多个国家和地区建立了国家减灾委或领导小组,成为全球重要减灾行动之一。

随着新世纪的来临,"国际减灾十年"即将结束,全球减灾活动怎么办?世界各国都希望这一行动持续下去,以取得长久、深入的成果,至少对保留各国140多个国家减灾委或领导小组进行综合减灾有重大意义。于是,联合国在1998~1999年连续举行了十多次大型国际和全球会议来研究这个问题。我有幸出席了其中的六次,并代表我国介绍我们的"中国减灾战略",受到广泛地欢迎。

经过广泛的研讨,联合国最后决议:全球在21世纪继续开展"国际减灾战略"活动,促进人类长远减轻灾祸的事业。"中国减灾战略"与"国际减灾战略"之间的名称相似,目标相同,这让我们感到中国人的一份贡献与责任。

四、"9·11"事件震惊全球

新世纪第一年的 9 月 11 日美国遭遇"9·11"事件，这是迄今人类历史上规模空前的一次恐怖主义事件。本·拉登恐怖集团组织实施了这一行动。这天，几架民用客机被恐怖分子劫持，分别飞往纽约的世贸大厦、华盛顿的五角大楼等地。纽约世贸大厦双子楼被劫机撞毁，世界闻名的世贸大厦永远消失，3 000 多人命归黄泉。这座影响全球的经济贸易建筑的消失，立即造成全球经济的巨大波动，股市直落，金融缩水。它不仅给纽约带来近千亿美元的损失，也对美国的航空、保险、旅游等行业造成严重的冲击。

"9·11"事件后，布什政府强调反恐是压倒一切的任务。2001 年底，美国国会参众两院批准了首批 400 亿美元的反恐拨款。2002 年 5 月批准为 2002 年财政年度后半年提供 290 亿美元资金，用于阿富汗战争、国内重建和反恐行动。2003 年财政年度预算时，把国土安全预算增加近一倍，达 380 亿美元。为了防止美国再次遭到恐怖袭击，2002 年 6 月，布什向国会提议成立一个新的内阁机构——国土安全部，协调联邦政府各机构间的反恐行动，征召 5 万多名国民警卫队和预备役人员加入保卫本土安全的行列。"9·11"事件后，美国修订的国防和外交战略使得美国的军费开支大幅度增加。美国"9·11 事件"成为全球反恐行动的分水岭。由此，全球各国都把反恐行动作为国内外政策的重要一环。

讨论题 16.1 ······

怎样能让 21 世纪成为"更加和平、安全的新世纪"？

第二节　中国减灾应急新目标

新世纪美国"9·11"事件给全球减灾事业敲响了警钟,除了自然灾害,人为灾难也极大地威胁着人类。中国政府和人民如何应对人为灾难成为中国减灾应急的新目标。

一、非典型性肺炎(SARS)弥漫世界

2003 年初非典型性肺炎(SARS)疫情开始在我国广东、香港等地出现。不久,就在我国北京、山西、内蒙、台湾等地及东南亚各国蔓延。4、5 月份,非典型性肺炎传到美国、加拿大、欧洲部分国家。直到 7、8月份 SARS 才在全球逐渐消亡。这场突如其来的 SARS,仅半年多就迅速在全球 38 个国家、地区肆虐,造成 8 000 多人染上 SARS,其中800 多人死亡。

非典型性肺炎(SARS),造成的仅 800 多人死亡和 8 000 多人染病,在大灾大难中,只是一场小灾难。但是,SARS 却扩展到 38 个国家、地区,先后长达半年多,而且影响严峻时,造成"万巷空无一人"之象,给人"谈虎色变"之感。突如其来的 SARS,给中国、东南亚等很多国家和地区带来了严重后果,经济损失严重,使许多人难以抹去心中的阴影。

二、SARS 期间给北京和中央的信

2003 年新一届党和国家领导胡锦涛总书记、温家宝总理等刚刚上任,马上面临 SARS 这个严峻的局面,在采取一系列紧急措施的同时,也在想方设法解决应对突发紧急事件的办法。我作为一位长期从事防灾减灾工作的专家,责无旁贷地应当帮助国家排忧解难。于是,我在 SARS 期间给北京和中央写信,提出新建议。

6 月,我先给北京市刘淇书记、王岐山代市长建议尽快建立"北京

市危机应急指挥系统"。很快,他们聘任我为"北京市危机应急指挥系统"专家组组长。我们立即在北京已有的公安、消防、卫生、市政等分散系统基础上,开始了"北京市危机应急指挥系统"的组建,并取得初步成效。

与此同时,我也在 8 月向中央、国务院写出新的建议信(这是我一生中第五次给中央写信,提出减灾应急建议)。信中指出:

"但是,发生率仅占 1%～5% 的重大突发事件或灾祸(如 9·11 事件、SARS、1976 年的唐山大地震,90 年代的六次大水灾、东南亚金融风暴、天安门事件等)却可能造成 95% 的危害(经济损失、人员伤亡及政治影响等)及长期的不良后效。这是我们最关心的,而已有的机制、体制却难以解决。到目前为止,这类重大突发事件发生后,均是迅速召开中央政治局或国务院会议去临时决策,缺乏常务管理的体制、机制、系统及班子(美国 9·11 事件后,也是总统及其班子火速商讨对策)。也就是说,我们有若干部门都在管某一方面的事,但他们都难以管好这方面的大事(由于体制、机制、系统、责任、分工所限)。也就是现在缺乏一个高层次日常运行的班子去专门管理这些突发的应急大事。"

为此,我专门建议建立"中国突发事件应急体系"及相应的现代化系统。非常高兴的是,国务院高度重视这些建议,根据国家需求,连连采取了一系列措施:2004 年全国开展了"应急预案"制定;2005 年夏,召开了建国以来首次"国家应急工作会议",建立了国务院应急办公室及各部委、各省市相应机构;2006 年起逐步建设系统。在其后的大灾大难中,这些行动已发挥了重要作用。

三、北京市突发公共事件应急委员会及系统

北京危机应急指挥系统是以市长为总负责人,组建市、区两级应急系统,市级将组成专用系统,并建刑侦、交通、火灾、公共卫生、防洪、地震、生命线工程等 13 项垂直分系统;18 区县建二级系统,并延伸至基层社区。

为维护广大人民群众生命和财产安全和确保首都公共安全,2005年4月,北京市委、市政府决定,成立市突发公共事件应急委员会,负责统一领导全市突发公共事件的应对工作。应急委员会下设北京市应急办公室和指挥中心。

北京市应急指挥中心的主要职责是:负责收集分析国内外和北京地区有关社会安全的情况和信息,及时发布有关预警信息;组织修订北京市突发公共事件总体应急预案,审查专项应急预案、分应急预案和应急保障预案,并督促检查预案的演习工作;组织协调有关应对突发公共事件的宣传和培训工作;负责建立和完善突发公共事件信息通信系统,维护突发公共事件应急指挥平台;承担市突发公共事件应急委员会的日常工作。

四、中国的应急预案

根据党中央、国务院决策部署,加快突发公共事件应急建设任务下达以来,国务院办公厅成立了国务院应急预案工作小组。2004年1月召开了各部门、各单位制定和完善突发公共事件应急预案工作会议。3月召开了部分省(市)及大城市制定和完善应急工作座谈会,对各部门及地方编制应急预案做了具体部署。其后,又印发了有关工作指南,通过各种渠道加快、促进预案编制工作。作为中国突发公共事件应急体系建设的第一步,编制应急预案带动了全盘工作。

在党中央、国务院统一部署下,在各地区各部门高度重视,精心组织、周密安排,共同努力下,共计完成国家总体应急预案1件,专项预案25件,部门预案80件,共106件。同时,全国31个省、区、市的省级突发公共事件总体应急预案也编制完成。各省市还完成结合实际需要的专项应急预案,保障预案及地市分预案等。许多区、县、企业事业单位也制定了应急预案。这样,全国应急框架体系基本形成。经过国务院、党中央和全国人大审批基本完成应急预案工作。

五、关于应急体制的争议

从2004年起,我作为国务院应急预案工作小组的专家,在中南海国务院开了许多次会议,会议研究了应急预案,重大预案的审查和关于国家应急体制、机制和法制等问题的研讨。在各次会议中,留在我脑海里印象最深的还是中国应急体制的问题。

所谓中国应急体制的关键就是要不要建机构的问题。在预印的文件里,一张图上印出了国家机构与各种突发事件的现行归属关系,纵向列出了国务院的 40 个部委局,横向是各种突发事件的灾祸,两者交叉的各个格子就填入所属突发灾祸,一目了然。由于多数人认为我们已有这么多的机构,也分别管了那么多突发灾祸,就不必再成立新机构了。但是,他们并不了解:发生率仅占 1%~5%的重大突发事件或灾祸(如 9·11 事件、SARS 等)却可能造成 95%的危害(经济损失、人员伤亡及政治影响等)及长期的不良后果。这是我们最关心,而目前机制、体制却难以很好解决的。到目前为止,这类重大突发事件发生后,均是迅速召开中央政治局或国务院会议,进行临时决策。这就是因为缺乏常务管理的体制、机制、系统及班子。所以,这次的关键就是要成立应急的专门机构,去解决这个难题。我列举了近年美国、俄罗斯、日本等国专门设立机构应对突发事件的情况,说明发达国家的动向,呼吁我国尽早建立高层机构及体系去应对大灾大难。当时主管这方面的回良玉副总理和直接负责这项工作的华建敏国务委员(兼任国务院秘书长)对此十分关心,多次听取我的意见。由于大家对这个问题的分歧很大,我是少数派;争议也一时无法统一,只能等上边去决策了。

六、中国应急组织体系

最后,令人高兴的是,2005 年国家决定成立中国应急组织体系,它包括领导机构、办事机构、工作机构、地方机构及专家组。国务院是突发公共事件应急管理工作的最高行政领导机构。也就是说国家上层接受了我的建议。

国务院办公厅是突发公共事件应急管理的办事机构,设国务院应急管理办公室,负责全国应急的具体工作和系统建设。各部委局设应急工作机构,应对本部门相应的应急任务。地方各级人民政府是本行政区域突发公共事件应急管理工作的行政领导机构,负责本行政区域各类突发公共事件的应对工作,等等。国务院这个决定,解决了中国应急组织体系问题。但现代化、科学化的应急系统建成尚需时日,而体系的正常运行和处理大灾大难的能力更需要实践来检验。

七、21 世纪减灾应急新目标

鉴于全球突发事件的升温,人们应对人为灾害的呼声大增。但从防灾减灾的角度来看,我们应对的也就是自然灾害、人为灾害和技术灾害。在我国减灾应急的分法包括:自然灾害、事故灾难、公共卫生、社会安全和经济安全五个方面。不论怎样分类,这些应对的对象——灾难,其发生、发展、成灾、应急、灾后恢复重建等过程还是有共性的。所以,我们应当应用相同的减灾应急办法去应对不同类型的事件。这就是 21 世纪减灾应急的新目标。

为了达到这个新目标,我们应当建立“中国现代减灾应急体系”去应对各类自然的、人为的和技术的灾祸(或者是自然灾害、事故灾难、公共卫生、社会安全和经济安全性的灾难),把各种灾祸造成的损失减到最小。

讨论题 16.2

人生目标应当随着时代的变化与需求而改变,对不对?

第三节　世界银行项目

当我在 1998 年 10 月赢得了世界防灾减灾最高奖后,在联合国减灾委布雷主任促成下,11 月世界银行主动找上门来,把一个一百万美金的项目交给了我。

一、布雷主任促成世界银行项目

联合国减灾委的布雷主任于 1998 年 9 月参观访问了我们实验室,临走时留下了书面评论:"……我盛赞他们所有的研究和进展,对其献身精神和工作质量深表钦佩。我保证联合国减灾委员会将同中国科学院减灾中心保持紧密合作,并将尽力为这个中心争取资助。"他实现了他的诺言。

当我们获奖时,布雷主任在日内瓦,一边祝贺我们,一边对我说,他正在努力为中心寻找资助经费。果然,一个月后,世界银行的官员经过多番辗转后终于找到了我,经过交谈,我清楚地了解到,我将接受一项百万美元的国际项目,它是由我安排的,并且项目应当有助于推进中国的减灾事业。

于是,我们严格地依照世界银行的规定,结合我们的实际,反复多次修改申报书,花了两年的时间,项目最后落实,经费下达,世界银行项目启动。

二、有力地增强中国减灾能力

有力地增强中国减灾能力是这个项目的重要目的。我们几十年来所做的一切都是为了这件事。恰好,这段时间正是"中国减灾中心"、"中国减灾卫星"、国家应急体系和北京应急系统等大事开始进行的阶段,所以,我们的项目可以有力地增强中国的减灾能力。

在"中国减灾中心"上,我们应用项目的经费和人力完成技术系统的总体设计,促进中心大楼的建成,以及中心机构设置及运转。

对"中国减灾卫星",本项目促进了"小卫星星座"的立项,完成了地面的卫星减灾应用系统设计,还进行了若干减灾卫星的应用研究。

北京应急系统是我们项目提出建议、并在市里决策后促成的。我们项目在总体思路、科技建议和运行改进等方面发挥了重要作用。

对于国家应急体系而言,我们的项目在促进和促成方面应当是功不可没的。我们为国家各类应急预案的完成出了一份力,在促成国务院应急办及其系统建立上尽了最大努力。北京市应急系统的初步建立也成为全国各地学习的示范。

总之，我们的项目有力地增强了中国的减灾能力。

三、完成大量减灾科学研究课题

世界银行项目的重要任务之一是一批减灾研究课题，我们根据我国减灾的实际需求，先后安排了三十多个大小不同的课题，邀请了国内外的专家来完成。这批相当有水平的研究成果，有力地推动了我国的减灾科学研究工作，又结合增强我国防灾减灾能力的实际需求，促进了减灾事业的发展。

一些课题服务于增强中国减灾能力的工作，如"中国减灾中心"技术系统的总体设计，中国减灾中心机构设置建议等。另一些课题则从事中国的减灾研究，如减灾综合数据库研究，中国水旱灾害的分析评估等。还有一些课题加强了若干减灾技术研究，如我国减灾系统的集成与应用，卫星影像处理技术分析研究等。有的课题也开展了减灾数值模拟研究，如大气降水 MM5 模式，台风（9914）的数值模拟与灾害分析等。

四、台风、暴雨数值模拟走向世界前列

我们的项目应用世界银行资金，与美国马里兰大学张大林教授等国际台风、暴雨数值模拟的顶尖专家合作，也邀请了老朋友许焕斌教授加盟，他是我军总参谋部气象局的研究员，是我国数值模拟的顶尖专家。在六七年的时间里，完成了一批高水平的研究工作，让我国台风、暴雨数值模拟走向世界前列，这有力地为进一步防止台风、暴雨灾害打下了基础，也对台风、暴雨预报预警有所帮助。

这批成果，已由原来的台风数值模拟的分辨率，从常用的 20 公里提高为 6 公里、4 公里、2 公里直到 1 公里，而暴雨研究的分辨率已达 330 米。这样高的分辨率让我国台风、暴雨数值模拟走到了世界前列。因为要完成如此精细的研究，不仅对计算机有极高的要求，对计算方法、数值模拟技术、台风暴雨机理等都提出了很高的要求。同时，这样的工作结果也让我们收获了前所未有的重要成果：比如，台风、暴雨重

大灾害的发生、发展、成熟、消亡和转化等过程的揭示;台风、暴雨重大灾害成灾过程的细节步骤;台风、暴雨等强风暴最早热塔的初生及群体演变;台风初生及台风消亡的首例演示……这些都是当前少有的研究成果。

五、促进新的国际减灾合作

作为增强中国减灾实力的任务之一,我们利用世界银行项目进一步为我国、为国家减灾委等争取新的国际减灾合作项目,取得了良好的效果。

世界银行项目在落实法国援华的 3 000 万法郎减灾合作方面起了重要作用。我们通过制订计划、专家咨询、人员培训、仪器装备的调研和购置等落实了这项合作。最终促成民政部"国家减灾中心"启动和运行。世界银行项目的专家们为国家减灾委向联合国开发计划署(UNDP)申报和申请了"增强国家减灾能力"的项目,并获得成功。其后,UNDP 项目为国家减灾委在增强中国减灾能力方面做出了贡献。2004 年 12 月印度尼西亚特大海啸袭来,造成全球十多个国家的人民遭受重大伤亡。世界银行项目又推进中国科学院促成了国际科学院组织的"全球自然灾害及减灾"项目等。

六、召开学术会议和培养高层次人才

几年来,世界银行项目召开了多次学术会议、派出减灾访问团和培养了不少高层次人才。

世界银行项目先后召开了三次学术会议,联合四次召开国际研讨会和培训班。国内外有几百人次参加上述会议和活动,增强了减灾学术交流。派出了三个代表团先后访问了澳大利亚、美国和欧洲,访问、参观、学习了世界上知名的防灾减灾机构和科研部门,开阔了眼界、广交了朋友、宣传了我国减灾成就、扩展了国际合作渠道。我们根据世界银行的规定,先后派出七名博士生前往美国和欧洲,在知名减灾大学和研究所学习和合作研究。他们在那里学到了国际减灾前沿科学,带回了许多新兴减灾成果。他们的奋发努力受到广泛的欢迎,不少博

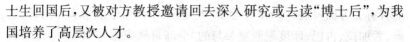

士生回国后,又被对方教授邀请回去深入研究或去读"博士后",为我国培养了高层次人才。

总之,实施世界银行项目有力地推动和促进了我国的减灾事业的发展,我作为它的首席科学家为完成这项任务并为国家做出贡献而感到无比高兴。

讨论题 16.3

利用国际项目来促进我国减灾事业好不好?对不对?

第四节　全球自然灾害与减灾

2004 年 12 月 26 日,印度洋大海啸造成 30 万人死亡,震惊了全世界。联合国、各国政府和人民立即纷纷行动,以促进救灾救济工作。同时大家都在思考:全球如何联合起来应对重大灾害。国际科学院组织也立即投身于这一工作。

一、国际科学院组织

国际科学院组织(Inter Academy Panel,即 IAP)是由全球 90 多个国家科学院组织起来的机构,于 1993 年成立。其成员包括中国科学院、美国国家科学院、英国皇家科学院、俄罗斯科学院、法国科学院、日本科学院、瑞典皇家科学院、印度国际科学院、德国科学院等等。其目标是加强各国科学院间的联络与合作,促进成员间共同开展科学研究,为全球重大问题提供科学建议和咨询。

国际科学院组织与世界及地区科技组织有着广泛的联络和合作。近年来对全球的"科学教育"、"能力建设"、"人口增长"、"可持续发展"等诸多方面向联合国或成员机构做出政策性、科学性的咨询报告,推动着有关方面发展。2005 年至 2008 年,由中国科学院牵头,美、日、瑞典、孟加拉、古巴、印度尼西亚参与的"全球自然灾害与减灾"项目顺利完成。

二、"全球自然灾害与减灾"项目

2004 年 12 月 26 日,印度洋大海啸发生后,国际科学院组织(IAP)立即开始行动。IAP 两位主席——法国的鹊若博士(Dr. Yves Quere)和中国科学院陈竺副院长向所有成员科学院致函,号召大家用科学技术帮助受灾国家,建议对印度洋海啸及全球自然灾害采取联合行动。很快,许多国家科学院以及第三世界科学院等迅速做出回应,表示了热烈的支持。随之,中国科学院在 2 月份召开了一系列国际和国内会议,完成了向 IAP 执委会的报告。经过多方讨论,通过了由中国科学院牵头,日本、孟加拉、美国、荷兰、古巴和瑞典科学院参加的"全球自然灾害与减灾"项目启动。

根据 IAP 执委会决议,中国科学院设立了国际项目专家组(由中国的双主席郭华东教授和王昂生教授及其他国家专家组成)、中国项目专家组(由中国科学院 10 个研究所专家及中国气象局、国家地震局和国家海洋局专家组成)及中国科学院项目工作组。自 2005 年 4 月开展工作,经过几年努力,最终修订的正式文本《全球自然灾害及减灾》发表,共 88 页,附图 50 余幅。

三、国际减灾的战略建议

"全球自然灾害与减灾"项目的关键是提出了国际减灾的战略建议:

1. 把当今以"救灾"为主的战略逐步转变为以"防灾"为主的战略。

2. 全球缺少一个强有力的世界级灾害监控防治总管机构,没有像 WTO(世界贸易组织)管国际贸易、WB(世界银行)管国际金融这样职责明确、富有权威的国际组织,来统一协调世界各国在自然灾害监控防治方面的工作。建议联合国在 ISDR(国际减灾战略)和已有机构的基础上,建立像 WTO、WB、WMO(世界气象组织)、WHO(世界卫生组织)等一样的"世界减灾组织(WDRO)",作为世界级防灾减灾工作的"最高司令部"和神经中枢,由其负责应对特大自然灾害的国际预警体系的建设和运作,协调世界各国联合监控防治自然灾害。同时,促进各国建立和完善国家综合防灾减灾机构。

3. 由 WDRO(世界减灾组织)与涉及全球减灾项目及资金的联合国有关机构,如 WB(世界银行)、WMO(世界气象组织)、UNESCO(联合国教科文组织)等协调一致,设立关系全球的重大综合减灾项目,促进全球共同参与应对灾害工作。同时鼓励、支持全球、国际、区域和各国设立各种有益于防灾减灾的综合项目,形成全球减灾的共同行动。

当然,一项国际减灾的战略建议的提出是需要长期努力才能实现的。WDRO(世界减灾组织)的提出也许要很漫长的日子才会实现,但严峻的全球灾难总有一天会逼迫人类去建立它。那时,人们会想起:这个建议是中国人最早提出的!

讨论题 16.4

您同意国际减灾战略和建立"世界减灾组织(WDRO)"吗?

第五节　冰雪凌冻灾害的新考验

2008 年 1 月至 2 月间,中国中部、南部和西部的 19 个省市,先后经历了多场大雪,特别是贵州、湖南、江西、湖北、安徽、四川等省出现严重的冰凌灾害。中国面临着 50 年来不遇的严峻的冰雪凌冻灾害的新考验。

一、2008 年春的冰雪凌冻灾害

这场中国 50 年不遇的长时间、大范围、超强度的风雪冰凌灾害,又正与中国亿万人民十分珍视的春节长假相遇,更加重了灾难的危害度,真是雪上加霜。

面对灾害,中国党、政、军全面动员,中央政治局常委们亲临第一线,亲自指挥战胜这场冰雪灾害。解放军、武警、交警们战斗在抗灾最前线,中国应急系统也初步运行,气象行业努力预报、预警冰雪灾害天气,电力行业全力应对冰雪灾害,交通部门尽力确保春运畅通,煤炭工业加班加点力保电煤供应,等等。总之,全国人民齐心协力地战冰雪,成绩卓著。

但是,在应对这场大灾中,人们也认识到:我们的减灾应急体系还十分脆弱。具体表现为:气象中长期冰雪预报薄弱,各部门对冰雪红色预警反应迟缓,国家应急系统启动缓慢,铁路、公路、航空部门应对冰雪灾害的能力差,煤—运—电在大灾时应变力弱,在大冰雪时,南方电力网线难以应对等。总之,中国减灾应急体系脆弱,亟待加速建设。

二、气象部门、电力系统和交通运输系统的不足

气象部门在注重预报、预警的同时,也要紧密联系防灾减灾才有实效。中短期预报时效虽短,但信息充分、准确可靠,加强中短期预报、用好时效十分重要。中长期预报难度很大,但对防灾减灾十分有用,应大力开展。正确的预报,只有变成千万人的防灾行动,才有真正的意义,所以气象预报必须与国家应急办、各部委各省市密切联系,共同及时应对灾害,才能事半功倍。

从这次大灾看来,我国电力系统尚未建立电力减灾应急系统及体系,所以在冰雪凌冻大灾发生后,反应较迟,损失较重,影响甚大。同时表明我国电煤调运系统及数据库运行很差,这个系统急需加强。南方电网设计应对冰雪凌冻灾害能力过低,致使冰冻地区大量电网铁塔倒塌、电网电线中断,出现大面积停电,给人民生产生活带来了巨大的损失,因此亟待加强。

这次大灾,近20个省市交通运输受到冰雪灾害影响,数千万人春节回家不畅。京珠等多条高速公路受阻,京广、沪昆等中国铁路大动脉曾一度中断,136列火车停运,使我国人、货、煤等难以运送,造成巨

大损失。1 月中旬到 2 月中旬,我国先后有 24 个机场关闭,801 个航班返航,4597 个航班取消,12510 个航班延误,空中交通极为不畅。这些都暴露出我国交通运输系统的重大问题。

三、几点建议

建议一:国家必须加强加快国家减灾应急体系建设,从全局和总体上解决国家大灾大难减灾应急问题。

建议二:公安部、气象部门、电力部门、通信部门、铁道部、交通部和民航总局等都应加强加快各部门的减灾应急体系建设,从而解决大灾大难时各部门的减灾应急问题。

建议三:气象部门的预报必须与国家应急办、各部委、各省市密切联系,建立专门的体系和系统,灾时不间断地提供气象预报、灾害预警及灾情信息,促进共同及时应对灾害。

每次大灾后都有很多话要说,都有许多经验教训要总结。但近 30 年的大灾大难我们特别要记住,因为这是改革开放以来发生的。新时代、新特征,我们希望这次大灾大难能引起国家高层领导的高度重视,认真总结经验教训。特别从国务院应急办、国家减灾委和科技界等高层下工夫,在减灾应急的战略全局、系统体系、减灾应急科技总体等方面有所改进。从而使我们在下次大灾大难中能赢得重大胜利。

讨论题 16.5

每场大灾大难后,我们应当怎样总结经验教训并改进工作?

"难"也是如此，面对悬崖峭壁，一百年也看不出一条缝来，但用斧凿，能进一寸进一寸，得进一尺进一尺，不断积累，飞跃必来，突破随之。

——华罗庚

第十七章

中国四川汶川大地震的震撼

2008 年 5 月 12 日,汶川大地震后军民共同抗灾救灾

中国人民解放军的直升飞机在四川灾区救灾

四川汶川特大地震的突然袭击,让我国在新世纪又遭受了一次极为严重的灾难。但在全国人民的共同努力下,中国人民再次战胜了巨大的灾害,显示了中华人民共和国的力量。同时,重创的震惊也让我们进行了深深的反思和激发起新的世纪行动。

第一节　四川汶川特大地震

四川汶川特大地震灾害重创中国,再次向中国政府和人民提出:应当百倍重视保护十三亿人民生命财产的安全这个重大而现实的严峻问题。

一、四川汶川特大地震灾害

2008 年 5 月 12 日 14 时 28 分,四川汶川发生 8.0 级大地震,从震中汶川震动全四川,波及全中国,北京、上海、台湾、海南等地都有震感,在泰国曼谷也有地震的反映。它成为我国 50 多年来影响最大的灾难事件之一:死亡人数高达 6 万 9 千多人,失踪 1 万 7 千余人,37 万多人受伤,灾民有 1 400 多万人;直接经济损失为 8 451 亿元(约合1 240亿美元),成为至今为止,全球近几十年来单次大灾最惨重的经济损失。

二、中国减灾应急的快速反应

四川汶川发生 8.0 级大地震后,胡锦涛主席在灾害发生 1 个多小时后就立即发布了救灾指令;温家宝总理在灾害发生后 4 个多小时,就到达灾害现场;中国人民解放军、武警、公安消防等部队第一时间到达灾区,不久救灾的总人数高达十多万人;数百支医疗队飞奔灾区;四川人民紧急救援;港、澳、台胞支援;全国人民支援;全世界人民援助;开创了全球抗灾救灾新篇章。

这次中国减灾应急的快速反应行动是前所未有的,其高效务实的行动在国际上罕见,救灾工作以人为本,只要有一线希望,就应尽百倍努力。救灾行动是开放透明的,既对国际开放,又对媒体透明,而且是自始至终的。

据不完全统计,中国人民和国际累计的救灾捐赠已超过 700 亿元人民币。中国政府灾时投入就已超过 700 亿元人民币,国家对灾区恢复重建资金每年投入 700 亿元人民币,三年共 2 100 亿元人民币。灾区计划招商引资 6 000 亿元人民币以上。这样大规模的快速救灾及资金到位,是全世界少有的。

这场灾祸发生时中国政府如此快速的反应,得益于 2003 年 SARS 后中国应急体制的建立。当地震发生时,震情和灾情第一时间就向国务院应急办报告,而我国新建的国务院应急办是与国务院总值班室在一起的,因此严重地震的震情和灾情马上直接报给了国家主席和总理,于是快速反映和行动立即展开。而以往,这一切都要层层上报,所以会耽误时机。这是中国新世纪减灾应急体制初步建立后,第一次向全球显示出它的生命力和优越性。

三、感人至深的快速灾后恢复重建

灾后一年半,国家减灾委组织专家来到四川灾区了解调查灾后恢复重建工作。我们深入特重灾区:北川、绵竹和汶川。感人至深的快速灾后恢复重建,让你不得不钦佩社会主义的优越性。

在灾区,我们看到了国家的巨大投入和国内外的无私捐助已经发挥了重要作用。灾区早就度过了灾后最困难的吃、住、生活和伤病等难关,人们都已逐步正常地生活在故土上,自力更生地建设着这片热土。国家的投入、国内外的捐助、特别是国内近 20 个省市的对口支援,让我们在灾区看到了无数的建设工地,比如北川新县城、绵竹的汉旺镇、汶川的映秀(地震的震中)等地,一座座现代化的新建筑正在拔地而起。可以想象,不久的将来,渡过灾难的灾区人民又将幸福地生活在这片土地上,与全国人民一起奔小康。

讨论题 17.1

四川汶川地震时您在何处?有什么感受?

第二节　减灾应急的核心问题

我们在充分肯定我国在四川汶川大地震后应急的快速、救灾得力和恢复重建感人至深的同时,也不能不为如此巨大灾害而毫无预报预警的巨大失误感到痛心。我们必须深究减灾应急的核心问题。

一、减灾应急的核心薄弱环节是防灾

中国和世界的减灾应急的核心薄弱环节是防灾,包括灾害的监测、预报和预警。当前,重大灾害的"不可知论"和"世界难题"是我们攻克诸如"地震预报"等难关的拦路虎,而现有的"九龙治灾"体制是现代减灾应急体制的致命弱点。聚全力、抓关键,攻克减灾"世界难题"是中国科技界义不容辞的神圣责任,但中国科技界在这一方面做得是很不够的。此外,中国防灾减灾人才培养培训已是迫不及待的紧迫任务。

二、准确地预报是防止灾害的关键

减灾应急事业中最重要的就是防灾,如能准确监测、预报、预警灾害,就可以大大减轻经济损失和人员伤亡。所以,准确地预报是防止灾害的关键。但是,这一关键也正是当今减灾应急事业中最大的难点

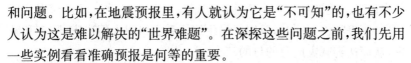

和问题。比如,在地震预报里,有人就认为它是"不可知"的,也有不少人认为这是难以解决的"世界难题"。在深探这些问题之前,我们先用一些实例看看准确预报是何等的重要。

首先看看中国的地震,比如 1976 年 7 月 28 日唐山大地震(7.6级),由于事先无预报,造成 24.2 万人死亡,唐山夷为平地。2008 年 5 月 12 日汶川大地震(8.0 级),也是事前毫无预报,死亡近 7 万人,失踪17 939 人,震惊中外。而 1975 年 2 月 4 日辽宁海城大地震(7.3 级),由于有了正确预报,大大减轻经济损失和人员伤亡,成为全球成功预报地震的范例。

再看我国的暴雨洪水灾害的情况,如 1931 年夏长江全流域大水灾,当时无预报、无抗救,死亡 14 万人;在 1954 年夏长江全流域大水灾,由于刚解放,也无预报、有抗救,死亡 3 万人;而 1998 年夏长江全流域大水灾,则有预报、有抗救,死亡仅 0.3 万人,主要是九江决堤造成的,所以有了很大进步,取得举世瞩目的重大成就。这已成为联合国广为宣传的全球减灾重要成就之一。

最后,我们看看全球台风灾害的一些例子,如 1970 年 12 月孟加拉热带气旋,既无预报,又无抗救,造成 30 万人死亡;在 1991 年 4 月孟加拉再次遭受热带气旋袭击,也是无预报,无抗救,造成 13.9 万人死亡;2005 年 8 月美国卡特里娜飓风,做出了正确的预报,但抗救不力,造成 1 417 人死亡,经济损失超过 1 000 亿美元;2005 年 7 月在中国,海棠台风来袭,由于有正确的预报,而抗救得力,虽有 1 000 万人受灾,转移 140 万人,但仅有 3 人死亡。

这些大灾大难的实例告诉我们准确地预报是防止灾害的关键,所以我们必须高度重视这件人命关天的大事,哪怕有再大的困难,我们也应做好它。

三、要战胜现代减灾的拦路虎

现代减灾的拦路虎是灾害预报的"不可知论"和"世界难题"。

20 年前,我说过:"自然灾害对人类是残酷的,它会杀害百万、千万的人。但它对人又是'仁慈'的,因为在每次大灾来临前,它总给人类很多信息。关键是人类是否能应用最现代化的科学技术去探索这些信息,预报灾害。同时,运用现代化的体系去组织人们避灾、防灾和减灾,从而达到减灾应急的目的。"

"不可知论"用预报预警灾害的不可能性,吓唬人们不敢去攻克这些堡垒。而用"××预报"是"世界难题",从思想意识上阻拦人们防灾减灾。有少数地震界的人士以"地震预报"是"世界难题"为借口,说"地震预报"要几代甚至几十代人努力才能攻克,试问在他们说的几代甚至几十代人(也就是几十、上百年到几百、上千年)时间里,我们对地震还是毫无办法,只能坐等唐山大地震、汶川大地震之类的地震一而再,再而三地来袭击我们,让几万、几十万人一次又一次地死去,这行吗?这样置全国人民死活于不顾的言论和行动是绝不允许的。然而就在中国汶川大地震一个月零两天后的 6 月 14 日,日本岩手县发生了 7.2 级地震,日本气象厅于 2007 年 10 月建成的"日本全国地震预报系统"根据此次地震的 S 波与 P 波的信息,提前十秒钟预警了这次地震,并通过电视、电话、手机等方式提前五、六秒钟告知广大群众,帮助人们减少了地震的损失。这种预警地震的新思维撼动了人们,告诉大家地震是有办法预报的。虽然这十秒钟是太短了,但却让全球看到了"地震预报"的曙光。

四、现有减灾应急体制的致命弱点

现有减灾应急体制的致命弱点是"九龙治灾"。所谓"九龙治灾"就是新中国建立后,遇到一些大灾大难就成立一个部(局)去管理它,于是今天我们就有了:水利部(水旱灾)、气象局、地震局、农业部(农病虫害)、林业局(森林火灾、森林病虫害)、国土资源部(地质灾害)、海洋局(海洋灾害)和民政部(救灾救济)等。这就是各个部门治理与本部门相关灾害的"九龙治灾"办法。虽然各个部门几十年来都曾发挥了重大的历史作用,但其弱点也显而易见。

"九龙治灾"是现有减灾应急体制的致命弱点,它们分散、力弱、重叠、臃肿。于是大灾大难都采用中央、国务院临时组建指挥部的方式来完成应急任务。虽然取得了重大成就,但终究不是长久之计,必须寻求可行的新办法。

我们国家近年来也曾经采用过一些办法,试图去改变这种现状。比如,1989年起成立了国家减灾委员会,它由30多个部委组成,是国务院的部级间协调机构,办公室设在民政部(救灾救济司)。虽有副总理任主任,但无实际权力管理各部委,无财力支持各部委,所以在国家减灾方面难有实权。如前所述,2005年国务院应急办建立,但人太少、科技力量薄弱,短期里难完成这项任务。看来,我们还必须找出一个新办法来解决"九龙治灾"的致命弱点。

五、中国科技界的神圣职责

聚全力、抓关键,攻克减灾"世界难题"是中国科技界义不容辞的神圣职责。

解决灾害应急难题的关键是科技先行,如果灾害监测、预报、预警做好了,减灾应急就比较好做了。而做好灾害监测、预报、预警主要靠科技工作,比如,科技攻关去攻克难题,或者科技集成各方面的成果等。总之,中国科技界在中国防灾减灾和应急事业上是责任重大的。

今天,中国已拥有强劲的科技实力,几十年来已有大批防灾减灾的科技成果,也拥有若干防灾减灾的科技系统,中国已有世界一流的防灾减灾科技专家和大批科技人才,国家对科技每年都有大量的财力投入,关键是如何集中人力、财力做些大事,攻克难关。

特此建议:大灾大难是当今危害社会主义建设的主要危险,不仅政府、人民关心重视,中国科技界必须以更大的热忱予以关心重视。国家科技部、中国科学院、国家自然基金委员会、中国工程院等应当联合起来,共同为国分忧,拿出办法来应对大灾大难。国家及上述科技部门共同拟定中国应对大灾大难的科技规划,联合或分别设立重大科技项目,选拔国内外顶级科学家领衔项目,并与相关部委合作,使项目为防止灾祸和减灾应急发挥重大作用。

六、减灾应急人才培养培训迫不及待

人才是一切事业发展的根本,全国拥有几十万各类防灾减灾专业人员,有上千万减灾应急人员。而人员的技能单一、水平不高、知识老化等极大地影响了减灾应急工作,所以防灾减灾人才培养培训迫不及待。

首先,国务院、各部委和各省市都设立了应急办公室,在国家减灾应急系列里急需一批高层次减灾应急人才(硕士、博士、博士后等),他们称职与否,事关国家减灾应急大业。在未来将逐步建立的国家、部委局、省市和地县各级减灾应急现代化体系和系统,更需要大批大学、大专减灾应急人才,也需要大批综合减灾应急人才。此外,我们也需要对在岗的几十万减灾专业人员进行一专多能的培训,对上千万减灾应急人员进行综合提高培训。所以说,减灾应急人才培养培训是十分迫切的事,应当提上日程。

讨论题 17.2

为什么说防灾是减灾应急的核心薄弱环节?怎样使这一环节不再薄弱?

第三节 中国现代减灾应急新体系

四川汶川特大地震就发生在我的故乡。思乡之情、灾难之痛,让我每日魂牵梦绕于大灾大难之中。"中国现代减灾应急新体系"的新建议就产生在此时。

一、"减灾应急新体系"建议的诞生

四川汶川特大地震就发生在我的故乡成都旁,距我成都弟妹家仅100公里。那时我们在北京,地震刚发生不久,我就连连打了好多电话,无一例外都打不通,我急得不得了。等到震情明朗后,一批批慰问电话、电子邮件发向家乡。和全国人民一样,我每天关注电视、报纸、新闻里的灾情。大家关心着大地震的一切事情,全国人民真的是与灾区人民同呼吸、共命运。

大地震让新闻、电视、杂志等媒体又涌向我这位世界防灾减灾最高奖荣获者,那段时间几乎每天我都被安排满了各种采访,我也希望把我新的、在大灾大难里诞生的"中国现代减灾应急新体系"宣传出去,为祖国、为人民做出新贡献。

从 5 月 12 日汶川大地震起,我就无时无刻不在思索眼前特大地震灾难的现实和防灾应急的远景。提笔给中央胡锦涛主席和温家宝总理写信(一生中第六次给中央的建议),提出了"中国现代减灾应急新体系"的新建议。信中写道:

"……我们的最大不足(全球也是类似)是:大灾大难的监测、预报、预警的分散与能力薄弱,如能监测、预报、预警出灾害,我们就能大大减轻灾害损失。比如唐山大地震、汶川大地震就是因为没有预报,而造成如此重大的损失。冰雪凝冻大灾虽然有了一般的降雪和温度预报,但气象局并不特别关注其后的灾害,所以后果十分严重。其他许多灾害也有类似问题。在现行的体制下,这个问题难以解决。所以我们必须另辟新径,找出解决问题的办法。

解决的办法就是建立大部制的"减灾应急部",把国家分散在各部委局的灾害部门(如国务院应急办公室、中国气象局、中国地震局、水利部的水旱灾害部分、农业部的农业灾害部分、林业局的林火及病虫害、国土资源部的地质灾害、民政部的救灾救济、海洋局的海洋灾害部分等)集中在一个部里,大家全心全意地为全国人民搞好防灾、减灾、抗灾、救灾工作。……"

信是地震发生后开始起草,一周内完成的。由于中央领导忙于救灾,所以信在灾后一个月时发出。"中国现代减灾应急新体系"建议就这样诞生了。

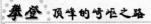
二、中国减灾应急政府新体系

"中国现代减灾应急新体系"之一是"中国减灾应急政府新体系"。

建议:建立大部制的"减灾应急部",把国家分散在各部委局的灾害应急部门(如国务院应急办公室、中国气象局、中国地震局、水利部的水旱灾害部分、农业部的农业灾害部分、林业局的林火及病虫害、国土资源部的地质灾害、海洋局的海洋灾害部分、民政部的救灾救济等)集中在一个大部里,集全国的力量,全心全意地为全国人民搞好防灾、减灾、抗灾、救灾工作。

其优点是:各类灾害、突发事件的防、抗、救等全过程,除了灾种、事件的不同外,其监测、预报、预警、抗灾、救灾、恢复重建等都是大同小异的,可以把全过程现代化、规范化和标准化。因此,这个部可把"九龙治灾"的分散力量集中起来,相互配合、相互促进,集全国的减灾应急力量专心专意做好这项事业,无大灾时全力做好减灾应急准备。这个部在中国各地的几十万人员,将成为全国 13 亿人民生命和财产安全的保护神。

同时,我国上述各部门在全国现有数十万人员,各省、各县都有相应机构(如气象局、地震局、海洋局、民政局、应急办……)。把它们集中之后,将大大精兵简政、一专多能、提高效率、弥补薄弱环节、加强科技、攻克难关。

这个部也将设立专门部门,把我国抗灾救灾的快速高效成就科学地固化下来,分别与军队、武警、消防官兵,运输部门,卫生系统等建立应对灾害和应急的预案和系统,在高层次上密切合作,在基层里亲切协同,时时为快速高效地抗灾救灾做好准备。这样,我们的政府将有一支常备不懈的、强大的专业减灾应急队伍。一旦发生灾难或突发事件,可以立刻招之即来、来之能战,也不会因政府换届或领导人变动而影响减灾应急任务。

三、中国减灾应急科学新体系

"中国现代减灾应急新体系"之二是"中国减灾应急科学新体系"。

建议:把各部委局相应的减灾科研机构、中国科学院及其他的防灾减灾科研机构组成"中国减灾应急研究院",专门从事减灾应急研究,建成中国减灾应急学术体系。现在总有人以"世界难题"为借口,搪塞灾害研究。我们应当集全国科技力量为全国和世界人民攻克防灾(监测、预报、预警等)"世界难题",这是中国科技人员义不容辞的任务,也是完全可能的。

因为科学技术对减灾应急的巨大作用是不言而喻的。政府只能在科技水平确认灾害预报的条件下,才能也才敢对广大人民施行防、抗、救灾措施。所以说必须科学技术先行。下边一些实例可以说明这一点:

1975年2月4日海城7.3级大地震之前,我国成功预报了这个地震,100多万人免受灾难。当然,灾前小震不断,前兆明显也是能报出这个地震的重要原因。但1976年7月28日唐山7.8级大地震,灾前地磁、水位、动物等诸多异常,但未能预报,造成24.2万人死亡。而距唐山115公里的青龙县却内部通报了此事,并采取相应措施,虽有18万间房损坏,却仅死一人。可见有无预报对灾害后果有着重大的影响,这就是科技的巨大力量。

中国科学院、中国气象局、国家教委及水利部组织20多个单位的200多位研究人员经历了近5年的攻关,以国家和地方已有的台风、暴雨预报系统为基础,研究完善台风、暴雨预报、警报系统,建立台风、暴雨减灾信息系统,开展了灾情预测和对策研究,进而为政府有关减灾决策部门提供依据,在六个省市为政府和公众进行防灾减灾服务。经研究,建成中国台风、暴雨洪水灾害预报减灾系统,取得"预报灾害"的科学突破,达到减轻灾害损失16亿元的重大成果。

再从2004年印度尼西亚大海啸死亡30万人的这场大灾难中,我们注意到了若干科学的探知,但这些探知没有挽救这些人的生命,这个事实告诉了全球什么? 首先看地震预报:据报道,2004年12月22日,印度马德拉斯大学的地震专家便已准确预测了这场海底大地震的震中及发生时间。令人难以置信的是,他们所预测的震中距离误差只有不到 160 公里,而时间误差更是小到只有区区 28 分钟。可惜,这些救命的预测却未发挥任何作用。当然,我们可以怀疑其可靠性,但是,2004 年 12 月 26 日 7 时 58 分 55.2 秒(当地时间),印度洋地震刚刚发生,各国地震台站就迅速测定了此次地震的震中和震级,即震中位于北纬 3.6 度,东经 96.28 度;中国国家地震局测定为 8.7 级;美国和法国测定为 8 到 9 级,震中位于印度洋海底下 40 公里处……总之,全球 100 多个地震台站已及时准确测定了此次大地震的震中和震级。遗憾的是,接下去与 30 万人生命攸关的海啸灾害却因为地震和海啸的分家,导致上百地震台站都不过问海啸,而管理海啸的海洋部门却缺少快速的地震信息;"科学的分工"让 30 万人命归黄泉。全球唯一成功的海啸预报预警是美国国家海洋和大气局(NOAA)专家杰·拉多斯完成的,他说道:"在印度洋地震后 20 分钟之内,我们就发布了海啸报告,这是我们从技术上所能做到的最快速度。我们曾将海啸警报通过电子邮件发给了印尼一些政府部门的电子邮箱,但我们不知道这些信息是否被及时收到并获得了重视。"事实证明,这条宝贵的警报因为是电子邮件,而不是专用警报电路而没有得到重视和应用,人类失去了最后拯救 30 万人的机会。

此外,罕见的海啸席卷了印度洋岛国斯里兰卡,2 万多人遇难。但令人惊奇的是,海啸危害最重的亚拉国家公园等地却没有一头动物尸体,似乎动物对重大灾难比人更为敏感。加之,唐山大地震和汶川大地震的大量动物异常等现象,"灾害仿生学"必将成为科学研究的重要课题。

正是上述减灾成败和科学问题,让我们深深感到减灾应急中科技先行的重大意义,所以建立"中国减灾应急科学新体系"是非常重要的。

四、中国减灾应急人才培养新体系

"中国现代减灾应急新体系"之三是"中国减灾应急人才培养新体系"。

建议:在已有基础上,组建"中国减灾应急大学",在清华、北大、中国科学技术大学等名校组建"减灾应急学院",培养和培训大批专业人才,特别是高级人才。人才培养体系包括:全社会普及教育,中小学生知识教育,大学专科专业教育,在职人员再教育和硕士、博士、博士后等高级专业人才的培养。

以下是人才培养新体系的百种减灾应急系列学科及门类,可供参考:(一)自然灾害科学:洪涝灾害学,台风(飓风、热带气旋)灾害学,海啸灾害学,暴风雪灾害学,地震灾害学,荒漠化灾害学,海冰灾害学,森林火灾学,滑坡灾害学等几十种。(二)事故灾难科学:如道路交通灾难学,煤矿灾难学,危险化学品灾难学,核事故灾难学,生态事故灾难学,特种设备安全学,火灾灾害学,城市生命线工程灾难学等十几种。(三)公共卫生科学:如重大传染病防治学,鼠疫及其防治学,霍乱及其防治学,肺炭疽及其防治学,SARS 及其防治学,艾滋病防治学,公共卫生事件处治学,群体性不明原因疾病抢救学,职业中毒防预治疗学等二十余种。(四)公共社会安全科学:如恐怖事件处置学,刑侦案件处置学,火灾事件消防学,制服绑匪心理学,处理人质安全学,武警特警心理学,大型文体活动安全学,政治骚乱处置学等十几种。(五)公共经济安全科学:如能源政治的经济安全学,金融安全学,国际货币流动与国家利益,粮食生产流通与安全,国际经济危机学,国际矛盾新焦点——水安全等十几类。(六)安全减灾社会科学:如灾害社会学,灾害法律学,灾害心理学,灾害经济学,灾害保险学,灾害新闻学,灾害政治学,灾害历史学等十多种。(七)减灾应急工程科学:如防洪工程学,抗震工程学,抗旱工程学,防台工程学,防灾建筑学,滑坡治理工程学,荒漠化治理工程学,矿山灾害治理工程学,生物灾害治理工程学,天气工程学等十余类。(八)减灾应急技术科学:如减灾卫星学,应急通信学,遥感在减灾应急中的应用,安全减灾系统科学,减灾应急信息科学,地理信息系统在减灾中的应用和减灾应急的计算机网络科学等十多类。

只有有了一定数量的领军人才、大批有专业水准的人才和减灾应急的社会普及教育,中国减灾应急事业才有牢固的基础。

五、温总理派人来听取重大减灾应急建议

2008年7月3日上午8点30分,温家宝总理和国务院马凯秘书长派国务院应急办公室陆俊华主任、中央机构编制委员会魏小东司长等来中国科学院减灾中心,认真听取了我的"用现代减灾理念建设'中国现代减灾应急新体系'"的重大减灾应急建议,历时两个多小时。

5月12日四川汶川大地震发生以来,全国、全世界人民都极大地关注这次特大灾害。作为一生从事防灾减灾事业的世界防灾减灾最高奖——联合国减灾奖荣获者,我一直特别地关心家乡的重大灾害和防灾减灾进展,十多次通过各类媒体,呼吁建设"中国现代减灾应急新体系"。我于一周内完成给胡锦涛主席、温家宝总理的重大减灾战略建议,6月12日发出。温家宝总理、国务院马凯秘书长非常重视并做出批示。7月3日,他们派国务院应急办公室和中央机构编制委员会领导认真听取了我们的详尽汇报。我们的"用现代减灾理念建设'中国现代减灾应急新体系'"的重大减灾应急建议,主要包括三个部分:

1. 建立大部制的"减灾应急部",把国家分散在各部委局的减灾应急部门集中在一个大部里,集全国的减灾应急力量,全心全意地为全国人民搞好防灾、减灾、抗灾、救灾工作。集全国专业防灾减灾应急的几十万人之力,建起保护13亿人民生命财产安全的坚实屏障。

2. 把相应各部委局的减灾科研机构、中国科学院及其他的防灾减灾科研机构组成"中国减灾应急研究院",专门从事重大减灾研究,建成减灾应急学术体系。集全国科技力量为中国和全球攻克防灾(监测、预报、预警等)"世界难题"。

3. 在已有基础上,组建"中国减灾应急大学";在清华、北大、中国科学技术大学等名校组建"减灾应急学院",培养和培训大批专业人才,特别是高级人才。

汇报过程中,几位领导就"现代减灾"、"九龙治灾"、大灾大难的科学研究、"灾害仿生学"、实时综合减灾系统、地震预报的不同方法等问题,与我和梁碧俊教授级高工等进行了深入探讨;并结合 2008 年初冰雪凝冻灾害、四川汶川大地震等实际,就应急办和各部委、灾区的工作成绩及问题开展了研讨。

他们认为这些建议与国家、政府领导的想法非常接近,特别关切地问道:"为什么这样急迫的建议,你们却希望在 5～10 年实现呢?"我解释道:"因为这是一个很大的行动,需要一定时间做准备。同时本届政府刚组建,不宜马上大变动,最好下届政府采用。"陆主任和魏司长表示,听了我的详尽介绍,认为这是我国减灾应急的重大战略建议,十分重要。回去后将尽快向温总理和马凯秘书长汇报。

最后,我们请两位司长向温家宝总理和国务院马凯秘书长表达最深切的谢意,希望这些建议能引起中央高层的重视,促进我国的减灾应急事业,让下一次大灾大难的损失能得以大大减轻。临别时,我们向温家宝总理赠送了我们的新著《中国减灾与可持续发展》一书(528页)、"用现代减灾理念建设'中国现代减灾应急新体系'"的电子演示报告以及有关防灾减灾应急的光盘等。

六、中央电视台和人民网的采访

在四川汶川大地震 16 天后,即 2008 年 5 月 28 日,中央电视台的《人物》栏目播出了《中国首席减灾专家——王昂生》,这显然是配合大灾的一个采访。电视简介了我为减灾事业奋斗的一生,从我所创建的国家减灾中心快速地应对汶川大地震讲起:大灾来临,仅 7 分钟后中心就开始针对汶川大地震工作,12 分钟后申请了卫星图片,最早于第二天分别获得了日本、意大利和我国的灾区卫星图像。每日不停地运转、分析、研究灾区情况,每天为国务院汶川地震抗震总指挥部发去重要的灾情、灾区人口、道路现状、房屋倒塌实况、堰塞湖分布、灾区的滑坡及救灾进展等实情,成为国务院汶川地震抗震总指挥部最得力的减灾支持中心之一。面对这个震惊世界的汶川大地震,我在电视中提出了"用现代减灾理念建设'中国现代减灾应急新体系'"的建议,给全国人民一个战胜大灾大难的光明前景和信心。

2008 年 6 月 3 日,我做客"人民网",做了一次全面论述"用现代减灾理念建设'中国现代减灾应急新体系'"的电视访谈,历时一个小时。可以认为,这次"人民网"电视访谈是本书的浓缩版,是本章内容的精华荟萃。

有关内容可参见:

A. 请在"百度(Baidu)"或"谷歌(Google)"——键入"王昂生",可查:CCTV-10 视频:"中国首席减灾专家——王昂生"及"人民网"视频:"中国科学院减灾中心主任王昂生访谈"。

B. 请在"人民网"键入"王昂生",可查文章及视频图像。

讨论题 17.3

为什么要建立"中国现代减灾应急新体系"?

第四节　鼓励"立志成才"的二十年

四川汶川大地震的重创与震惊也让我们进行了深深的反思和激发起新的世纪行动,除了前三节的减灾应急新体系外,仍需要一大批"立志成才"的青少年。

一、我与祖国心相连

我的一生除 40 年代是懵懂的童年外;50 年代到 60 年代中是我奋

发向上的学生时代；紧接下来的 15 年，是"艰难时期的坚持与守望"和"大寨十年苦与乐"相互交叠；80 年代是飞驰美欧并升华；90 年代是驰骋"国际减灾十年"且攀抵世界防灾减灾的顶峰；21 世纪里我继续为中国和世界减灾应急事业奋斗！60 年的奋斗让我深深感到作为祖国人民的儿子，我无愧祖国的希望、人民的培育。正是千千万万的祖国儿女长期不懈的努力，中国才有了蓬勃发展的今天。

但是，中华崛起还有漫长的路要走。就拿我们荣获的世界防灾减灾最高奖的这一领域来说吧，我们面临的形势也是十分严峻的，"5·12"汶川大地震再次敲响了警钟。何况我们国家在政治、经济、军事、科技、教育、文化等众多领域有许许多多事业等待大批中华儿女去为之奋斗，只有大家的不懈努力才能使中国由大国走向强国。我也将尽我的余力，继续为减灾应急事业出力，这是我与祖国心相连的一方面。

另一方面就是祖国如此宏伟的事业是需要一大批"立志成才"的青少年，接过我们的接力棒去取得更加辉煌的成就，让中华高高地屹立在世界的东方。所以，当我回到故土后的另一个愿望就是：希望用我们 60 年奋斗历史里的一个个小故事，来促成一大批"立志成才"的青少年成长，让他们比我们做得更好。这件事就从我们母校成都七中做起，但目标是成都、四川和全中国的青少年们，希望我的微薄力量能继续为祖国做些贡献。

二、几次重返母校

实际上为达到这个目标，我们已准备和进行了二十多年。自从 1958 年离开母校后，我曾几次重返学校，每一次都希望能为"立志成才"的青年们做些贡献。

1988 年 3 月 2 日，我和夫人回到母校，出席了"成都七中开学典礼暨设立王昂生奖学金大会"。会上，我希望奖学金能激励年轻的同学们奋发向上，同时表示对奖学金荣获者可提供以下帮助：在北京上大学时见面和咨询，推荐他们读硕士和博士，推荐他们出国深造等。希望他们能站在我们肩上攀登高峰。

1993 年 4 月 28 日再次回到母校，给全校同学作了一个报告，并会见了"王昂生奖学金"获得者。我鼓励年轻的朋友们,在未来为祖国去赢得诺贝尔奖或成为"中国的比尔·盖茨"。

1998年冬季,当我荣获世界防灾减灾最高奖后,又一次来到成都七中给全校同学汇报了赢得这项世界大奖的历程,并与同学们进行座谈。听众中就有一位同学12年后成为中国最年轻的教授——周涛(被评为教授时仅27岁)。

2005年4月12日是成都七中100周年校庆之日,在八千人的庆祝会上,我代表100年来近十万校友发言,并将荣获的世界防灾减灾最高奖的奖杯复制件(因为原件已收藏在国家博物馆)赠送母校作为永久的留念。

三、在北京的小校友

从1993年起,我开始实行我的诺言,每年数次请来北京的"王昂生奖学金"获得者到我家做客、见面和咨询上大学后的问题,每次小校友们都非常积极。大家在一起交谈、讨论,一起看电视、看录像、唱卡拉OK,一边吃零食,一边弹钢琴。到餐厅去吃一顿大餐是对小校友们来做客例行的慰劳,因为他们远离父母,我们作长辈的应多给他们一点关心。

一晃十四五年了,在北京家里接待了一批又一批的成都七中小校友,他们中有五位国际奥林匹克金奖荣获者,如章寅、王小川、童一、傅宏宇和杨璐菡;有优秀的北大、清华的大学生,如:沈宏、冷静、毛天怡、庄丽、张柯、刘芸、金戈、刘扬杨等;也有北京其他大学的优秀学生,如北京师范大学的卢黎薇等。每年的聚会都会让远离家乡的孩子们多一份温暖。

我们总是尽力帮助他们解决一些学习过程中的困难,比如,早年国际电话是学生们难以问津的,但章寅的出国联系必须打国际长途,王老师家的国际长话就解决了他的燃眉之急;有些学生出国之前需要一定的科研实践经验,中国科学院减灾中心的实验室和梁老师就给他们提供机会;有些大学生和硕士生的毕业论文遇到了难题,王老师让他的博士生们帮助解决。学生们出国,都希望能上好大学并能获得奖学金,名人推荐是十分重要的,所以,王老师这块"世界防灾减灾最高奖"的金字招牌就备受孩子们青睐,我为不少出国的成都七中同学写了推荐信,他们全都如愿以偿。至今我还不时收到他们致谢的电话和电子邮件。十多年来,许多优秀的成都七中小校友们已飞赴世界各国,正在为祖国学习或工作。无论他们现在在哪里,都会为祖国的繁荣昌盛做出贡献,说不定哪天还会为中国出几位攀上顶峰的勇士呢。

四、"立志成才"从这儿做起

60年奋斗而荣获"世界防灾减灾最高奖"让我拥有了一份宝贵的财富;亿万青少年"立志成才"的需求,让我有了一份义不容辞的责任。两者的结合就确定了我回到四川故乡的另一任务:为祖国青少年"立志成才"做更大的贡献。

于是,"立志成才"就从这儿做起:第一,我用60年的经历完成一本以小故事串起来的书,去鼓励全国青少年奋发图强,看看"世界防灾减灾最高奖"的顶峰是怎样攀上去的;第二,从母校成都七中的"七中教育集团"做起,给孩子们面对面地讲《攀登顶峰的崎岖之路》的故事,由小而大、由浅入深地让他们逐步树立"立大志,成大才"的思想,并付诸行动。

令人十分高兴的是,初试的"立志成才"讲座已受到了出乎意料的欢迎。在成都七中本部和初中部的多次活动,都受到青少年的喜爱,特别是给几十人讲故事和面对面的讨论,更激起了大家"立大志,成大才"的思想火花,我深信这将影响孩子们的一生。我给青少年的建言是:"为了祖国、为了人民,请站在我们的肩上,勇敢地向上攀登吧!"我将用我的余生把这件有益于中华民族的大事做下去。从成都、四川开始,走向全国。

讨论题 17.4

您认为"立志成才"是件有益的大事吗?您建议怎么做?

第五节　21世纪新目标新任务

正当21世纪走来时，那些"和平、美好"的新世纪理想被"9·11"事件及其后的SARS、印度洋海啸等灾难击碎后，人们开始用常态心理去现实地看待21世纪人类生存的新目标和新任务。

一、全球金融风暴席卷世界

中国四川汶川特大地震的突然袭击绝不是人类受到的最后灾难。由于美国在全球充当世界警察角色，不断发动战争，大量动用国家财力，背负许多国债，昔日的世界富国已不再辉煌。2007年美国次贷危机以来，其金融形势逐步恶化。

2008年1月美国几大金融机构，如花旗银行、美林证券、摩根大通等于2007年第四季度遭受重创，亏损严重，震动全球股市；1月19日布什总统提出1450亿美元减税计划，以刺激经济增长；3月12日美联储宣布2000亿美元注资方案；9月15日美雷曼公司申请美国历史上最大的破产保护，负债高达6130亿美元；9月17日美政府正式接管AIG，美联储提供大量美元拯救AIG……这样，美国的金融危机立即引发了全球的金融危机。

2008年10月4日，美国众议院通过金融救援方案，美国国会众议院以263票对171票的投票结果通过了经过修改的大规模金融救援方案，为该方案付诸实施迈出了关键的一步。2008年10月4日，美国总统布什签署了总额达7000亿美元的金融救援方案。美国财政部部长保尔森当天表示，将尽快开始实施这项方案。

2008年9月全球各国纷纷行动，英、法、日、德、意、中、印、韩、俄、澳等国，欧盟、东盟等组织都先后采取了一系列救助全球和各国金融危机的行动。世界各国的共同行动有助于减缓全球金融风暴的蔓延，可能避免1929年全球经济大萧条的再现。经过2009年全球共同努力,一年多来全球金融风暴的劣势已被扼制,新兴的中国、印度等国在这场战胜全球金融风暴的斗争中走在了前头,为全球的经济复苏起了重要作用。

二、甲型 H1N1 流感威胁全球

2009 年 4 月,墨西哥首都墨西哥城流感肆虐,造成多人死亡,墨西哥政府下令关闭首都及其附近地区的所有大中小学校,数百万名学生被迫离校在家等候。由此引起全球瞩目的甲型 H1N1 流感迅速威胁全球,很快蔓延到美国、加拿大等国。当今世界的快速交通把流感传到了世界各地。新一轮甲型 H1N1 流感成为令全球头疼的大事。

到了 6 月份,由于香港、德国等地出现了一系列感染病例,世界卫生组织决定将全球流感大流行的警戒级别由 5 级提升至最高的 6 级,成为 40 年来的首次。当时,全球已有 73 个国家和地区发现 2.5 万名甲型 H1N1 流感感染者。

世界卫生组织于 2009 年 12 月 18 日发布最新疫情通报表示,截至 13 日,甲型 H1N1 流感在全球已造成至少 10 582 人死亡,美洲地区死亡人数仍然最多,至少为 6 335 人。目前,在北半球温带地区,甲型 H1N1 流感病毒仍很活跃,不过疫情已达高峰,或已过高峰。北美地区尤其如此;在日本等东亚国家,甲型 H1N1 流感病毒也比较活跃,但总体呈减弱趋势;而在东南欧、中欧、中亚和南亚,甲型 H1N1 流感病毒活动仍在持续增强。世界卫生组织正密切跟踪全球疫情形势。

中国卫生部 2010 年 1 月 2 日通报指出,截至 2009 年 12 月 31 日,全国 31 个省份累计报告甲型 H1N1 流感确诊病例为 12 万余例,已治愈 11 万例,死亡 648 例。中国是全球防治甲型 H1N1 流感比较好的国家,但仍需严密注视势态的演变及发展,防止甲型 H1N1 流感疫情向坏的方向演变。

甲型 H1N1 流感成为 21 世纪继 SARS 和禽流感之后,又一次严重威胁人类生命安全的重大公共卫生事件。全世界人民总是在和各种各样灾祸斗争中成长壮大。

三、海地大地震又一次袭击人类

当地时间 2010 年 1 月 12 日下午(北京时间 13 日凌晨),一场两百多年不遇的 7.0 级地震袭击海地,首都太子港几乎变成一片废墟,地震造成的死亡人数估计最终可能超过 20 万人。海地发生的 7 级地震,其震中距首都 16 公里,震源距离地表 10 公里。2010 年 1 月 20 日,海地首都太子港又发生了最强的 6.1 级余震。位于太子港的总统府及多座其他政府建筑被震塌,包括外交部在内的多处通讯和电力供应中断。位于西印度群岛海地岛西部的海地是西半球最贫穷国家之一。它东邻多米尼加共和国,南临加勒比海,北濒大西洋,西与古巴、牙买加隔海相望,全国人口为 850 万,首都太子港人口约 200 万,其中大多数人居住在贫民区内。由于长期贫穷动乱,太子港房屋质量很差,据估计全市 60% 的建筑物都处于不安全范围内。所以,一旦发生地震就将有大量房屋倒塌和大批人员死亡。

灾害发生后,世界各国主动积极援助海地抗震救灾。中国、美国、巴西、古巴、德国等国第一时间派出国际救援队并带救灾物资飞往海地太子港。陆续有其他众多国家也派人、送物帮助海地救灾。太子港一度因飞往太子港的飞机过多,而无法接纳,只得转往其他机场。在这次地震中,我国参加联合国维和部队的 8 名维和人员英勇牺牲。2010 年 3 月 16 日海地政府正式宣布,这次地震死亡 22.26 万人。

2010 年海地大地震又一次袭击人类,其后,智利和全球其他地方又发生多次地震和其他灾害,这一切让全世界人民更加明白生活在地球上的人类必须面对各种灾祸的现实。只有更加重视和采取积极应对的措施,才能减轻灾祸的危害,让人民安全地生活在这个星球上。

四、2012 年"世界末日"的谬论

21 世纪刚刚开始仅 10 来年,人类却面临了各种各样的灾难。客观地说:人类几千年的历史原本就是一部与灾害做斗争的历史,所以与各种灾难做斗争是十分自然而然的事情,而不是什么"世界末日"。

但是,一部以"世界末日"为主题的美国大片《2012》却以强烈地

震、巨大海啸、频发洪水而预言 2012 年 12 月是世界的末日,搅得不少人坐卧不安,一时间各类"世界末日"的谣言传遍互联网。摩天大楼轰然倒地,燃烧的陨星与地球重重地撞在一起,这是最新的好莱坞灾难片描绘的令人望而生畏的世界末日场景。但据美国宇航局科学家说,"2012 年 12 月是世界末日"的说法非常荒谬,它是由互联网谣传引起的,并没有实际依据。

南美古老的玛雅人在一瞬间全部消失,谁也不知道他们去了哪里。至今,这仍是一个密团。但是,玛雅人留下了一些让人们迷惑不解的问题,却成为"2012 年 12 月是世界末日"的主要依据。

2010 年 1 月 12 日的海地地震,其后智利 2 月 27 日发生的里氏 8.8 级强烈地震及由此引发的海啸等灾害,3 月 4 日中国台湾高雄 6.7 级地震,加之美国地质勘探局发出的"加州 9 级强震就在不远的将来"的警告……让人们误认为这是"2012"的前兆。加之,去冬今春,在欧洲、北美和亚洲的暴雪、洪水和其他灾祸,更让那些"世界末日"论者以为有了充分的根据。其实,人类几千年的历史中,比这严重得多的灾难,比比皆是,只不过,有时灾难集中一些,有时灾难分散一些而已。用这样几次灾祸就想说明"世界末日",那历史上造成上千万人大批死亡的若干重大灾难事件,早就让"世界末日"一次次的降临了。

五、新目标,新任务

21 世纪"和平、美好"的新世纪理想已经一次又一次地被各类突发事件和各种灾祸击碎,这让许多人消极和悲观。但是,仔细想想,人类几千年的历史原本就是一部与灾害做斗争的历史。洪水、台风、干旱、地震、火山、海啸等自然灾害自不必说,各类瘟疫、传染病也曾让人类死亡千百万人。

今天,新世纪就要有新目标、新任务。首先,我们要摒弃那些不合实际的幻想,要准备迎接各类灾难的挑战,为"和平、美好"的新世纪而奋斗! 其次,这个奋斗不是空喊的口号,而是要付诸实践的。在中国,我们就要为"中国现代减灾应急新体系"而奋斗。我们相信新目标的确立、新任务的实施,将确保 13 亿中国人民在 21 世纪的和平和安全。

而全球的"国际减灾"战略将促进联合国、各国政府和人民的减灾应急行动,全世界将更好地共同应对一切重大灾祸事件,从而人类将更加美好地生活在这个星球上。

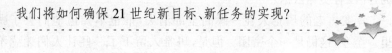

讨论题 17.5

我们将如何确保 21 世纪新目标、新任务的实现?

结　语

几十年来，我为中国和世界减灾应急事业的发展和进步贡献了自己毕生的主要精力。总结来说，我为中国的减灾应急事业所做的贡献表现在三件大事上，现完成了两件，第三件希望不久的将来能完成。

1. 率先提出"现代减灾"理念，完成"大气—水圈减灾科学实验系统"，促成国家减灾中心建成运行，促成环境减灾卫星发射和运行等减灾任务，为中国防灾减灾事业做出突出贡献，从而荣获世界防灾减灾最高奖。

2. 建议并促成国务院应急办公室和全国应急体系的初步建立，推动了我国的减灾应急事业的发展。

3. 建议并希望促成中国"减灾应急部"大部的建立，逐步形成中国现代减灾应急新体系，使之成为13亿人民生命财产安全的保护神。

这三件大事，现完成了两件，第三件可能要很久才能完成，但其提出是有重要意义的。

我通过努力，提出了一些新思想，并付诸行动，对国家乃至世界防灾减灾事业的发展起到了推动作用，并产生了一些影响。

1. 荣获世界防灾减灾最高奖的"现代减灾"理念、减灾科学系统、国家减灾中心和减灾卫星等对全球减灾事业有重要影响。

2. 20世纪最后两年，代表中国与一些国家一起促成联合国在"国际减灾十年"后，在21世纪继续开展"国际减灾战略"行动，为确保全球140多个国家的减灾委员会的保留与继续工作，我们起了重要作用。

3. 在2004年底印度尼西亚特大海啸造成30万人死亡后，建议联合国成立"世界减灾组织"(WDRO)，统帅全球重大减灾应急事业。这可能要很久很久才能为人们所接受和实现，但那时人们会记起这是中国人最先提出的建议。

我希望能为中国和世界的减灾应急事业继续贡献力量。

除此之外，为祖国培养青年一代，为"立志成才"的年轻人做贡献也是我的人生目标之一，希望有生之年能在成都、四川乃至全国有所成功和做出点成绩来。

限于我的水平，本书的不足和缺点在所难免，欢迎大家批评指正。

王昂生
2010年10月